高等院校程序设计**新形态精品**系列　中国矿业大学“十四五”规划教材

Python Programming Language

程序设计方法

Python | 微课版

周勇◎主编　王新　徐月美　孙晋非◎编

中国矿业大学大学计算机基础教研室◎审定

人民邮电出版社

北京

图书在版编目（CIP）数据

程序设计方法 : Python : 微课版 / 周勇主编 ; 王新, 徐月美, 孙晋非编. -- 北京 : 人民邮电出版社, 2024.2(2024.3重印)
高等院校程序设计新形态精品系列
ISBN 978-7-115-63354-5

Ⅰ. ①程… Ⅱ. ①周… ②王… ③徐… ④孙… Ⅲ. ①软件工具－程序设计－高等学校－教材 Ⅳ. ①TP311.561

中国国家版本馆CIP数据核字(2023)第244427号

内 容 提 要

本书是关于 Python 程序设计的基础课程教材。全书共 11 章，主要内容包括程序设计基础、数据的计算机表示与操作、结构化程序设计、函数、面向对象程序设计、程序设计中的算法、文件、数据分析与可视化、图形用户界面设计、程序设计综合案例和实验。为了便于教学，本书提供课程教学质量标准、教材配套 PPT、微视频、源代码、习题和难点解析等教学资源。

本书站在科学高度提炼教学内容，以精练的语言讲述程序设计方法，通过丰富的示例引导读者进行深度探索。本书内容新颖，特色鲜明，适合作为高等院校非计算机专业相关课程的教材，也可供对计算机编程感兴趣的读者自学使用。

◆ 主　　编　周　勇
　编　　　　王　新　徐月美　孙晋非
　责任编辑　刘　博
　责任印制　陈　犇

◆ 人民邮电出版社出版发行　　北京市丰台区成寿寺路 11 号
　邮编　100164　　电子邮件　315@ptpress.com.cn
　网址　https://www.ptpress.com.cn
　固安县铭成印刷有限公司印刷

◆ 开本：787×1092　1/16
　印张：17.75　　　　2024 年 2 月第 1 版
　字数：431 千字　　　2024 年 3 月河北第 2 次印刷

定价：69.80 元

读者服务热线：(010)81055256　印装质量热线：(010)81055316
反盗版热线：(010)81055315
广告经营许可证：京东市监广登字 20170147 号

前言
Preface

2017年，教育部发布了《教育部办公厅关于推荐新工科研究与实践项目的通知》。“新工科”建设对“程序设计”课程教学提出了更高的要求。按照“新工科”建设和专业认证的要求，编者采用新的理念和新的内容组织编写本书。

传统的程序设计教材绝大多数都是先详细地讲解语句、语法知识点，然后讲解对应的案例和习题。读者一旦遇到稍微复杂的编程问题，通常束手无策。本书覆盖读者在实际生活中可能面临的复杂问题以及经典的案例，而不止介绍程序设计语言中的语法知识。

Python简单、易学、优雅且功能强大，受到全球学习者的高度关注。本书用Python讲授程序设计的基本方法，能够培养读者的程序设计能力、算法分析与设计能力、计算机建模能力、采用计算思维分析问题的能力等。

本书共11章。第1章是程序设计基础，第2章是数据的计算机表示与操作，第3章是结构化程序设计，第4章是函数，第5章是面向对象程序设计，第6章是程序设计中的算法，第7章是文件，第8章是数据分析与可视化，第9章是图形用户界面设计，第10章是程序设计综合案例，第11章是实验。

本书由长期从事计算机基础教学、科研工作的骨干教师编写。本书体例由全体参编教师共同讨论确定，周勇担任主编，负责统稿。具体编写分工如下：第1章、第3章、第4章由徐月美编写，第2章、第10章和附录由王新编写，第5章、第6章由孙晋非编写，第7章、第8章、第9章由周勇和杜文亮编写，第11章由全体参编教师共同编写。

编者在编写本书时得到了中国矿业大学教务部和计算机科学与技术学院

领导的关心和大力支持。在编写过程中，编者参阅和引用了大量参考文献，在此对相关作者表示衷心的感谢。

由于编者水平有限，书中难免有疏漏之处，恳请专家和读者批评指正。

编者
2024 年 1 月

目录
Contents

第1章 程序设计基础

第2章 数据的计算机表示与操作

第 5 章 面向对象程序设计

第 6 章 程序设计中的算法

第1章 程序设计基础

学习目标

- 了解程序的概念，掌握程序设计语言及其分类。
- 掌握语言处理程序的基本概念、功能、分类和特点。
- 了解常用程序设计语言。
- 掌握程序设计的步骤和程序设计方法。
- 掌握程序的基本组成。
- 了解 turtle 库。

程序设计基础

计算机通过硬件和软件的协同工作，处理各种复杂的问题。但要让计算机充分发挥效能，除了要有好的硬件外，更重要的是要有能满足各种需求的软件。当用户使用计算机完成某项任务时，有时可以使用已有的软件完成，有时则需要根据特定需求自己编写程序完成。因此，用户不仅要学会使用已有的软件，还要学会运用程序设计语言进行程序设计。本章将介绍程序设计基础，使读者对程序设计涉及的基本概念、基本思想和方法，以及程序设计过程有初步的了解，为后续章节的学习奠定基础。

1.1 程序和程序设计语言

1.1.1 程序的概念

程序是指用某种程序设计语言编写的用来解决某个问题或完成某项任务的指令序列。例如，若要计算圆的面积，用 Python 可编写出以下程序：

```
r = eval(input("输入圆的半径: "))          # 输入半径，赋给变量 r
area = 3.1415926 * r * r                  # 计算面积，赋给变量 area
print("圆的面积等于: ",area)               # 输出计算的面积
```

1.1.2 程序设计语言及其分类

程序设计语言是编写计算机程序所用的语言，它是人与计算机进行交流的工具。程序设计语言的发展过程是从低级语言到高级语言，即从机器语言到汇编语言再到高级语言。

1．机器语言

机器语言被称为第一代语言，它是计算机发展初期使用的语言。机器语言是由“0”和

“1”组成的二进制代码，一条指令是一串二进制代码，一条指令规定计算机执行的一个操作。计算机所能执行的指令集合，叫作指令系统，不同型号的计算机的指令系统不同。机器语言依赖于计算机硬件设备，不同的计算机硬件设备下有不同的机器语言。因此，在一种类型的计算机上编写的机器语言程序，不能在另一种类型的计算机上执行。

在计算机发展初期，人们只能用机器语言编写程序。机器语言是唯一能被计算机硬件“理解”的语言，换句话说，只有用机器语言编写的程序才可直接被计算机执行。但对人们来说，机器语言难懂，不容易记忆，而且易写错，用其编写的程序难以修改和维护。例如，要计算“15+10”，用机器语言编写的程序如下：

```
10110000 00001111      ：把 15 放入累加器 A 中
00101100 00001010      ：把 10 与累加器 A 中的值相加，把结果仍放入累加器 A 中
11110100               ：结束，停机
```

人们直接用机器语言来编写程序，是一种相当复杂的手动劳动方式，程序的质量完全取决于个人的编写水平。由于使用机器语言编写程序要求使用者熟悉计算机硬件的所有细节，特别是随着计算机硬件结构越来越复杂，指令系统变得越来越庞大，一般的工程技术人员难以掌握，使得机器语言使用起来很不方便。为了使工程技术人员编写程序工作更轻松，计算机工作者开展了对程序设计语言的研究以及语言处理程序的开发。

2．汇编语言

汇编语言被称为第二代语言，也称为符号语言。它出现于 20 世纪 50 年代初，用助记符来表示每一条机器指令，如用 ADD 表示加法指令、用 SUB 表示减法指令等。这样，每条指令都有明显的符号标识。例如，要完成“15+10”的计算，用汇编语言编写的程序如下：

```
MOV A,15           ：把 15 放入累加器 A 中
ADD A,10           ：把 10 与累加器 A 中的值相加，把结果仍放入累加器 A 中
HLT                ：结束，停机
```

与机器语言相比，汇编语言比较直观和便于识别、记忆，但它仍是面向计算机的语言，要求编程人员对计算机硬件较熟悉，而且通用性差，不同计算机的汇编语言不同。用这种语言编写程序，仍然是相当烦琐的。

3．高级语言

高级语言也称算法语言，出现于 20 世纪 50 年代中期，比较有影响力的有 Fortran、ALGOL 60、COBOL、Pascal、C 等。它们的特点是与人们所熟悉的自然语言和数学语言更接近，可读性强，编程方便。一般来说，用高级语言编写的程序可以在不同的计算机上执行，尤其是有些标准版本的高级语言，在国际上是通用的。在使用这些高级语言编程的过程中需要给出算法的每个步骤，需要一步一步地安排好计算机的执行顺序，告诉计算机怎么做，因此高级语言被称为面向过程的语言，也被称为第三代语言。

近些年，随着 Windows 的普及以及多媒体技术和网络技术的发展，涌现出了多种面向对象的程序设计语言，如 Java、Visual Basic、Visual C++、Delphi、Python 等，它们被称为第四代语言。它们的特点是只要告诉计算机做什么就可以了，由计算机自己生成和安排执行的步骤，这就是第四代语言——非过程化语言的思想。例如，要完成“15+10”的计算并

输出结果，用高级语言（Python）编写的程序如下：

```
A=15+10                    # 计算 15+10，将结果赋给变量 A
print(A)                   # 输出 A 的值
```

由上述程序可以看出，高级语言的特点是易学、易用、易维护。人们可以用它来更高效、更方便地编写各种程序。但用高级语言编写的程序是不能直接在计算机中执行的，必须经过编译程序或解释程序翻译成机器语言。

这里必须指出，高级语言虽然比较接近于自然语言，但它与自然语言还有一定的差距。它对所采用的符号、各种语言成分及其构成、语法格式等都有专门的规定，即有严格的语法规则。这是因为高级语言程序是由计算机处理并执行的，而自然语言是由人处理的。目前为止，计算机的能力是人预先赋予的，计算机本身不能自动地适应变化。因此，使用高级语言编程时必须严格遵循其语法规则。

1.1.3 语言处理程序

用汇编语言和高级语言编写的程序，计算机是无法直接执行的，必须进行适当的转换。语言处理系统的作用就是将汇编语言程序和高级语言程序转换成可在计算机上执行的程序、最终的计算结果或其他中间形式。

语言处理系统因所处理的语言及处理方法和处理过程的不同而不同。但任何一种语言通常都有一个翻译程序，这个翻译程序也称为语言处理程序，其作用是把汇编语言程序或高级语言程序翻译成等价的机器语言程序。被翻译的汇编语言程序或高级语言程序称为源程序，翻译后生成的机器语言程序称为目标程序。

除翻译程序外，语言处理系统还包括正文编辑程序、连接编辑程序（用于将多个分别编译或汇编过的目标程序与库文件进行结合）和装入程序（用于将目标程序装入内存并启动执行）等。

语言处理程序根据所翻译的语言及其处理方法的不同可分为汇编程序、编译程序和解释程序。汇编程序是把汇编语言程序翻译成机器语言程序的翻译程序。将高级语言程序翻译成机器语言程序的翻译程序有两种，即编译程序和解释程序，它们的工作方式不同。下面分别介绍上述 3 种语言处理程序。

1．汇编程序

由于汇编语言的指令与机器指令大体上一一对应，因此汇编程序较为简单。汇编程序的工作过程就是对汇编语言的指令逐行进行处理，并将其翻译成计算机可理解的机器指令。其处理的步骤如下。

① 把指令助记符操作码翻译成相应的机器操作码。

② 把符号操作数翻译成相应的地址码。

③ 用操作码和操作数构造成机器指令。

2．编译程序

编译过程是：将用高级语言编写的源程序输入计算机，然后调用编译程序把整个源程序翻译成由机器指令组成的目标程序，再经过连接编辑程序连接后形成可执行程序，最后执行得到执行结果，如图 1-1 所示。采用编译程序执行一般效率高，高级语言大多采用编译程序。微型计算机高级语言如 Fortran、Pascal、C 等都采用编译程序，BASIC 语言有采用解释程序的，也有采用编译程序的。

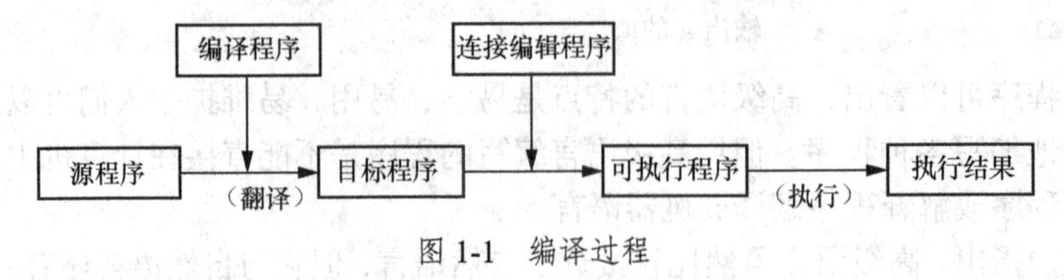

图 1-1 编译过程

编译程序对源程序进行翻译的方式相当于“笔译”。在编译程序执行的过程中，要对源程序扫描一次或几次，最终生成一个可在具体计算机上执行的目标程序。由于源程序中的语句与目标程序中的指令通常具有一对多的关系，所以编译程序的实现算法较为复杂。但通过编译程序可以一次性产生高效执行的目标程序，并把它保存在外存储器（简称外存）上，以便多次执行。因此，编译程序更适用于翻译规模大、结构复杂、执行时间长的大型应用程序。

编译程序的工作过程如图 1-2 所示。编译程序多次扫描并分析源程序，然后将其转换成目标程序。通常编译程序在初始处理阶段建立符号表、常数表和中间语言程序等，以便在分析和综合时引用和加工。源程序的分析是经过词法分析、语法分析和语义分析 3 个步骤完成的，分析过程中发现错误时会给出错误提示。目标程序的综合包括存储分配、代码优化、代码生成等，目的是为程序中的常数、变量、数组等数据分配存储空间。

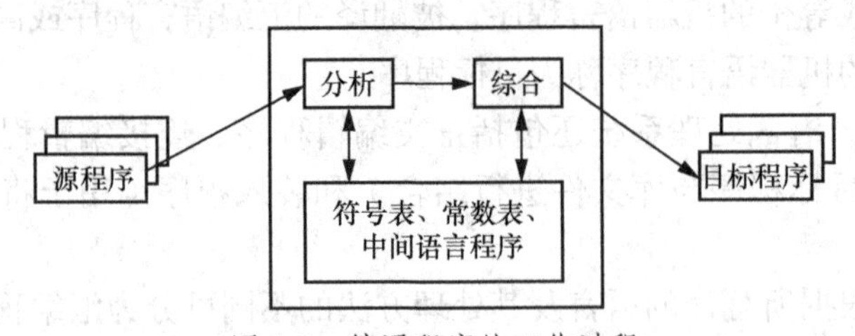

图 1-2 编译程序的工作过程

随着高级语言在形式化、结构化、智能化和可视化等方面的发展，编译程序也随之向自动化程序设计和可视化程序设计的方向发展。这样，可为用户提供更加理想的程序设计工具。

3．解释程序

解释程序对源程序的翻译方式相当于两种自然语言间的“口译”。解释程序的工作过程是边解释边执行，即把用高级语言编写的源程序输入计算机后，解释程序对它进行逐句扫描、翻译、执行，得到执行结果。图 1-3 所示是解释程序的工作过程。这种对源程序逐句执行的工作方式，显然便于实现人机交互。解释程序结构简单、易于实现，但效率较低。

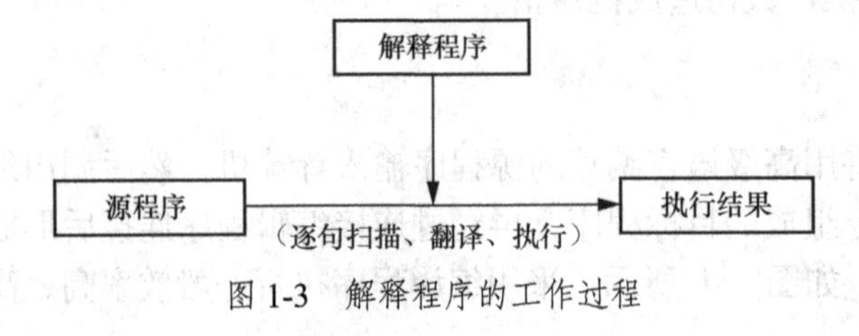

图 1-3 解释程序的工作过程

1.1.4 常用程序设计语言

与机器语言和汇编语言不同，高级语言是面向用户的。目前，高级语言种类已达数百种。下面介绍几种常用的高级语言。

1. Fortran 语言

Fortran 语言是使用最早的高级语言之一。从 20 世纪 50 年代到现在，它始终在科学计算中占据着重要地位。许多大型科学计算的软件包是用 Fortran 语言编写的。它的特点是形式接近数学公式、简单易用，是进行大型科学和工程计算的有力工具。随着计算机科学技术的发展，提供向量和并行计算能力是 Fortran 语言发展的主要趋势。

2. C 语言、C++语言与 Visual C++

C 语言是 20 世纪 70 年代初由美国贝尔实验室开发的，它最初是作为 UNIX 操作系统的主要语言开发的。C 语言在发展过程中做了多次改进，1977 年出现了不依赖具体计算机的 C 语言编译文本，使 C 语言移植到其他计算机上的工作大大简化，也推动了 UNIX 操作系统在各种计算机上的应用。随着 UNIX 操作系统的广泛使用，C 语言迅速得到推广。1978 年以后，C 语言成功地应用在大、中、小、微型计算机上，成为独立于 UNIX 操作系统的通用程序设计语言。它表达简洁，控制结构和数据结构完备，还具有丰富的运算符和数据类型，可移植性强，编译质量高。C 语言作为高级语言，还具有低级语言的许多功能，可以直接对硬件进行操作，如对内存地址的操作、位的操作等。因此，用 C 语言编写的程序可以在不同体系结构的计算机上运行。C 语言不仅适用于编写效率高的应用软件，也适用于编写操作系统、编译软件等系统软件。C 语言已成为应用最广泛的通用程序设计语言之一。

C++语言是在 C 语言基础上发展起来的面向对象的通用程序设计语言。C++语言于 20 世纪 80 年代由贝尔实验室设计并实现。C++语言是 C 语言的扩展，扩展的内容绝大部分来自其他著名语言（如 Simula、ALGOL 68、Ada 等）的优秀特性。它既支持传统的面向过程的程序设计，又支持面向对象的程序设计，而且运行性能好。C++语言与 C 语言完全兼容，用 C 语言编写的程序能方便地在 C++环境中重用。因此，近些年 C++语言迅速流行，成为当今面向对象程序设计的主流语言之一。

Visual C++是 Microsoft 公司 Visual Studio 开发工具箱中的 C++程序开发包。Visual Studio 提供了一整套开发互联网和 Windows 应用程序的工具，包括 Visual C++、Visual Basic、Visual FoxPro，以及其他辅助工具，如代码管理工具 Visual SourceSafe 和联机帮助系统 MSDN。Visual C++除包括 C++编译器外，还包括所有的库、例子和开发 Windows 应用程序所需要的文档。从早期的 1.0 版本发展到 6.0 版本，Visual C++有了很大的变化，在界面、功能、库支持方面都进行了许多增强。Visual C++ 6.0 在编译器、MFC 类库、编辑器以及联机帮助系统等方面都比以前的版本有了较大改进。Visual C++是一种大型语言，其功能、概念和语法规则都比较复杂，要深入掌握它需要花较多的时间，尤其需要有较丰富的实践经验，一般使用 Visual C++编程的主要是专业软件开发人员。

3. Java 语言

Java 是由 Sun 公司开发的一种新型的跨平台分布式程序设计语言，Java 因其简单、安全、可移植、面向对象、多线程处理和动态等特征引起世界范围内的广泛关注。从狭义上讲，Java 是一种编程语言，它既可作为一种通用的编程语言，又可用来创建一种可通过网络发布的、动态执行的二进制“内容”。从广义上讲，Java 包括客户-服务器模式下的开发和执行环境，其具有完全的平台无关性，它基于 C++，但又抛弃了 C++中的非面向对象和容易引起软件错误的地方，因此是一种简单又稳定的语言。

4．BASIC 语言与 Visual Basic 语言

BASIC（beginners all-purpose symbolic instruction code，初学者通用符号指令代码）语言是在 20 世纪 60 年代初期研制的一种交互式语言，它是一种应用广泛的计算机高级语言，特点是易学、易用、人机交互能力强，非常适合初学者学习、使用。BASIC 语言有多种版本，除了最初的基本 BASIC 外，常用的还有 Quick BASIC、True BASIC、Turbo BASIC、Visual Basic 等，特别是 Visual Basic 给广大用户在 Windows 环境下开发软件带来了很大的方便。

1991 年，Microsoft 推出了 Visual Basic 1.0。它是第一个基于 Windows 的可视化编程软件，许多专家把 Visual Basic 的出现当作软件开发史上一个具有划时代意义的事件。此后，Microsoft 相继推出了 Visual Basic 2.0 到 Visual Basic 6.0 多个版本。Visual Basic 是基于 BASIC 的可视化程序设计语言，它既保持了 BASIC 语言简单、易学、易用的特点，又采用了面向对象、事件驱动的编程机制，而且 Visual Basic 引入了“控件”的概念，使得大量已经编好的 Visual Basic 程序可以被直接使用。用户可用 Visual Basic 快速创建 Windows 程序，还可编写企业水平的客户-服务器（client/server，C/S）程序及强大的数据库应用程序。Visual Basic 已成为一种简单、易学、功能强大、应用广泛的通用程序设计语言。

5．Python 语言

Python 是由荷兰人吉多·范罗苏姆（Guido van Rossum）设计的解释型、面向对象、通用的程序设计语言。其具有简洁的语法规则，使得程序设计学习更容易，同时具有强大的库功能，能满足大多数应用领域的开发需求。

Python 源于 1989 年末，Guido 为了开发一个新的脚本解释程序，在 ABC（all basic code）语言的基础上，吸收 Modula-3 的优秀思想，结合 UNIX Shell 和 C 语言的习惯设计了 Python。之所以取名为 Python，是因为 Guido 是 BBC 出品的电视剧 *Monty Python's Flying Circus* 的剧迷。

Python 的第一个版本于 1991 年初公开发行。由于功能强大和采用开源方式发行，Python 发展得很快，用户越来越多，形成了庞大的语言社区。

2000 年 10 月，Python 2.0 正式发布。它修复了许多缺陷和错误，增加了许多新的语言特性，开启了 Python 广泛应用的新时代。

2008 年 12 月，Python 3.0 正式发布。这个版本在语法层面和内部解释器进行了很多重大改进，内部解释器采用完全面向对象的方式实现。这些重要改进使此版本不完全兼容之前的版本，因此用早期版本 Python 编写的程序无法在 Python 3.0 环境下运行。

目前，Python 的两个版本 Python 2.x 和 Python 3.x 均在使用。其中 Python 3.x 是主流，Python 2.x 的最后一个版本 Python 2.7 于 2020 年终止支持。

近年来，Python 由于容易入门和第三方库丰富的特点受到了广大程序开发者的喜爱，

在各种编程语言排行榜上都名列前茅。

1.2 程序设计

程序设计是根据特定问题，用程序设计语言设计、编写、调试和运行程序等的过程。

1.2.1 程序设计的步骤

程序设计的步骤一般包括分析问题和建立模型、设计算法、编写程序、调试和运行程序以及编写程序文档。

1．分析问题和建立模型

当我们用计算机来解决科学研究、工程设计、生产实践中提出的实际问题时，首先要对问题进行分析。用计算机解决问题的过程是对数据进行加工处理并输出结果的过程，因此用计算机解决问题时首先要设法把实际问题抽象成数学问题，即建立其数学模型，然后分析将哪些数据作为输入数据、要输出哪些数据等。

2．设计算法

对问题进行详细分析和建立模型之后，便要确定解决该问题的方法和步骤，即设计算法。计算机是按照人们的意图工作的，必须详细地确定解决问题的步骤，并以适当的形式（程序）告诉计算机，计算机才能按照预定的步骤执行。如何进行算法设计以及算法的表示方法将在6.1节中详细介绍。

3．编写程序

算法最终要以程序的形式表示出来才能上机执行。编写程序是指将第2步确定的算法和解决问题所需的数据，按照程序设计语言的语法规则编写出能在计算机上执行的源程序。

4．调试和运行程序

编写程序完成后，要调试和运行程序，以便找出和修改程序中的错误（如语法错误、运行错误、逻辑错误等），测试程序是否达到预期结果。

5．编写程序文档

程序测试完成后，应对程序设计的过程进行总结，编写有关文档（如程序说明文档、程序代码文档、用户使用手册等）。编写程序文档已成为程序设计的必要部分，为了方便程序的管理、推广与维护，应强调每一个步骤都要有对应的规范的程序文档。

1.2.2 程序设计方法

程序设计方法就是研究如何将复杂问题的求解转换为计算机能执行的简单操作的方法。

随着计算机技术的飞速发展，程序设计方法取得了很大进步。从初期的手动作坊式编程方法，经过多年的研究，发展出了多种程序设计方法，例如，自顶向下的程序设计、自底向上的程序设计、结构化程序设计、函数式程序设计、面向对象程序设计等。针对同一问题，采用的程序设计方法不同，所编写程序的可读性、可维护性、运行效率也不同。下面介绍几种目前常用的程序设计方法。

1．结构化程序设计

结构化程序设计（structured programming，SP）是 20 世纪 70 年代由迪杰斯特拉（Dijkstra）提出的，后来这种传统的程序设计方法得到了广泛应用。采用结构化程序设计方法设计的程序，逻辑结构清晰、层次分明、易读、易修改、易维护。其目的是解决许多人共同开发大型软件时，如何高效地实现高可靠系统的问题。

结构化程序设计是一种功能分解的方法，采用模块化设计。它采用自顶向下、逐步求精的方法，将整个系统功能逐层分解为模块，直到每个模块具有明确的功能和适当的复杂度。结构化程序设计还把程序的结构规定为顺序、选择、循环 3 种基本结构，限制使用 goto 语句。因此，系统中每个模块的功能实现应由上述 3 种基本结构组成。模块的划分应当遵循以下 3 个基本要求：

① 模块的功能在逻辑上尽可能单一、明确，最好做到一一对应，这称为模块的凝聚性；

② 模块之间的联系及相互影响尽可能地小，对于必需的联系，应当加以明确说明，这称为模块的耦合性；

③ 模块的规模应当足够小，以使编程和调试易于进行。

尽管结构化程序设计是一种应用非常广泛的程序设计方法，但随着计算机技术的飞速发展以及计算机应用的日益广泛，需要研制的系统越来越复杂，这种方法暴露出一些不足之处。首先，结构化程序设计方法是面向过程的程序设计方法，它把数据和对数据的处理过程分离为相互独立的实体，它的程序结构是“数据结构+算法”，若要修改某个数据结构，就需要改动涉及此数据结构的所有模块，所以当应用程序比较复杂时容易出错、难以维护。其次，结构化程序设计方法仍然存在与人们的思维方式不协调的地方，所以很难自然、准确地反映真实事件。

2．面向对象程序设计

面向对象程序设计（object-oriented programming，OOP）是在 20 世纪 80 年代提出的，它源于 Smalltalk 语言。面向对象程序设计和面向对象的问题求解是当今计算机技术发展的重要成果和新趋势，它们是当今人们解决软件复杂性问题的新的方法。

面向对象程序设计是以对象为中心来分析问题和解决问题的。世界是由许多对象组成的，对象既可以是现实世界中独立存在、被区分的一些实体，也可以是概念上的实体。面向对象程序设计接近人们的思维方式，它丢开了持续许久的“自顶向下”和“自底向上”方法的争论，把对复杂系统的认识归结为对一批对象及其关系的认识。面向对象程序设计使用户以更自然、更简便的方式进行程序设计。

程序设计中的对象是指将数据（属性）和操作数据的方法封装在一起而形成的一种实体，这些实体具有独立的功能，并隐藏了实现这些功能的复杂性。对象之间的相互作用是通过消息传送来体现的。面向对象程序设计是一种“对象+消息”的程序设计方法，它和将大问题分解为小问题所采取的思路与结构化程序设计方法是不同的。

结构化的分解突出过程，强调的是如何做、代码的功能如何实现；面向对象的分解突出现实世界和抽象的对象，强调的是做什么，它将大量的工作交给相应的对象来完成，在应用程序中只需说明要求对象完成的任务。当然，面向对象程序设计并不是要抛弃结构化程序设计，而是站在比结构化程序设计更高、更抽象的层次上去解决问题，当问题分解到设计低级代码模块时，仍需要使用结构化编程技巧。

面向对象程序设计具有的特点是采用符合人们习惯的思维方法，程序模块化程度高，易于维护，数据十分安全，可重用性、可扩展性、可管理性强，并与可视化技术相结合改善了人机界面，等等。

1.2.3 程序的基本组成

程序设计语言的种类很多，编写格式和语法规则不尽相同。所以，对同一算法而言，用不同语言编写出来的程序也是不同的。但高级语言程序的基本组成成分通常可归纳为 4 种，即数据成分、控制成分、运算成分和传输成分。数据成分用来描述所处理的数据对象，如对数据类型和数据结构进行说明。控制成分用来表达程序中的控制结构，如条件语句、循环语句等。运算成分用来描述程序包含的运算表达式，如算术表达式和逻辑表达式等。传输成分用来表达程序中数据的传输，如 I/O（input/output，输入输出）语句。在上述 4 种基本组成成分中，数据成分和控制成分是十分重要的组成成分，下面分别加以介绍。

1. 数据成分

数据是程序操作的对象，具有名称、类型、作用域等特征。在高级语言环境下，使用数据前要对其特征加以说明。数据名称由用户通过标识符确定，数据类型说明的是数据需要占用多少存储单元、存放方式，以及其运算合法性，作用域说明的是数据可以使用的范围。

以 C 语言为例，其数据类型可分为基本类型、构造类型、指针类型、空类型和用户自定义类型。其中，基本类型包括整型、实型、字符型、枚举型等；构造类型包括数组类型、结构体类型等。

例如，在程序中数值型数据是经常使用的数据，其值是一个数，数值有范围和精度要求。若它的取值是一个整数，则在程序的数据成分中可写成：

```
int x;
```

上述语句定义了 x 为整型变量。

2. 控制成分

控制成分的作用是提供一种基本框架，在此框架支持下，可以将数据和对数据的基本运算组合成程序。结构化程序设计方法规定了程序的 3 种基本结构，即顺序结构、选择结构和循环结构。由这 3 种基本结构所组成的算法称为结构化算法。理论上已经证明，求解任何问题的计算机程序框架都可以由这 3 种基本结构组成。下面分别介绍程序的 3 种基本结构，以及 3 种基本结构的实现。

（1）程序的 3 种基本结构

① 顺序结构。顺序结构是一种十分简单的结构，在这种结构中，各语句块（程序段）是顺序执行的，图 1-4 所示为顺序结构，它表示先执行操作 A，再执行操作 B。

② 选择结构。选择结构也称为判定结构，它是根据是否满足给定的条件来选择一个语句块执行的。图 1-5 所示是选择结构，它表示先计算条件表达式 P 的值，如果 P 的值为真，则执行操作 A；为假，则执行操作 B。当选择结构中的操作 A 或 B 又由选择结构组成时，

就呈现嵌套的选择结构形式。

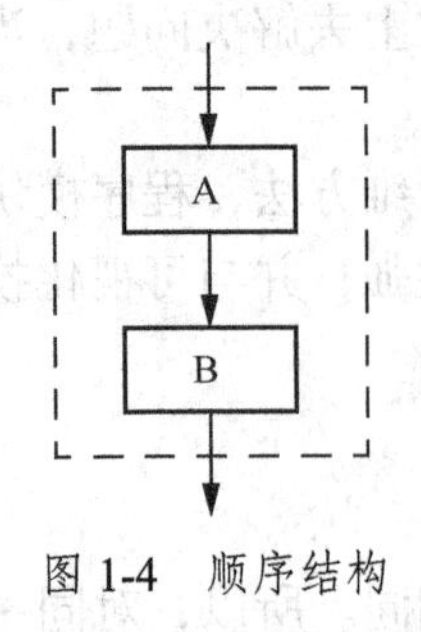

图 1-4　顺序结构

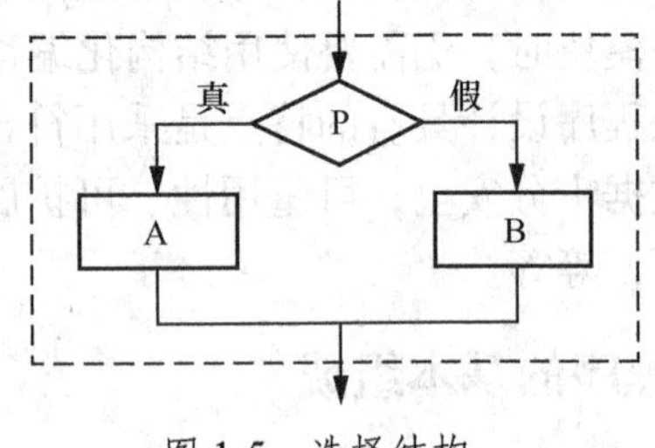

图 1-5　选择结构

③ 循环结构。循环结构又称为重复结构，它为程序描述重复计算过程提供了控制手段，它表示当满足循环的条件时，重复执行一些语句。循环结构可分为两种形式，即当型循环结构和直到型循环结构。图 1-6（a）所示是当型循环结构，图 1-6（b）所示是直到型循环结构。其中 A 表示要重复执行的操作，称为循环体；P 表示控制循环体执行的条件，称为循环条件。当型循环是指当循环条件 P 为真时重复执行操作 A，否则结束循环；直到型循环是指先执行一次操作 A，然后判断循环条件 P，若为假，则重复执行操作 A，一直到为真时结束循环。

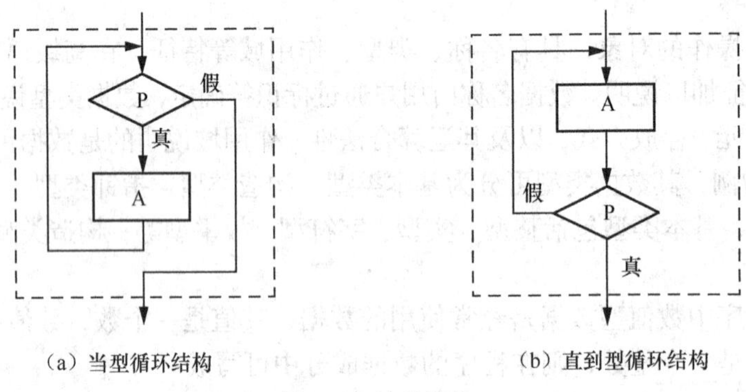

（a）当型循环结构　　（b）直到型循环结构

图 1-6　循环结构

上述 3 种基本结构，具有以下特点：

① 每一种结构都只有一个入口和一个出口；

② 结构内的每一个部分都有机会被执行；

③ 顺序结构中的语句序列可以包含 3 种基本结构；

④ 结构内没有死循环。

（2）3 种基本结构的实现

上述 3 种基本结构，在程序设计语言中有相应的语句与之对应。下面以 C 语言为例，介绍与上述 3 种基本结构对应的部分语句。

① 赋值语句。赋值语句是一种对应于顺序结构的语句，其表示形式如下：

```
变量名 = 表达式;
```

如：

```
a=100;
```

它的作用是将 100 赋给变量 a，使得变量 a 的值变为 100。通过赋值语句可在运行过程中改变变量的值。

② if语句。if语句是一种对应于选择结构的语句，双分支if语句的表示形式如下：

```
if (P)
    A;
else
    B;
```

它表示当条件表达式P的值为真时，执行操作A，否则执行操作B。

③ while语句和for语句。while语句和for语句是对应于循环结构的语句。

while语句的表示形式如下：

```
while (P)
    A;
```

它表示当循环条件P的值为真时，重复执行操作A，直到P的值为假时，结束重复操作。

for语句的表示形式如下：

```
for (P1;P2;P3)
    A;
```

在for语句中，表达式P1表示循环变量赋初值，表达式P2表示循环控制条件，表达式P3表示循环变量增值，语句A是被重复执行的操作。

为了便于读者理解程序的基本组成成分，下面给出两个分别用C语言和Python编写的程序例子。

【例1-1】 编程实现输入两个数，按由大到小的顺序输出。

C程序代码如下：

```
1  main()
2  {
3       float a, b, t;
4       scanf(" %f, %f ", &a, &b);
5       if (a<b)
6       {
7           t=a;
8           a=b;
9           b=t;
10       }
11       printf(" %5.2f, %5.2f\n ", a, b);
12 }
```

Python程序代码如下：

```
1  a, b=eval(input("请输入两个数，用英文逗号隔开"))
2  if a<b:
3       a, b=b, a
4  print(a, b)
```

【例1-2】 编程计算1+2+3+…+100的值。

C程序代码如下：

```
1  main()
2  {
3      int i, s=0;
4      for (i=1; i<=100; i++)
5          s=s+i;
```

```
6       printf("%d\n", s);
7   }
```

Python 程序代码如下：

```
1  s=0
2  for i in range(1, 101):
3        s=s+i
4  print(s)
```

1.3 程序示例

Python 的特点之一是 Python 解释器提供了非常丰富的内置类和函数库。本节将使用 Python 的 turtle 库展示 3 个程序例子。下面先对 turtle 库及其使用方法进行介绍。

Python 的 turtle 库是一个简单、直观、流行的图形绘制函数库，是比较适合初学者学习的函数库。用 turtle 库绘制图形，可以想象成有一只小乌龟拿着一支笔，站在横轴为 x、纵轴为 y 的平面直角坐标系原点(0,0)的位置，面朝 x 轴正方向等待指令。然后根据给定的指令，从原点(0,0)开始在坐标系中爬行，它爬行的轨迹就是绘制出的图形。

turtle 库中有很多方法来表示小乌龟的动作、状态以及笔的状态等。turtle 库常用的动作方法如表 1-1 所示，turtle 库常用的控制笔方法如表 1-2 所示。

表 1-1　turtle 库常用的动作方法

方法名称	示例
forward()/fd()	forward(100)表示前进 100 像素
backward/bk()/back()	backward(100)表示后退 100 像素
right()/rt()	right(90)表示相对于小乌龟的方向右转 90°
left()/lt()	left(90) 表示相对于小乌龟的方向左转 90°
setheading()/seth()	setheading(-40)表示相对于 x 轴正方向顺时针旋转 40°，其中参数为正表示逆时针旋转，负表示顺时针旋转
goto()/setpos()/setposition()	goto(100,200)表示改变位置到点(100,200)
circle()	circle(100)表示画半径为 100 的圆。 circle(100,180)表示画半径为 100 的圆的一半弧
speed()	参数取值范围为 1～10，speed(1)表示移动速度最慢，参数值越大，移动速度越快

表 1-2　turtle 库常用的控制笔方法

方法名称	示例
pendown()/pd()/down()	pendown()即放下画笔，表示移动时会画出轨迹，无参数
penup()/pu()/up()	penup()即提起画笔，表示移动时不会画出轨迹，无参数
pensize()/width()	pensize(10)表示画出轨迹，宽度为 10，参数值越大，轨迹宽度越粗
color()	color("black")表示画出黑色的轨迹
begin_fill()	begin_fill()表示填充颜色开始，无参数
end_fill()	end_fill()表示填充颜色结束，无参数
fillcolor()	fillcolor("red")表示填充红色
hideturtle()	隐藏画笔的 turtle 形状
showturtle()	显示画笔的 turtle 形状

right()/left()与 setheading()的区别：参数的含义不一样，right()/left()的参数是相对度数，是相对于当前方向需要旋转的度数；setheading()的参数是绝对度数，始终是相对于 x 轴正方向需要改变方向的度数。

circle()用于画圆或圆弧，可以有两个参数：第一个参数表示圆或圆弧的半径，第二个参数表示圆弧角度（无此参数或值为 360，则表示画圆）。当半径为正时，圆心在画笔的左边，逆时针画圆或圆弧；半径为负时，则圆心在画笔的右边，顺时针画圆或圆弧。当圆弧角度为正时，顺着画笔的方向画（前进画）；圆弧角度为负时，则逆着画笔的方向画（后退画）。

【例 1-3】 使用 turtle 库中的方法绘制小蟒蛇。

【程序代码】

1-3 绘制小蟒蛇.py

```
1   import turtle
2   turtle.setup(600,300,200,200)  # 设置画图窗口大小及其左上角在屏幕上的坐标
3   turtle.penup()
4   turtle.fd(-250)
5   turtle.pendown()
6   turtle.pensize(30)             # 画笔尺寸
7   turtle.pencolor("green")       # 画笔的颜色
8   turtle.seth(-40)               # 改变行进方向，相对于 x 轴正方向顺时针旋转 40°
9   for i in range(2):             # 循环 2 次画小蟒蛇的身体，共 4 段圆弧
10      turtle.circle(70, 80)      # 画圆弧
11      turtle.circle(-70, 80)
12  turtle.circle(70, 80/2)
13  turtle.forward(70/2)           # 直线前进
14  turtle.circle(15, 180)         # 画半圆弧
15  turtle.forward(70/4)
```

例 1-3 中程序的运行结果如图 1-7 所示。

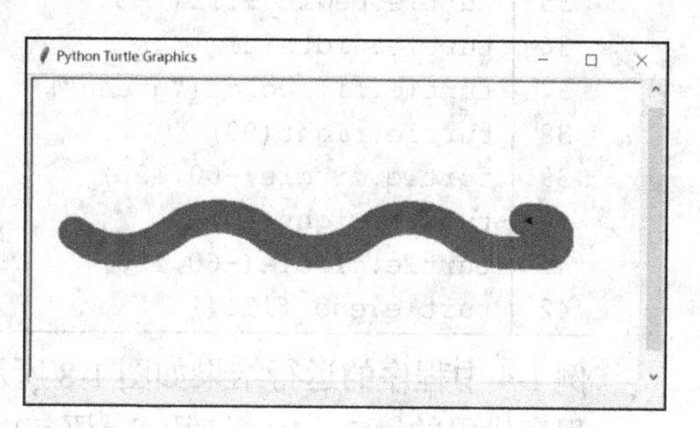

图 1-7　例 1-3 中程序的运行结果

程序代码中的第 1 行 import turtle，表示导入 turtle 库，相当于告诉系统接下来会使用这个库。Python 中内置库和第三方库在使用前，都需要用 import 导入。

程序代码中的第 2 行用于设置画图窗口的大小及其在屏幕上的显示位置。若省略，则在默认大小和位置的窗口中画图。

请读者阅读程序，结合注释（#后面的文字）和表 1-1、表 1-2 中的方法，分析画小蟒蛇的过程。

【例 1-4】 使用 turtle 库中的方法，绘制一朵花送给朋友。

【程序代码】

1-4 送朋友的花.py

```
1   import turtle
2   #花瓣
3   for i in range(0,13):
4       turtle.begin_fill()
5       turtle.color("black")
```

```
6        turtle.fillcolor("red")
7        turtle.circle(60-5*i,120)
8        turtle.forward(60-3*i)
9        turtle.end_fill()
10       turtle.right(18)
11   #花茎
12   turtle.penup()
13   turtle.goto(-40,-5)
14   turtle.pendown()
15   turtle.seth(-90)
16   turtle.width(10)
17   turtle.color("green")
18   turtle.forward(200)
19   #上面的叶子
20   turtle.penup()
21   turtle.goto(-40,-100)
22   turtle.pendown()
23   turtle.begin_fill()
24   turtle.width(2)
25   turtle.fillcolor("green")
26   turtle.seth(-10)
27   turtle.circle(60,120)
28   turtle.left(60)
29   turtle.circle(60,120)
30   turtle.end_fill()
31   #下面的叶子
32   turtle.penup()
33   turtle.goto(-45,-130)
34   turtle.pendown()
35   turtle.begin_fill()
36   turtle.width(2)
37   turtle.fillcolor("green")
38   turtle.right(90)
39   turtle.circle(-60,120)
40   turtle.right(60)
41   turtle.circle(-60,120)
42   turtle.end_fill()
```

例 1-4 中程序的运行结果如图 1-8 所示。

程序代码的第 3～10 行，用 for 语句由外向内画 13 片花瓣。第 12～18 行，画花茎，其中第 15 行指定画花茎的方向。第 20～30 行和第 32～42 行，分别画两片叶子。

请读者练习，将本例的文件“1-4 送朋友的花.py”转换为“1-4 送朋友的花.exe”，并发送给朋友。转换方法请参见 11.1.2 节。

图 1-8　例 1-4 中程序的运行结果

【例 1-5】 使用 turtle 库中的方法，绘制图 1-9 所示的正多边形（从正三角形到正八边形）渐变为圆。

【程序代码】

1-5 绘制正多边形.py

```
1   import turtle
2   turtle.screensize(600,500,'white')
3   turtle.pensize(3)                     # 设置画笔宽度为 3
4   turtle.pencolor('blue')               # 设置画笔颜色为蓝色
5   turtle.fillcolor('yellow')            # 设置填充颜色为黄色
6   turtle.begin_fill()                   # 开始填充颜色
7   turtle.penup()
8   turtle.forward(-300)
9   turtle.pendown()
10  for i in range(3,9):                      # 循环 6 次
11      turtle.circle(30, steps=i)            # 画正 i 边形
12      turtle.forward(100)
13  turtle.circle(30)                         # 画圆
14  turtle.end_fill()                         # 结束填充颜色
15  turtle.hideturtle()
16  turtle.done()
```

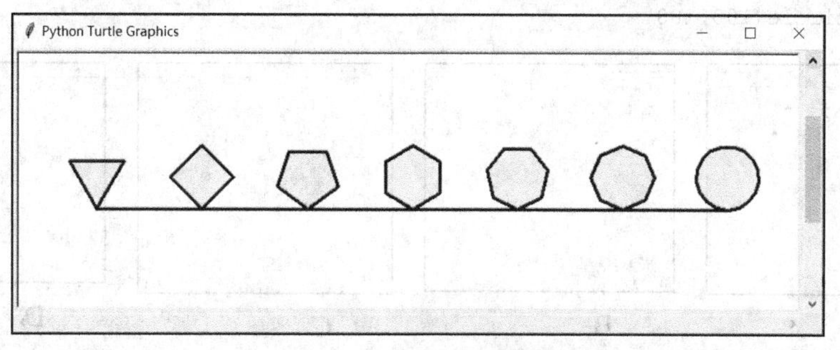

图 1-9　例 1-5 中程序的运行结果

请读者阅读程序，结合注释和表 1-1、表 1-2 中的方法，分析画正多边形的过程，并查阅资料，分析第 2 行和第 16 行在程序中的作用，考虑这两行是否可以没有。

例 1-3、例 1-4 和例 1-5 中我们使用了 Python 中 turtle 库的方法轻轻松松完成了一些图形的绘制，由此体验了 Python 库功能的强大，大大简化了程序的编写。后续章节将继续介绍其他库，希望读者在学习过程中不断积累，以便能灵活应用。

课后习题

一、选择题

1. 计算机能直接执行的是（　　）程序。
   A. 汇编语言　　B. 机器语言
   C. 高级语言　　D. 智能语言
2. 编译程序和解释程序的最大区别是（　　）。
   A. 后者生成目标程序，而前者不生成
   B. 前者生成目标程序，而后者不生成

C. 后者生成源程序，而前者不生成

D. 前者生成源程序，而后者不生成

3. 结构化程序设计主要强调的是（　　）。

A. 程序的规模　　B. 程序的易读性

C. 程序的执行效率　　D. 程序的可移植性

4. 下面描述中，符合结构化程序设计风格的是（　　）。

A. 使用顺序结构、选择结构和循环结构 3 种基本结构作为程序的控制结构

B. 模块只有一个入口，可以有多个出口

C. 注重提高程序的执行效率

D. 不使用 goto 语句

5. 以下语句中，不能改变 turtle 库绘制方向的是（　　）。

A. turtle.left(90)　　B. turtle.circle(90,90)

C. turtle.setheading(90)　　D. turtle.forward(90)

6. 运行下列程序代码，运行结果是（　　）。

```
import turtle
turtle.circle(100,180)
```

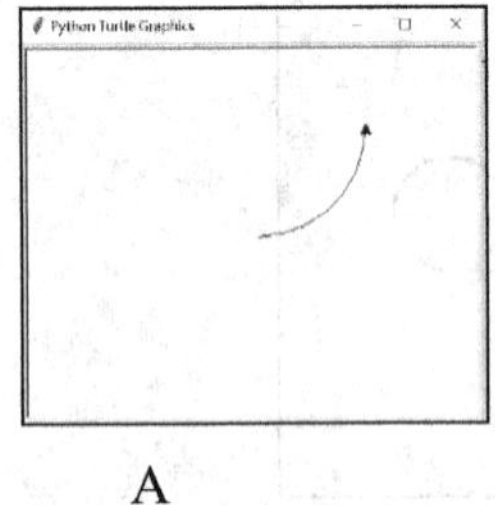

A

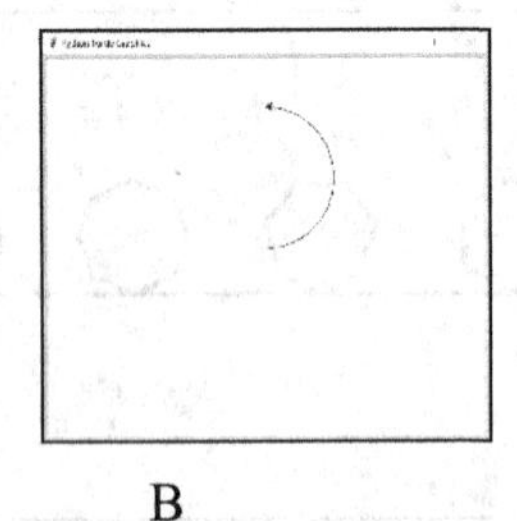

B

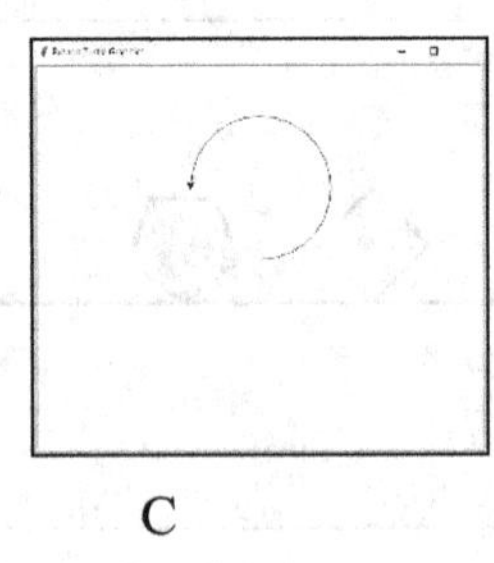

C

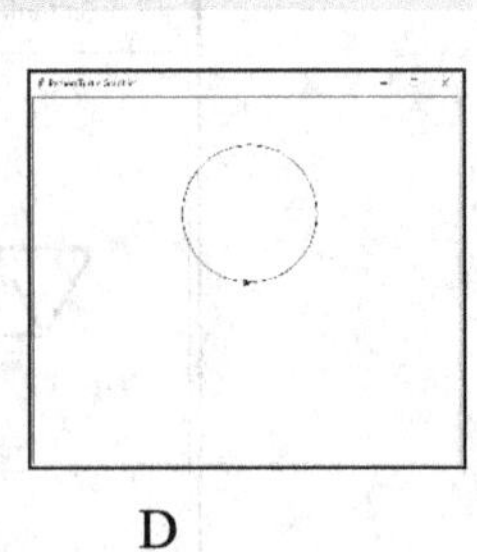

D

二、填空题

1. 程序设计语言可以分为三大类，分别是________、________和________。

2. 补全下列程序代码，以原点为起点，实现图 1-10 所示边长为 100 的正三角形的绘制。

```
import ________
turtle.forward(100)
turtle.left(________)
turtle.forward(100)
turtle.left(120)
turtle.forward(________)
```

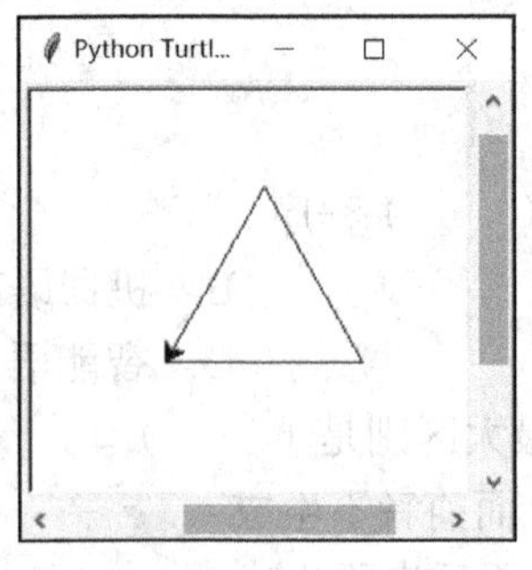

图 1-10　正三角形

三、编程题

1. 利用 turtle 库，绘制图 1-11 所示的叠加等边三角形。
2. 利用 turtle 库，绘制图 1-12 所示的内嵌正六边形的圆。

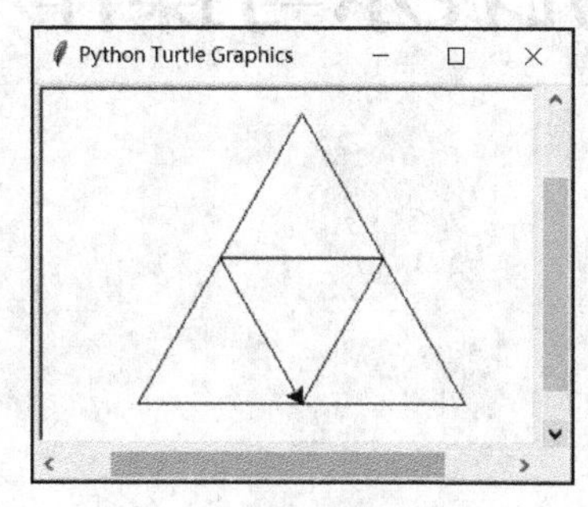

图 1-11　叠加等边三角形

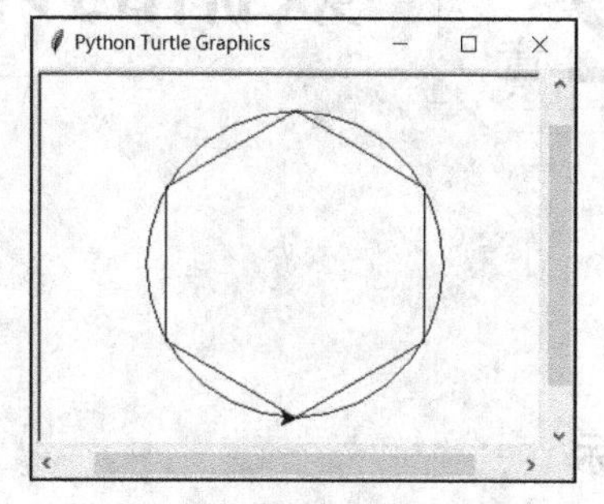

图 1-12　内嵌正六边形的圆

3. 利用 turtle 库，绘制图 1-13 所示的螺旋线。

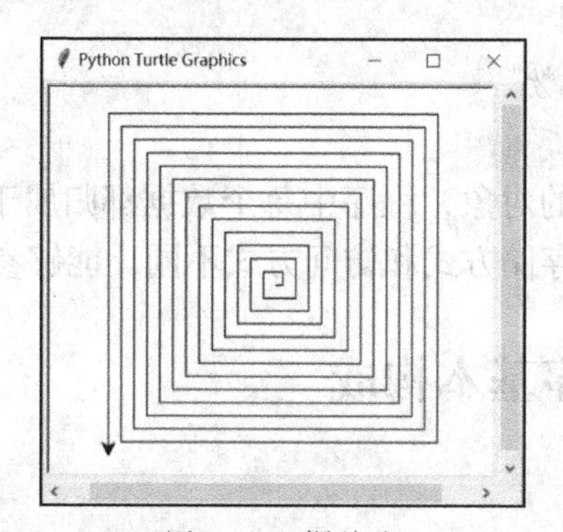

图 1-13　螺旋线

4. 利用 turtle 库，绘制奥运五环旗。
5. 利用 turtle 库，绘制五星红旗。
6. 利用 turtle 库，给朋友绘制一张生日贺卡。

第2章 数据的计算机表示与操作

学习目标

- 掌握常量和变量的概念和使用方法。
- 掌握编程语言中的数据类型。
- 熟悉常用内置函数。
- 熟悉 math 库常用函数。

数据是程序中参与运算的对象，程序中每个数据都归属于某一个特定的数据类型。不同类型的数据在计算机中的存储方式和访问方式不同，能够参与的运算种类也各不相同。

2.1 Python 程序基本构成

2.1.1 基本概念

在计算机科学中，数据结构（data structure）是用来在计算机上存储和组织数据的一种特殊方式，以便数据可以有效地应用于特定的场合。为了帮助读者更好地理解数据的计算机表示，下面首先介绍数据结构相关的基本概念。

1．数据

数据是客观事物的符号表示，是指所有输入计算机并可被计算机程序处理的符号的总称。

2．数据元素

数据元素是数据的基本单位，在计算机中作为整体进行考虑和处理。例如，在保存教师信息的表中，每一条教师记录就是一个数据元素。

3．数据项

数据项是数据不可分割的最小单位，一个数据元素可由若干个数据项组成。

4．数据类型

在计算机程序设计语言中，数据类型是变量所具有的数据种类，如 C、Java、Python

等语言中的整型、浮点型、字符型等都是数据类型。

为什么会有不同的数据类型呢？举一个简单的例子，在计算机中计算“1+2”的程序并不需要多么大的空间来存放，但是计算“100000000+2000000000”的程序就需要一个相对较大的空间来存放。有时候需要计算小数，小数的位数不一样，程序需要的空间也就不一样。数字 1 和字母 a 也需要区分，于是开发高级语言的程序员就想出了“数据类型”，用其来描述不同的数据集合。数据类型的专业解释是一个值的集合和定义在这个值的集合上的一组操作的总称。数据类型也可以看作已经实现了的“数据结构”。

5．逻辑结构

逻辑结构用来表示数据的相互关系，常见的逻辑结构包括集合、线性结构、树形结构和图形结构等。

6．物理结构/存储结构

物理结构/存储结构是数据在计算机中的表示，用于描述数据具体在内存中的存储形式，如顺序结构、链式结构、索引结构、哈希结构等。

计算身体指数程序

下面通过计算体重指数的程序例子，简单介绍程序中的基本元素，如变量、函数、表达式以及输入和输出。

【例 2-1】 编写程序，输入身高和体重，计算身体质量指数（body mass index，BMI）。BMI 的计算公式如下（其中体重的单位为千克，身高的单位为米）：

$$BMI=体重/身高^2$$

世界卫生组织制定的亚洲人 BMI 参考标准如表 2-1 所示。

表 2-1　亚洲人 BMI 参考标准

BMI 值	<18.5	18.5～23.0	23.0～25.0	25.0～30.0	≥30.0
参考标准	偏瘦	正常	偏胖	肥胖	重度肥胖

【程序代码】

2-1BMI.py

```
1  weight=eval(input("请输入体重（千克）："))      #提示用户输入体重
2  height=eval(input("请输入身高（米）："))        #提示用户输入身高
3  BMI=weight/(height*height)                      #计算 BMI
4  print("BMI 值：",BMI)                           #输出 BMI
```

【运行结果】

```
请输入体重（千克）：60（回车）
请输入身高（米）：1.62（回车）
BMI 值：22.86236854138088
```

【程序解析】

① 变量

程序代码中的 weight、height 和 BMI 是变量。其中，weight 用于存储用户输入的体重数据，height 用于存储用户输入的身高数据，BMI 用于存储用户的 BMI 值。

② input()函数

程序代码中 input()函数的功能是提示用户输入数据，并以字符串形式返回用户输入的数据。其详细用法见 2.1.3 节。

③ eval()函数

程序代码中 eval()函数的功能是把字符串数据转换成数值型数据。

④ 赋值语句

程序代码中的等号（=）是赋值语句，作用是把等号右侧的数据赋值给等号左侧的变量。其详细用法见 2.1.2 节。

⑤ print()函数

程序代码中 print()函数的功能是在控制窗口输出数据。其详细用法见 2.1.3 节。

⑥ 注释

注释是代码中穿插的辅助性文字，用于标识代码的含义与功能，以提高代码的可读性。在 Python 中，注释分为单行注释和多行注释。单行注释以井号（#）为标识，Python 解释器看到#时，就会忽略#以后同一行的所有文本。多行注释以 3 个连续的单引号（'''）开始，以 3 个连续的单引号（'''）结束。Python 解释器扫描到'''时，就会扫描下一个'''，然后忽略这之间的任何文本。

⑦ 缩进

在 Python 中使用“缩进”即一行代码前面的空白区域，用来确定代码之间的逻辑关系和层次关系。Python 代码的缩进可以使用 Tab 键控制，也可以使用 Space 键控制。Python 对代码的缩进有严格的规定，缩进的改变会导致代码语义的改变。

2.1.2 赋值语句

赋值语句

赋值语句是程序设计中最基本、最常用的语句之一，其作用是在程序运行过程中改变变量的值。

1．单一赋值语句

单一赋值语句用于将一个表达式的值赋给一个变量。其语法格式如下：

```
变量 = 表达式
```

其中，“=”是赋值号，“表达式”可以是常量或者变量，也可以是由常量、变量和运算符等构成的可以运算的表达式，如 15+10、x-8 等。

因此，可使用赋值语句将把右边表达式的值赋给左边的变量。例如：

```
>>> weight=100
>>> s=s+i
>>> count=count+1
```

2．链式赋值语句

链式赋值语句用于将一个表达式的值赋给多个不同的变量。其语法格式如下：

```
变量 1 = 变量 2 = … = 变量 n = 表达式
```

例如：

```
>>> x=y=z=1000
```

与该链式赋值语句等价的单一赋值语句如下：

```
>>> x=1000
>>> y=x
>>> z=x
```

3．同步赋值语句

同步赋值语句用于将不同的值同时赋给多个不同的变量。其语法格式如下：

```
变量 1, … , 变量 n = 表达式 1, … , 表达式 n
```

注意在语法格式中，变量和变量之间的逗号、表达式和表达式之间的逗号，均为英文逗号。

同步赋值语句并非等同于将多个单一赋值语句组合，因为 Python 在处理同步赋值语句的时候，首先对赋值号“=”右侧的 n 个表达式进行运算，然后将右侧表达式的运算结果同时赋给左侧的 n 个变量。

【例 2-2】 编程实现 x 和 y 值的互换。

【程序代码】

2-2a.py

1	x=7
2	y=8
3	t=x
4	x=y
5	y=t
6	print("互换后 x 是：",x)
7	print("互换后 y 是：",y)

【运行结果】

```
互换后 x 是： 8
互换后 y 是： 7
```

【程序代码】

2-2b.py

1	x,y=7,8
2	x,y=y,x
3	print("互换后 x 是：",x)
4	print("互换后 y 是：",y)

【运行结果】

```
互换后 x 是： 8
互换后 y 是： 7
```

程序代码 2-2a.py 使用单一赋值语句，实现“x”和“y”值的互换。程序代码 2-2a.py 中第 1、2 行对“x”“y”进行初始化赋值，第 3、4、5 行实现“x”和“y”值的互换。程序代码 2-2b.py 使用两个同步赋值语句实现初始化赋值（第 1 行）和“x”与“y”值的互换（第 2 行），第 2 行实际上就是“x,y=8,7”。

同步赋值语句通过减少使用变量，使得赋值过程更加简洁，简化了语句的表达，增加了程序的可读性。

对于上述 3 种赋值语句，读者要在程序中灵活使用。

2.1.3 input()函数和 print()函数

为了便于程序与用户进行数据交互，完成输入和输出，用户可以用 input()函数和 print()函数。

1．input()函数

input()函数的功能是提示用户输入数据，并以字符串形式返回用户输入的数据。input()函数的语法格式如下：

```
变量 = input(["用户提示信息："])
```

具体说明如下。

① 方括号（[]）内的参数是可选参数，所谓可选参数即在使用过程中可以省略的参数。

② "用户提示信息："用于设置作为提示而显示的文字信息，从而提示用户进行数据的输入。若省略该参数，则用户将可能不知道在何时、何处输入何数，使用户体验不好，因此使用 input()函数时，最好用该参数给出相应的输入提示信息。

③ input()函数的返回值是字符串。所谓返回值，就是调用函数得到的结果。对于该函数，无论用户输入的是字符还是数值，其结果都是字符串。当需要输入数值并进行算术运算时，就可以用 eval()、float()、int()等函数，把字符串转换成数值。

例如：

```
>>> r1=input("请输入圆的半径：")
请输入圆的半径：5
>>> r1
'5'
```

```
>>> r2=eval(input("请输入圆的半径："))
请输入圆的半径：5
>>> r2
5
```

通过上述两段代码可以理解 input()函数返回值的数据类型，以及 eval()函数此处的转换功能。

用 input()函数还可以一次输入多个数据，然后通过 eval()函数进行转换，将转换后的结果赋给多个变量。例如：

```
>>> a,b,c=eval(input("请输入三角形 3 条边的边长："))
请输入三角形 3 条边的边长：3,4,5
>>> a
3
>>> b
4
>>> c
5
```

其实，在这样的用法中，eval()函数将用英文逗号分隔的数字字符串转换成元组，即 eval("3,4,5")的结果是元组(3,4,5)，由此再将元组(3,4,5)中的元素按照顺序，依次赋给变量 a、b、c。该例子中在输入数据时要注意，数据和数据之间用英文逗号进行分隔，且数据的个数与赋值号左边变量的个数相同。该方法在后续的程序中经常使用，它可以使程序更加简洁。

2. print()函数

在程序中可以通过 print()函数将结果按照设定的格式进行输出。print()函数的语法格式如下：

```
print([数据项 1, … , 数据项 n][, sep=' '][, end='\n'])
```

具体说明如下。

① 数据项：需要输出的各项数据，可以是常量、变量或表达式等。当数据项和其他参

数都为默认值时，则输出一个空行；当只有一个数据项，其他参数为默认值时，则输出该数据项的值后换行；当有多个以英文逗号分隔的数据项，其他参数为默认值时，则在一行中输出多个数据项的值，各值之间默认以空格分隔，并以换行符结尾。

② sep 参数：用于设置输出数据项值间的分隔符。若省略该参数，则默认用空格，即各个值之间用空格分隔。

③ end 参数：用于设置 print()函数的结束字符串。若省略该参数，则默认以换行符（'\n'）为结束字符串。例如：

```
1  s=100
2  print(s)
3  print(1,2+3)
4  print()
5  print(1,2,3,sep="和")
6  print(1,2,3,sep="+",end="=")
7  print(1+2+3)
```

分析上面代码：第 2 行，输出变量 s 的值 100，以换行符结尾，即输出 100 后换行；第 3 行，输出 1 和 2+3 的结果 5，用空格分隔并换行；第 4 行，print()函数无任何参数，则输出一个空行；第 5 行，输出 1、2、3，用“和”分隔并换行；第 6 行，输出 1、2、3，用“+”分隔，3 后面以“=”结尾且不换行；第 7 行，在第 6 行的结果后面输出 1+2+3 的运算结果 6。

输出结果：

```
100
1 5

1和2和3
1+2+3=6
```

print()函数常和 format()函数配合使用，可按照用户需要实现格式化输出。format()函数的内容请查阅 2.5.1 节。

【例 2-3】 输入圆的半径，求圆的周长和面积并输出。

【程序代码】

```
2-3 圆周长和面积.py
1  r=eval(input("请输入圆的半径："))
2  C=2*3.14*r
3  S=3.14*r*r
4  print("半径为", r, "的圆的周长等于：", C, sep="")
5  print("半径为", r, "的圆的面积等于：", S, sep="")
```

【运行结果】

```
请输入圆的半径：1
半径为1的圆的周长等于：6.28
半径为1的圆的面积等于：3.14
```

2.2 标识符

标识符用于命名程序中像常量、变量和函数这样的元素。

2.2.1 标识符命名

所有标识符必须遵守以下命名规则。

① 标识符由字母、数字、下画线（_）、汉字字符组成。

② 标识符必须以字母、汉字或下画线为首字符，不能以数字为首字符。

③ 标识符不能是关键字。关键字又称为保留字，是在 Python 中具有特殊意义的字符。例如，import 是一个关键字，它的功能是将模块导入程序。

④ 标识符可以是任意长度的。

⑤ 标识符对英文字母大小写敏感，即程序中同一个字母的大写形式和小写形式会被识别为不同的字符。例如，“area”和“AREA”是不同的标识符。

“high”“NUM”“_Stu”都是合法标识符，而“5a”“A-b”“else”都是非法标识符。

Python 的 keyword 模块包含 Python 中的关键字列表和判断字符串是否为关键字的函数，具体使用示例如下：

```
>>> import keyword
>>> keyword.kwlist
['False', 'None', 'True', 'and', 'as', 'assert', 'async', 'await', 'break', 'class', 'continue', 'def', 'del', 'elif', 'else', 'except', 'finally', 'for', 'from', 'global', 'if', 'import', 'in', 'is', 'lambda', 'nonlocal', 'not', 'or', 'pass', 'raise', 'return', 'try', 'while', 'with', 'yield']
>>> keyword.iskeyword('in')          #判断是否为标识符
True
```

2.2.2 常量

在计算机的高级语言中，数据有两种表现形式：常量和变量。

在程序执行过程中，其值不会变化的量称为常量。有些语言（如 C 语言）中，允许定义“符号常量”，如定义 PI 为 3.1415 的常量。这种常量可以简单地理解为定义后不允许改变值的变量。

Python 中没有命名常量的特殊语法，通常可以简单地创建一个变量来表示常量。为了区分常量和变量，通常使用大写字母来命名常量。例如：

```
>>> PI=3.1415               #创建常量 PI
>>> area=PI*5*5
>>> print(area)
78.53750000000001
```

使用常量的好处：不必为使用一个值而多次重复输入；如果需要修改常量的值（例如，将 PI 从 3.1415 改为 3.14），只需要在赋值处做一次修改。

2.2.3 变量

在程序运行过程中，其值可能会变化的量称为变量。变量代表内存中具有特定属性的存储单元，用来存放数据。变量名实际上代表内存单元地址。每个变量都属于某种特定的数据类型。在 Python 中，变量的数据类型就是赋予它的值的类型。

在很多高级语言（如 C 语言）中，规定变量必须先定义后使用，即先为变量指定数据类型，然后才能使用。Python 是一种动态类型化语言，只需要为变量赋值，即可使用变量。在 Python 中，允许使用汉字字符作为变量名。

```
>>> 古诗='离离原上草'
>>> print(古诗)
离离原上草
```

2.3 编程语言中的数据类型

2.3.1 数值型数据

数值型数据

表示数值的数据类型称为数值型。目前程序设计语言中数值型主要有 4 种：整数类型、浮点类型、复数类型和布尔类型。

1．整数类型

编程语言中的整数类型（int）与数学上的整数的概念一致，如 10、0、−8 都是整数。

整数通常使用 4 种进制：二进制、八进制、十进制和十六进制。默认使用十进制，若需要使用其他进制，需要增加引导符号。其中二进制数以“0b”或者“0B”开头，八进制数以“0o”或者“0O”开头，十六进制数以“0x”或者“0X”开头。

使用不同的进制表示整数 20。例如：

```
>>> a=0b10100    #二进制
>>> b=0o24       #八进制
>>> c=20         #十进制
>>> d=0x14       #十六进制
>>> print(a,b,c,d)
20 20 20 20
```

在 Python 中，print()函数根据引导符号把不同的输出内容解释成不同进制的数，并以其十进制形式进行输出。

2．浮点类型

浮点类型用来表示有小数点的数值，即表示数学中的实数。浮点数有两种表示方法，十进制表示法和科学记数法，例如，6.68、−5.、.9、4.72e-2、3.6E3 等。其中，e 或 E 表示底数为 10，−5.省略了小数部分，.9 省略了整数部分，但是作为浮点数，小数点不能省略。

在 Python 中，每个浮点数在内存中占 8 个字节（即 64 位），且遵守电气电子工程师学会（Institute of Electrical and Electronics Engineers，IEEE）标准。其中 52 位用于存储尾数，11 位用于存储阶码，1 位用于存储符号。

```
>>> a=6.68
>>> b=-5.
>>> c=.9
>>> d=4.72e-2
>>> e=3.6E3
```

```
>>> print(a,b,c,d,e)
6.68 -5.0 0.9 0.0472 3600.0
```

3．复数类型

复数由“实部”和“虚部”两部分组成。在Python中，实部是一个实数，虚部是一个实数与j或者J的组合。对于复数a，可以使用a.real和a.imag获得其实部和虚部的实数。

使用Python内置函数complex(real, imag)，可以通过传入实部real和虚部imag的方式定义复数。如果没有传入虚部，则虚部默认为0j。例如：

```
>>> a=5+6J
>>> b=complex(3,2)
>>> c= complex(8)
>>> print(a,b,c)
(5+6j) (3+2j) (8+0j)
>>> print(a.real, a.imag)
5.0 6.0
```

4．布尔类型

布尔类型（也称为逻辑类型）是仅有True（真）和False（假）两个值的数据类型。在计算机内部，Python使用1表示True，而使用0表示False。

使用Python内置函数int()把布尔值转换成整数，使用内置函数bool()把整数转换成布尔值。例如：

```
>>> print(int(True),int(False))
1 0
>>> print(bool(0),bool(1))
False True
```

2.3.2　序列

字符串——基本操作

序列（sequence）是Python中重要的数据，它按照先后顺序将一组元素组织在一起。Python中的序列包括字符串、列表、元组。

1．字符串

字符串是程序中经常使用的数据，由一个或者多个字符组成。字符串和数字一样，是不可变对象，即一旦创建了字符串，那么它的内容是不可变的。

与字符串相关的操作有很多，主要有字符串的表示、重复、连接、索引、切片等。

（1）字符串的表示

字符串是字符的序列，由英文的单引号、双引号或者三引号来标识。

① 使用单引号（'）标识的字符串，所有空白（空格或者制表符）都原样保留。例如，'Hello'表示一个字符串。

② 使用双引号（"）标识字符串与使用单引号标识字符串的方法相同。字符串中可以使用单引号标识的也可以使用双引号来标识，不需要做特别处理，反之亦然。

例如：

```
>>> s=" 'Hello' is a word."
>>> print(s)
'Hello' is a word.
```

③ 使用三引号（'''或者"""）的字符串，称为文档字符串。字符串可以用一个三引号或者一对三引号标识，可以标识多行字符串。还可以在三引号中自由地使用单引号和双引号。

以三引号标识的字符串可以用于保留文本中的换行信息，在代码中方便编写大段的文档，常用于块注释。注释用于描述重要变量的含义或程序功能，不影响程序运行结果。

【例 2-4】 字符串的使用。

【程序代码】

```
2-4StringDemo.py
1   s1="\t众里寻他千百度\n\t蓦然回首\n\t那人却在灯火阑珊处"      # \t表示横向制表符
2   s2='\t If winter comes,\n\t can spring be far behind?' # \n表示换行符
3   print('s1字符串长度是',len(s1))    # len()函数的功能是求字符串的长度
4   print(s1)
5   print('s2字符串长度是',len(s2))
6   print(s2)
```

【运行结果】

```
s1字符串长度是 25
        众里寻他千百度
        蓦然回首
        那人却在灯火阑珊处
s2字符串长度是 45
         If winter comes,
         can spring be far behind?
```

【程序解析】

① 转义字符

程序代码中的"\t"和"\n"是转义字符，分别代表横向制表符和换行符。常见转义字符如表 2-2 所示。

表 2-2　常见转义字符

转义字符	说明
"\0"	空字符
"\t"	横向制表符
"\n"	换行符
"\r"	回车符
"\""	双引号
"\'"	单引号
"\\"	反斜杠
"\"（在行尾时）	续行符
"\000"	ASCII 值为八进制数 000 的字符
"\xhh"	ASCII 值为十六进制数 hh 的字符

② len()函数

len()函数是序列通用函数，即字符串、列表、元组均可以使用。其功能是返回序列类

型参数的元素个数，返回值为整数。程序第 3 行中的 len()函数用于计算字符串长度。无论是中文字符、英文字符还是转义字符，有多少个字符，字符串长度就是多少。中文中一个汉字代表一个字符，英文中一个字母代表一个字符，标点符号或者空格也代表一个字符。

（2）字符串重复和连接

① 字符串重复

复制 *n* 次字符串，可以使用重复运算符“*”实现，其语法格式：字符串*n 或者 n*字符串（n 是复制的次数，必须为正整数）。

② 字符串连接

将两个字符串连接，可以使用连接运算符“+”实现，其语法格式：字符串 1+字符串 2。

例如：

```
>>> print('唧'*2+'复'+'唧'*2+'，'+'木兰当户织')
唧唧复唧唧，木兰当户织
```

（3）字符串索引

字符串中的每个字符称为元素，每个元素可以通过索引（index）进行访问。索引值用方括号“[]”表示，其语法格式：字符串[index]。

索引从 0 开始，第一个元素的索引为 0，第二个元素的索引为 1，以此类推。索引可以从字符串结束处反向计数，表示从末尾提取。最后一个元素索引为−1，倒数第二个元素索引为−2，以此类推，如图 2-1 所示。

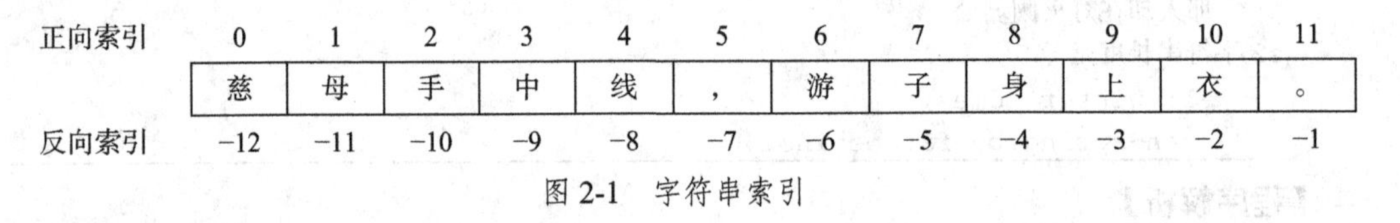

图 2-1 字符串索引

例如：

```
>>> s='谁言寸草心，报得三春晖'
>>> print(s[1]+s[4],s[-1]+s[-2])
言心 晖春
>>> ss='hello,world'
>>> print(ss[0]+ss[5],ss[-3]+ss[-5])
h, rw
```

（4）字符串切片

字符串切片即从一个字符串中取出子字符串，使用英文冒号分隔偏移索引字符串中的连续内容，返回新的值。其语法格式：<字符串>[<起始位置>:<终止位置>:<步长>]。

其表示取出从“起始位置”开始，间隔“步长”，直到“终止位置”前一个字符结束的字符串。在正向索引中，“起始位置”可以省略，默认起始位置为 0；“终止位置”可以省略，默认终止位置为末尾；步长可以省略，默认步长为 1。

例如：

```
>>> s='人生若只如初见，何事秋风悲画扇。'
>>> print(s[3],s[0:10:2],s[:10],s[10:],sep='|')
只|人若如见何|人生若只如初见，何事|秋风悲画扇。
```

上述例子中 print()函数中的 sep 参数的功能，是设置输出数据项之间的分隔符。

（5）字符串成员判断

用 in 或者 not in 判断一个字符串是否为另一个字符串的子字符串，返回值为 True 或 False。例如：

```
>>> s='人生若只如初见，何事秋风悲画扇。'
>>> '只'  in s
True
```

（6）字符与数字的转换

单个字符和数字可以使用 ord()函数和 chr()函数转换。例如：

```
>>> ord('a')            #返回'a'字符的 ASCII 值（十进制值）
97
>>> chr(65)             #返回 ASCII 值为 65 的字符
A
```

（7）字符串方法

字符串——方法和应用

字符串方法在使用时可以理解成字符串函数，使用“对象.方法名(参数)”来访问这些方法。字符串常用方法见附录 B，下面以其中的几个方法为例进行介绍。

① S.join(iter)方法表示以字符串 S 为分隔符，将可迭代对象 iter 中的元素以字符串形式连接起来，返回一个新字符串。示例如下：

```
>>> ' love '.join(['I', 'my country'])
'I love my country''
>>> ' '.join(['Hello,', 'World'])
'Hello, World'
>>> '->'.join(( 'The Boeing Company', '18.76'))
'The Boeing Company->18.76'
```

② S.split(sep,maxsplit)方法以 sep 为间隔符对字符串进行切片操作，将其切成若干元素，返回这些元素组成的列表。maxsplit 用于指定最大元素个数。示例如下：

```
>>> >>> '2024 3 29'.split()
['2024', '3', '29']
>>> dStr = 'I am a teacher'
>>> dStr.split()
['I', 'am', 'a', ' teacher ']
>>> dStr.split(' ',2)
['I', 'am', 'a teacher ']
>>> '2024.3.29'.split('.')
['2024', '3', '29']
```

重要提示： split()方法和 join()方法是非常有用的方法，但它们的作用正好相反。split()方法将一个字符串变成子字符串组成的列表，而 join()方法将一个字符串列表中的子字符串变成一个字符串。

2. 列表

列表

列表是一批对象的有序集合，其中每个对象（元素）都可以为数值或者布尔值，也可以为序列或其他用户自定义类型的数据。列表是可变的序列，列表中的各元素可以是不同类型数据，因此在使用方式上更加灵活。

（1）列表的定义和访问

列表定义的一般格式：<列表名称>[<列表项>]。

其中，多个列表项之间用英文逗号分隔，各列表项的数据类型可以相同，也可以不同。例如：

```
>>> list1=[]                          #创建空列表
>>> list2=[1,2,3]                     #创建含有 1、2、3 这 3 个整数的列表
>>> list3=['a', 'b', 'c']             #创建含有 a、b、c 这 3 个字符的列表
>>> list4=[''red'', ''yellow'']       #创建含有'red'和'yellow'这 2 个字符串的列表
```

列表可以直接利用 list()函数创建。例如：

```
>>> list1=list()                      #创建空列表
>>> list2=list(range(1,3))            #创建含有 1、2 这 2 个整数的列表
>>> list3=list(''abc'')               #创建含有 a、b、c 这 3 个字符的列表
```

其中，range()是内置函数，返回的是可迭代对象，这个可迭代对象是一个有序整数数列。range()函数的具体用法见 3.3.2 节。

访问列表通过“<列表名称>[索引值]”来引用，索引值从 0 开始，即列表的 0 号成员是第一个数据项。

```
>>> list2[0]
1
>>> list3[2]
'c'
```

（2）列表的操作

列表的操作方式与字符串类似，主要有列表的连接、重复、索引、切片等。

【例 2-5】 列表的定义和操作。

【程序代码】

2-5ListDemo.py

```
1  weekList= ['Sun.', 'Mon.','Tues.','Wed.','Thur.','Fri.','Sat.']
2  print(weekList[1:3])
3  weekList.pop(6);               print(weekList)
4  weekList.append('Sat.');       print(weekList)
5  weekList.remove('Mon.');       print(weekList)
6  weekList.sort();               print(weekList)
7  weekList.reverse();            print(weekList)
```

【运行结果】

```
['Mon.', 'Tues.']
['Sun.', 'Mon.', 'Tues.', 'Wed.', 'Thur.', 'Fri.']
['Sun.', 'Mon.', 'Tues.', 'Wed.', 'Thur.', 'Fri.', 'Sat.']
['Sun.', 'Tues.', 'Wed.', 'Thur.', 'Fri.', 'Sat.']
['Fri.', 'Sat.', 'Sun.', 'Thur.', 'Tues.', 'Wed.']
['Wed.', 'Tues.', 'Thur.', 'Sun.', 'Sat.', 'Fri.']
```

【程序解析】

① 列表的切片

程序代码第 2 行中的 weekList[1:3]切片操作，表示获取 weekList 中索引值为 1 和 2 的

元素，索引值为 3 的元素获取不到。

② 列表的 pop()方法

程序代码第 3 行中的 pop(i)方法，表示删除索引值为 i 的列表对象，当 i 为默认值时删除最后一个对象。

③ 列表的 append()方法

程序代码第 4 行中的 append(x)方法，表示将参数 x 作为一个整体添加到列表的尾部。示例如下：

```
>>> aList = [1, 2, 3]
>>> aList.append(4)
>>> aList
[1, 2, 3, 4]
>>> aList.append([5, 6])
>>> aList
[1, 2, 3, 4, [5, 6]]
>>> aList.append('Python!')
>>> aList
[1, 2, 3, 4, [5, 6], 'Python!']
```

④ 列表的 remove()方法

程序代码第 5 行中的 remove(x)方法，表示删除指定元素 x。如果列表中有多个相同值的元素，则删除第一个，该方法没有返回值。

⑤ 列表的 sort()方法

程序代码第 6 行中的 sort()方法，表示对列表中的元素按照值从小到大的顺序进行排序。如果是字符串，Python 通过比较对应字符的美国信息交换标准代码（american standard code for information interchange，ASCII）值排序。

⑥ 列表的 reverse()方法

程序代码第 7 行中的 reverse()方法，表示把列表 weekList 逆序，改变原列表内容。

（3）列表的方法

列表常用方法见附录 C，下面以其中的几个方法为例进行介绍。

① L.reverse()方法用于直接翻转列表。

```
>>> weeklist = ['Mon.', 'Tues.', 'Wed.', 'Thur.', 'Fri.', 'Sat.', 'Sun.']
>>> weeklist.reverse()
>>> weeklist
['Sun.', 'Sat.', 'Fri.', 'Thur.', 'Wed.', 'Tues.', 'Mon.']
```

② L.sort()方法用于基于值对列表进行排序，改变原列表中元素的顺序。L.sort()方法可以有两个参数：reverse 和 key。

```
>>> scorelist = [9, 9, 8.5, 10, 7, 8, 8, 9, 8, 10]
>>> scorelist.sort()                              #默认递增排序
>>> scorelist
[7, 8, 8, 8, 8.5, 9, 9, 9, 10, 10]
>>> numlist = [4, 12, 5, 8, 17, 1]
>>> numlist.sort(reverse = True)                  #递减排序
>>> numlist
[17, 12, 8, 5, 4, 1]
>>> fruitlist = ['apple', 'banana', 'pear', 'lemon', 'avocado']
```

```
>>> fruitlist.sort(key = len)                    #按字符串中字符的个数排序
>>> fruitlist
['pear', 'apple', 'lemon', 'banana', 'avocado']
>>> fruitlist.sort( key = len, reverse = True )
>>> fruitlist
['avocado', 'banana', 'apple', 'lemon', 'pear']
```

重要提示： sorted()函数是序列的内建函数，返回的是排序后的新列表，原列表内容不变。sort()方法是列表的方法，用于对原列表进行排序，会改变原列表内容。字符串和元组（字符串和元组都是不可变的）没有 sort()方法。

reversed()函数是序列的内建函数，返回的是序列翻转后的迭代器，原列表内容不变。reverse()是列表的方法，用于在原列表上直接翻转，并得到翻转列表，会改变原列表内容。字符串和元组（字符串和元组都是不可变的）没有 reverse()方法。

③ L.extend(iter)方法，参数 iter 是一个可迭代对象，该方法用于将该对象中的每个元素依次添加到列表末尾。示例如下：

```
>>> bList = [1, 2, 3]
>>> bList.extend([4])
>>> bList
[1, 2, 3, 4]
>>> bList.extend([5, 6])
>>> bList
[1, 2, 3, 4, 5, 6]
>>> bList.extend('Python!')
>>> bList
[1, 2, 3, 4, 5, 6, 'P', 'y', 't', 'h', 'o', 'n', '!']
```

3．元组

元组和列表有很多相似的地方，它们都是序列，都可以存储不同类型的数据对象。但是这两种数据是有区别的，列表是可变的，而元组是不可变的。也就是说，一旦一个元组被创建，就无法对元组中的元素进行添加、删除、替换或者重新排序等操作。

元组

（1）元组的定义

元组用圆括号“()”包含一组用英文逗号分隔的数据。例如：

```
>>> t1=()                          #创建空元组
>>> t2=(1,3,5)                     #创建含有 1、3、5 的元组
```

元组可以使用 tuple()函数根据字符串创建，字符串中的每个字符就成了元组的元素。例如：

```
>>> t3=tuple(''abac'')             #tuple(iter)函数将可迭代对象 iter 转换成元组
>>> t3
('a', 'b', 'a', 'c')
```

（2）元组的操作

元组的操作包括索引、切片、重复、连接、判断成员等。

【例 2-6】 元组的定义和操作。

【程序代码】

2-6TupleDemo.py

```
1   tuple1=("red","green","blue");   print(tuple1)
2   tuple2=(9, 8.5, 10, 7,8, 6);     print(tuple2)
3   print("length is ",len(tuple2))
4   print("max is ",max(tuple2))
5   print("min is ",min(tuple2))
6   print("sum is ",sum(tuple2))
7   print("The first element:",tuple2[0])
8   tuple3=tuple1+ tuple2;           print(tuple3)
9   tuple4=2 * tuple1;               print(tuple4)
10  print(tuple1[-1])
11  print(tuple2[2:4])
12  print(8 in tuple2)
13  print(sorted(tuple2))
```

【运行结果】

```
('red', 'green', 'blue')
(9, 8.5, 10, 7, 8, 6)
length is  6
max is    10
min is    6
sum is    48.5
The first element: 9
('red', 'green', 'blue', 9, 8.5, 10, 7, 8, 6)
('red', 'green', 'blue', 'red', 'green', 'blue')
blue
(10, 7)
True
[6, 7, 8, 8.5, 9, 10]
```

【程序解析】

① max()、min()和 sum()函数

程序代码第 4、5、6 行中的 max()、min()和 sum()这 3 个函数是序列通用函数，即字符串、列表、元组均可以使用。其中，max()函数用于返回可迭代对象中的最大值，或者若干迭代对象中有最大值的那个迭代对象；min()函数用于返回可迭代对象中的最小值，或者若干迭代对象中有最小值的那个迭代对象；sum()函数用于将可迭代对象中的数值相加，返回浮点数。

② sorted()函数

程序代码第 13 行中的 sorted()函数返回的是一个排好序的新序列，原序列不变。

需要特别注意的是，sorted()函数和前面介绍的列表的 sort()方法有所不同。列表的 sort()方法用于对列表进行排序，原列表的内容变为排序后的结果；而 sorted()函数可以用于所有序列，返回值是一个新的排好序的序列，而原序列没有任何变化。

2.3.3 集合与字典

本节将介绍集合与字典。

集合与字典

1．集合

集合与列表类似，可以用来存储若干元素。但是不同于列表，集合中的元素是不重复且不按任何特定顺序放置的。

如果应用程序不关心元素的顺序，使用集合来存储元素比使用列表效率更高。

（1）集合的定义和访问

可以通过将元素用一对花括号（{}）括起来创建集合，集合中的元素用英文逗号分隔。可以创建空集，或者根据列表或元组创建集合。例如：

```
>>> s1=set()                #创建空集
>>> s2={1,3,5}              #创建含有 1、3、5 的集合
```

使用 set()函数创建可变集合，使用 frozenset()函数创建不可变集合。例如：

```
>>> s3=set("abad")          #字符 a 在字符串中出现两次，但集合不存储重复元素
>>> s3
{'d', 'b', 'a'}
>>> s4=frozenset('hello')
>>> s4
frozenset({'h', 'e', 'l', 'o'})
```

（2）集合的操作

集合是可变的数据，集合中的元素可以动态地增加或者删除。

【例 2-7】 集合的定义和操作。

【程序代码】

```
2-7SetDemo.py
1   s1={'万','紫','千','红','总','是'};    print(s1)
2   s1.add('春');                          print(s1)
3   s1.discard('总');                      print(s1)
4   s2=s1.copy();                          print(s2)
5   s2.clear();                            print(s2)
```

【运行结果】

```
{'万', '红', '总', '紫', '是', '千'}
{'万', '春', '红', '总', '紫', '是', '千'}
{'万', '春', '红', '紫', '是', '千'}
{'万', '是', '春', '红', '千', '紫'}
set()
```

【程序解析】

① add()函数和 discard()函数

程序代码第 2 行中 add()函数的功能是往集合中添加元素；程序代码第 3 行中 discard()函数的功能是如果元素在集合中，则删除元素，不在集合中则不会报错。

② copy()方法和 clear()方法

程序代码第 4 行中 copy ()方法的功能是返回集合的一个副本；程序代码第 5 行中 clear()方法的功能是删除集合中的所有元素。

注意：由于集合元素是无序的，所以程序代码第 1、2、3、4 行显示的输出结果并不唯一。

2．字典

字典是无序的对象集合，可通过键对其进行操作。字典是 Python 中唯一的映射，映射是一种关联容器，用于存储对象与对象之间的映射关系。字典是存储键值对（由键映射到值）的关联容器。如果应用程序需要处理有关联性的一组数据，字典是较好的选择。

（1）字典的定义和访问

字典定义的一般格式：<字典名>={键 1:值 1, 键 2:值 2, 键 3:值 3,…}。

字典中项与项之间用英文逗号隔开，每个项由键和值组成，键和值之间用英文冒号隔开。其中，键必须是数字、字符串或元组等不可变的对象，且互不相同，值可以是任何类型的数据。字典使用键进行索引。例如：

```
>>> dict1={}                    #创建空字典
>>> Addr={'张林':'zl@123.com','王方':'wf@456.com', '李丽':'ll@789.com'}
>>> print(Addr['李丽'])
ll@789.com
```

Addr 中'张林'、'王方'、'李丽'都是字典的键，通过键可以找到对应的值。

说明： Python 中用字典可以实现从键映射到值。映射通常被称作哈希表（hash table），字典就是一种哈希类型数据。哈希表也称为散列表，是根据关键码值直接进行访问的数据结构，可加快查找的速度。表示映射关系的函数称作散列函数，存放记录的数组称作散列表。

（2）字典的操作

字典的基本操作包括修改键或值、添加或删除元素以及计算元素个数等。

【例 2-8】 字典的定义和操作。

【程序代码】

2-8DictDemo.py

```
1  d1={'zhang':89,'wang':70, 'li':90}
2  print("d1 的长度：",len(d1))              #获取字典的元素个数
3  print("d1 的键列表：",d1.keys())          #获取字典的键
4  print("d1 的值列表：",d1.values())        #获取字典的值
5  d1['chen']=78                           #添加新元素
6  d1['li']=99                             #修改值
7  print("添加和修改：",d1)
8  print(sorted(d1.items()))               #排序
```

【运行结果】

```
d1 的长度：3
d1 的键列表：dict_keys(['zhang', 'wang', 'li'])
d1 的值列表：dict_values([89, 70, 90])
添加和修改：{'zhang': 89, 'wang': 70, 'li': 99, 'chen': 78}
[('chen', 78), ('li', 99), ('wang', 70), ('zhang', 89)]
```

【程序解析】

① len()函数和 sorted()函数

len()函数用于返回字典中键值对的个数。如果需要对字典的值或键值对进行排序，可以使用 sorted()函数，其返回值为列表。

② keys()方法、values()方法和 items()方法

keys()方法用于返回字典的键的列表；values()方法用于返回字典的值的列表；items()方法用于返回字典的键值对（元组）构成的列表。

注意： 由于字典元素是无序的，所以本例中第 3、4 行显示的输出结果并不唯一。

2.4 表达式与运算符

2.4.1 表达式

运算是对数据进行处理的过程，不同种类的运算用不同的运算符来描述，而参与运算的数据称为操作数。运算符和操作数构成表达式。

数据的运算主要通过表达式进行。表达式是用符合某种编程语言标准的运算符和括号，将数据连接起来的式子。编程语言中的表达式与数学上的表达式不完全相同，它包括的范围更广，除了算术表达式，还有其他类型的表达式。Python 中有以下几种表达式。

- 算术表达式。如 3+6*7。
- 关系表达式。如 x>10。
- 逻辑表达式。如 x>0 and y>0。

2.4.2 运算符

为了构成表达式，显然需要使用运算符，Python 的运算符有以下几种。

- 算术运算符。
- 关系运算符。
- 逻辑运算符。
- 成员运算符。
- 身份运算符。
- 位运算符。

运算符

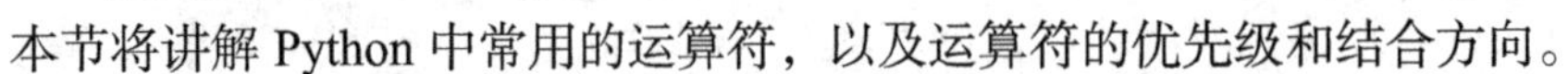

本节将讲解 Python 中常用的运算符，以及运算符的优先级和结合方向。

1. 算术运算符

Python 提供了 7 个算术运算符，如表 2-3 所示。

表 2-3 算术运算符

运算符	含义	说明	示例	结果
+	加法	将两个数相加	3+4	7
–	减法	用一个数减去另外一个数	7–9	–2
*	乘法	将两个数相乘	3*5	15

续表

运算符	含义	说明	示例	结果
/	除法	用 x 除以 y	6/2	3.0
//	取整除	返回商的整数部分	7//2 −7//2	3 −4
%	求余	返回进行除法运算后的余数	7%2	1
**	幂运算	返回 x 的 y 次幂	2**4	16

（1）运算符//

整除运算 *x*//*y* 的结果取不大于两数之商的最大整数（向下取整）。如果 *x* 和 *y* 都是整数，运算结果为整数；如果 *x* 和 *y* 中有一个是浮点数，则运算结果为浮点数。

```
>>> 6//4
1
>>> -6//4
-2
>>> 6.0//4
1.0
```

（2）运算符%

运算符%是求余（或者取模）运算符，即求出进行除法运算后的余数。其左侧的操作数是被除数，右侧的操作数是除数。例如，7%4 的结果为 3。

在程序设计中求余运算符非常有用。例如，判断一个数字是奇数还是偶数，可以使用求余运算符实现，因为偶数%2 结果总是 0，而奇数%2 结果总是 1。如果今天是星期二，那么 7 天之后又是星期二，因此使用 *x*%7 能够将整数 *x* 映射到[0,6]来推算星期几。10 天后是星期几呢？使用表达式(2+10)%7 计算得到结果 5，因此 10 天后是星期五。

2．关系运算符

在程序中，常常需要比较两个数据的大小关系。Python 提供了 6 个关系运算符，如表 2-4 所示。各关系运算符的优先级相同。

表 2-4　关系运算符

运算符	含义	说明	示例	结果
<	小于	返回 x 是否小于 y 的布尔值	5<0	False
<=	小于等于	返回 x 是否小于等于 y 的布尔值	5<=5	True
>	大于	返回 x 是否大于 y 的布尔值	5>5	False
>=	大于等于	返回 x 是否大于等于 y 的布尔值	5>=5	True
==	等于	返回 x 是否等于 y 的布尔值	5==3	False
!=	不等于	返回 x 是否不等于 y 的布尔值	5!=3	True

3．逻辑运算符

逻辑运算也称为布尔运算，逻辑运算符是对逻辑值（布尔值）做运算的运算符。Python 提供了 3 个逻辑运算符，如表 2-5 所示。

表 2-5　逻辑运算符

运算符	含义
not	逻辑非
and	逻辑与
or	逻辑或

逻辑非运算符为 not，是只有一个操作数的单目运算符，也称为取反运算符，其运算规则是：非真是假，非假是真。逻辑非真值如表 2-6 所示。其中 p 表示逻辑值，取值为 True 或者 False。

表 2-6　逻辑非真值

p	not p	示例	结果
False	True	not 5<0	True
True	False	not 5>0	False

逻辑与运算符为 and，也称为逻辑乘运算符，其运算规则是：参与运算的两个数只要有假，结果为假；只有两个操作数都为真时，结果才为真。逻辑与真值如表 2-7 所示。其中 p1 和 p2 表示两个逻辑值，取值为 True 或者 False。

表 2-7　逻辑与真值

p1	p2	p1 and p2	示例	结果
False	False	False	3<0 and 5<0	False
False	True	False	3<0 and 5>0	False
True	False	False	3>=0 and 5==0	False
True	True	True	3>0 and 5>0	True

逻辑或运算符为 or，也称为逻辑加运算符，其运算规则是：参与运算的两个数只要有真，结果为真；只有两个操作数都为假时，结果才为假。逻辑或真值如表 2-8 所示。其中 p1 和 p2 表示两个逻辑值，取值为 True 或者 False。

表 2-8　逻辑或真值

p1	p2	p1 or p2	示例	结果
False	False	False	3<0 or 5<0	False
False	True	True	3<0 or 5>0	True
True	False	True	3>=0 or 5==0	True
True	True	True	3>0 or 5>0	True

逻辑运算中存在短路逻辑（或延迟求值）。

① 逻辑与运算：比如 x and y，仅当 x 和 y 都为真时，表达式 x and y 才为真。如果 x 为假，x and y 这个表达式将立即返回假，而忽略 y。实际上如果 x 为假，这个表达式将返回 x，否则返回 y。这称为短路逻辑，即在有些情况下，逻辑与运算将“绕过”第二个值。

② 逻辑或运算：比如 x or y，如果 x 为真，就返回 x，否则返回 y。

示例如下：

```
>>> True and 3+2     #第一个操作数为真，直接返回第二个操作数
5
```

```
>>> False and 3+2   #第一个操作数为假，忽略第二个操作数，直接返回第一个操作数
False
>>> 0 and 3   #把第一个操作数 0 解读为假，忽略第二个操作数，直接返回第一个操作数
0
>>> False or 5*6     #第一个操作数为假，直接返回第二个操作数
30
>>> 3 or 0   #把第一个操作数 3 解读为真，忽略第二个操作数，直接返回第一个操作数
3
```

4．成员运算符

Python 提供了成员运算符，用于测试给定值是否在序列中。成员运算符有 in 和 not in。

① in 运算符：如果指定元素在序列中，返回 True，否则返回 False。

② not in 运算符：如果指定元素不在序列中，返回 True，否则返回 False。

示例如下：

```
>>> password='abcdefg'
>>> 'a' in password
True
>>> 'b' not in password
False
```

5．身份运算符

Python 的一切数据都可以视为对象，每个对象都有 3 个属性：类型、值和身份。其中，类型决定了对象可以保存什么样的值；值代表对象表示的数据；身份就是内存地址，是对象的唯一标识，对象被创建以后身份不会再发生任何变化。

Python 的身份运算符有 is 和 not is，用于判定两个对象的内存地址是否相同。

① is 运算符：如果两个对象的内存地址相同，返回 True，否则返回 False。

② not is 运算符：如果两个对象的内存地址不相同，返回 True，否则返回 False。

示例如下：

```
>>> a=3
>>> b=a
>>> a is b
True
>>> id(a)                    #用 id() 函数查看 a 的内存地址
140709246535408
>>> id(b)                    #用 id() 函数查看 b 的内存地址
140709246535408
```

6．位运算符

位运算符用来对二进制位进行操作，Python 提供了 6 个位运算符，如表 2-9 所示。

表 2-9 位运算符

运算符	含义	说明	示例	结果
<<	左移	把一个数的位向左移一定数目	3<<2	12
>>	右移	把一个数的位向右移一定数目	12>>2	3
&	按位与	数的按位与	6&3	2

续表

运算符	含义	说明	示例	结果
|	按位或	数的按位或	6|3	7
^	按位异或	数的按位异或	6^3	5
～	按位翻转	按位取反，补码表示的 x 按位取反后，是$-(x+1)$的补码	～6	−7

7．运算符的优先级和结合方向

运算符的优先级和结合方向决定了运算符的运算顺序。算术上，优先运算括号内的表达式。当运算没有括号的表达式时，根据优先规则和组合规则运算。

在 Python 中，各种运算符的优先级由低到高排列如表 2-10 所示。具有相同优先级的运算符出现在同一行。具有相同优先级的运算符紧连在一起，那么它们的结合方向决定了运算顺序。所有的二元运算符都遵循从左到右的结合顺序。

表 2-10　运算符的优先级

运算符	含义
or	逻辑或
and	逻辑与
not	逻辑非
in，not in	成员判断
is，is not	身份测试
<，<=，>，>=，!=，==	比较
|	按位或
^	按位异或
&	按位与
<<，>>	按位左移，按位右移
+，−	加法，减法
*，/，%	乘法，除法，取余
$+x$，$-x$	正号，负号
～	按位取反
**	指数

示例如下：

```
>>> 2*2-3>2 and 4-2>5    #等价于((2*2-3)>2) and ((4-2)>5)
False
```

2.4.3　常用内置函数

为了完成数据输入、计算以及其他各种操作，需要使用各种函数。函数是完成特殊任务的一组语句。Python 内置了很多函数，可以通过函数名称和相应的参数来调用它们。

常用内置函数

1．内置数学运算函数

内置数学运算函数如表 2-11 所示。

表 2-11　内置数学运算函数

函数	描述	示例	结果
abs(x)	绝对值（参数是实数）或复数的模（参数是复数）	abs(−8); abs(3+4j)	8; 5.0
max(x1,x2,⋯,xn)	求 x1,x2,⋯,xn 中的最大值，n 没有限制	max(1,2,3)	3
min(x1,x2,⋯,xn)	求 x1,x2,⋯,xn 中的最小值，n 没有限制	min(1,2,3)	1
pow(x,y[,z])	表示(x**y)%z，参数 z 可以省略，省略时表示 x**y	pow(5,2,3); pow(5,3)	1; 125
round(x[,n])	对 x 四舍五入，保留 n 位小数。 省略 n，表示将 x 四舍五入到整数	round(3.14159,3); round(3.14159)	3.142; 3
divmod(x,y)	输出二元组形式（如 x//y,x%y）	divmod(20,3)	6,2

其中，round()函数具有四舍五入的功能，但是这个四舍五入和数学中的四舍五入实际上有一些区别：当小数部分为“.5”时，会四舍五入到最近的偶数。这种四舍五入一般称为统计学四舍五入（俗称四舍六入五成双）。若有多个小数，情况更为复杂，此处不进行更多介绍。

示例如下：

```
>>> pow(2,3)              #等价于 2**3
8
>>> pow(2.5,3.5)          #等价于 2.5**3.5
24.705294220065465
>>> pow(5,2,3)            #等价于 5**2%3
1
>>> round(3.4)
3
>>> round(3.5)
4
>>> round(3.1415,2)       #第二个参数代表保留几位小数
3.14
```

2．内置类型转换函数

在程序设计中，经常碰到需要转换数据类型的情况，Python 的内置类型转换函数如表 2-12 所示。

表 2-12　内置类型转换函数

函数	作用
int(x[,y])	将 x 转换成整数
eval()	计算字符串中的有效 Python 表达式
float(x)	将 x 转换成浮点数，x 是数值或数值字符串
complex(x[,y])	创建以 x 为实部、y 为虚部的复数，省略 y，虚部为 0.0j
bin(x)	将整数 x 转换为等值二进制字符串
hex(x)	将整数 x 转换为等值十六进制字符串
oct(x)	将整数 x 转换为等值八进制字符串
chr(x)	返回以整数 x 为 ASCII 值的字符

示例如下：

```
>>> int('1101',2)              #将二进制字符串转换为十进制整数
13
>>> int(65)                    #转换为整数
65
>>> float('42.6')              #转换为浮点数
42.6
>>> bin(10)                    #将十进制数转换为二进制数
'0b1010'
>>> chr(97)                    #将对应的 ASCII 值转换为字符
'a'
```

2.4.4 math 库

在程序设计中经常需要使用数学运算函数，Python 的 math 库提供了丰富的针对浮点数的数学运算函数。因此，本节将对 math 库进行简单介绍。

math 库

1．math 库导入

math 库中的函数不能直接使用，需要导入之后才能使用。

（1）两种导入库的方式

导入 math 库的标准方式是使用 import math 语句。然后在使用函数的时候，在函数名之前加库名称和“.”（即模块名前缀）来访问库中的各个函数。示例如下：

```
>>> import math
>>> math.sqrt(36)       #求平方根函数
6.0
```

经常使用数学运算函数的用户会觉得 math.sqrt()使用起来没有 sqrt()那么便捷。Python 还提供了另外一种导入方式，可以略过库名前缀。这种导入方式的语句形式是 from module import function。在这种导入方式下可以直接使用函数 sqrt()，而不需要添加前缀 math。示例如下：

```
>>> from math import sqrt
>>> sqrt(36)
6.0
```

采用这种方式可以同时导入多个函数，也可以使用星号（*）从一个库导入所有的函数和常数。示例如下：

```
>>> from math import sin,log,floor
>>> floor(5.6)          #向下取整函数
5
>>> from math import *
```

（2）导入并重新命名

Python 允许在导入语句中给导入的库重新命名。示例如下：

```
>>> import math as m
>>> m.sqrt(36)
6.0
```

2．math 库常数

在数学运算中会遇到一些特别的常数，如圆周率、自然对数的底等。math 库提供了 4 个常数，如表 2-13 所示。

表 2-13 math 库常数

常数	说明	示例
math.e	自然对数的底 e	>>> math.e 2.718281828459045
math.pi	圆周率 π	>>> math.pi 3.141592653589793
±math.inf	正负无穷大（±∞）	>>> math.inf inf
math.nan	非浮点数标记	>>> math.nan nan

3．math 库常用函数

math 库常用函数如表 2-14 所示。

表 2-14 math 库常用函数

函数	说明	示例
math.fabs(x)	求 x 的绝对值，结果为浮点数	>>> math.fabs(−5) 5.0
math.fmod(x,y)	求 x 除以 y 的余数，结果为浮点数	>>> math.fmod(7,5) 2.0

math.ceil(x)	向上取整，返回不小于 x 的最小整数	>>> math.ceil(−5.6)
		−5
		>>> math.ceil(5.6)
		6

math.floor(x)	向下取整，返回不大于 x 的最大整数	>>> math.floor(−5.6)
		−6
		>>> math.floor(5.6)
		5

math.pow(x,y)	返回 x 的 y 次幂	>>> math.pow(2,3) 8.0
math.exp(x)	返回 e 的 x 次幂	>>> math.exp(1) 2.718281828459045
math.sqrt(x)	返回 x 的平方根（x⩾0）	>>> math.sqrt(9) 3.0
math.log(x)	返回 lnx	>>> math.log(math.e) 1.0
math.log2(x)	返回以 2 为底的 x 的对数值	>>> math.log2(16) 4.0
math.log10(x)	返回以 10 为底的 x 的对数值	>>> math.log10(1000) 3.0
math.degrees(x)	将 x 弧度值转换为角度值	>>>math.degrees(math.pi) 180.0
math.radians(x)	将 x 角度值转换为弧度值	>>> math.radians(180) 3.141592653589793
math.sin(x)	返回 x 的正弦函数值，x 是弧度值	>>> math.sin(math.pi) 1.2246467991473532e-16（约等于 0）

续表

函数	说明	示例
math.cos(x)	返回 x 的余弦函数值，x 是弧度值	>>> math.cos(math.pi) -1.0
math.tan(x)	返回 x 的正切函数值，x 是弧度值	>>> math.tan(math.pi) -1.2246467991473532e-16（约等于 0）

math.gcd(a,b)	返回 a 和 b 的最大公约数（a、b 为整数）	>>> math.gcd(10,18)
		2
		>>> math.gcd(-5,10)
		5

math.factorial(x)	返回 x 的阶乘值	>>> math.factorial(3) 6

2.5 格式化输出

格式化输出是指按照统一的规格输出数据。在格式化输出中，可以规格化输出数据的对齐方式、浮点数保留的小数位数等信息。

2.5.1 format()函数

1．format()函数输出单项

使用 Python 提供的 format()函数可以按照规定的格式输出数据，其语法格式如下：

```
format(数据项,"格式化字符串")
```

格式化字符串表示输出数据项时需要采用的输出格式，由固定的格式说明符号描述，如表 2-15 所示。

表 2-15 格式说明符号

符号	描述
b	二进制，以 2 为基数输出数字
o	八进制，以 8 为基数输出数字
x	十六进制，以 16 为基数输出数字。9 以上的数字用小写字母（类型符是 X 时用大写字母）表示
c	字符，将整数转换成对应的 Unicode 字符输出
d	十进制整数，以 10 为基数输出数字
f	定点数，以定点数输出数字
e	指数记法，以科学记数法输出数字，用 e 表示幂（类型符是 E 时用小写 e）
[+]m.nf	输出带符号（若格式说明符号中显示使用“+”符号，则输出大于或等于 0 的数时带“+”号）的数，保留 n 位小数，整个输出占 m 列（若实际宽度超过 m，则突破 m 的限时）
0>5d	右对齐，>左边的数字 0 表示用 0 填充左边的空缺，>右边的数字 5 表示输出项宽度为 5
<	左对齐，默认用空格填充右边的空缺，<前后类似上述右对齐，可以加填充字符和输出项宽度
^	居中对齐
{{}}	输出{}

示例如下：

```
>>> print(format(3.1415926,".2f"))          #保留小数点后两位
3.14
>>> print(format(3.1415926,"+.2f"))         #带符号保留小数点后两位
+3.14
>>> print(format(-1,"+.2f"))                #带符号保留小数点后两位
-1.00
>>> print(format(3.1415926,".0f"))          #不带小数
3
>>> print(format(8,"0>2d"))                 #宽度为 2,不足 2 位时用字符 0 填充左边的空缺
08
>>> print(format(6,"x<4d"))                 #宽度为 4,不足 4 位时用字符 x 填充右边的空缺
6xxx
>>> print(format(10000000,","))             #加千分符
10,000,000
>>> print(format(0.45,".2%"))               #百分比格式，且保留两位小数
45.00%
>>>print(format(60000000,".2e"))            #科学记数法，且保留两位小数
6.00e+07
>>> print(format(1314,">10d"))              #宽度为 10，右对齐
      1314
>>> print(format(1314,"<10d"))              #宽度为 10，左对齐
1314
>>> print(format(1314,"^10d"))              #宽度为 10，居中对齐
   1314
```

format()函数也可以使用另外一种语法格式，具体如下：

```
"格式化字符串".format（数据项）
```

示例如下：

```
>>> x=3.1415926
>>> print("x={:.2f}".format(x))
x=3.14
```

2．format()函数输出多项

format()函数可以一次输出多项，其语法格式如下：

```
"数据模板字符串".format（数据项 1,数据项 2,…,数据项 n）
```

format(数据项 1,数据项 2,…,数据项 n)里的数据项是需要输出的多项数据；“数据模板字符串”决定输出格式，它由若干花括号表示的槽和输出字符串组成，花括号表示的槽用来控制 format()函数里数据项在“数据模板字符串”中的嵌入位置。

示例如下：

```
>>> print("{}喜欢{}".format("我","五星红旗"))
我喜欢五星红旗
>>> print("{0}喜欢{1}".format("我","五星红旗"))
我喜欢五星红旗
>>>print("{1}喜欢{0} ".format("我", "祖国母亲"))
```

```
祖国母亲喜欢我
>>>print("{1}喜欢{1}".format("五星红旗", "我"))
我喜欢我
```

2.5.2 格式化字符串

Python 3.6 新引入了 f-string 格式化字符串，使用更加简便和直观。f-string 在形式上是以 f 开头的字符串，格式化字符串时用{}标记要替代的标识。

示例如下：

```
>>> name1="我"
>>> name2="五星红旗"
>>> f"{name1}喜欢{name2}"        #f 也可用大写字母 F 表示
'我喜欢五星红旗'
```

f-string 可以进行格式控制。

示例如下：

```
>>> x=3.1415926
>>> print(f"x={x:.2f}")
x=3.14
```

f-string 可以在{}中使用表达式或者调用函数。

示例如下：

```
>>>x=5
>>>print(f"{x*2+3}")
13
>>>str1="wu yue"
>>>print(f"{str1.upper()}")
WU YUE
```

2.6 程序示例

【例 2-9】 人口预测。某个国家今年人口总数为 900 万，按照每 7s 有 1 人出生，每 13s 有 1 人死亡，编写程序预测未来 3 年该国家每年的人口总数。

【程序代码】

```
2-9PopulationPrediction.py
1   birth=365 * 24 * 60 * 60 // 7
2   death=365 * 24 * 60 * 60 // 13
3   print("未来 1 年人口总数: ", 9000000+birth-death)
4   print("未来 2 年人口总数: ", 9000000+2*birth-2*death)
5   print("未来 3 年人口总数: ", 9000000+3*birth-3*death)
```

【运行结果】

```
未来 1 年人口总数: 11079296
未来 2 年人口总数: 13158592
未来 3 年人口总数: 15237888
```

【程序解析】

在 Python 中，可以用取整除运算符//来完成除法运算，得到的结果为整数。程序中计算的是人口总数，因此需要用//运算符，而不是/运算符。

【例 2-10】 “三天打鱼，两天晒网”。设计程序：将 1.0 作为能力值基数，好好学习一天能力值比前一天提高 1%，休息一天能力值比前一天下降 1%。请分别输出：按照“三天打鱼，两天晒网”的方式学习，100 天后的能力值；坚持天天学习，100 天后的能力值。

【程序代码】

2-10AndStarts .py

```
1  import math
2  study=math.pow((1.0+0.01),3)          #三天打鱼
3  rest=math.pow((1.0-0.01),2)           #两天晒网
4  days1=math.pow(study*rest,20)
5  days2=math.pow((1.0+0.01),100)
6  print("“三天打鱼，两天晒网”能力值：",days1)
7  print("坚持每天学习能力值：",days2)
```

【运行结果】

```
“三天打鱼，两天晒网”能力值： 1.2153187852261558
坚持每天学习能力值： 2.7048138294215285
```

【程序解析】

程序代码第 2 行中的 math.pow()是求幂函数。

由运行结果可知，若采用“三天打鱼，两天晒网”的方式学习，100 天后学习能力值增加很少；如果坚持天天学习，学习能力值是“三天打鱼，两天晒网”能力值的两倍还多。由此可知持之以恒，日积月累，终究会到达理想的彼岸。

【例 2-11】 计算距离。设计程序：实现用户输入两个点的坐标，然后计算两点之间的距离，并显示这个距离。

【程序代码】

2-11CalculateDistance.py

```
1   import turtle
2   import math
3   x1,y1=eval(input("请输入第一个点的坐标："))
4   x2,y2=eval(input("请输入第二个点的坐标："))
5   distance=math.sqrt((math.fabs((x1-x2))**2+math.fabs((y2-y1))**2))
6   #绘制两个点
7   turtle.penup()
8   turtle.goto(x1,y1)
9   turtle.pendown()
10  turtle.write("点 1")
11  turtle.goto(x2,y2)
12  turtle.write("点 2")
13  #绘制两点之间的线
14  turtle.penup()
15  turtle.goto((x1+x2)/2,(y1+y2)/2)
16  turtle.write(distance)
17  turtle.done()
```

【运行结果】

```
请输入第一个点的坐标：-100,50（回车）
请输入第二个点的坐标：100,50 （回车）
```

例 2-11 中程序的运行结果如图 2-2 所示。

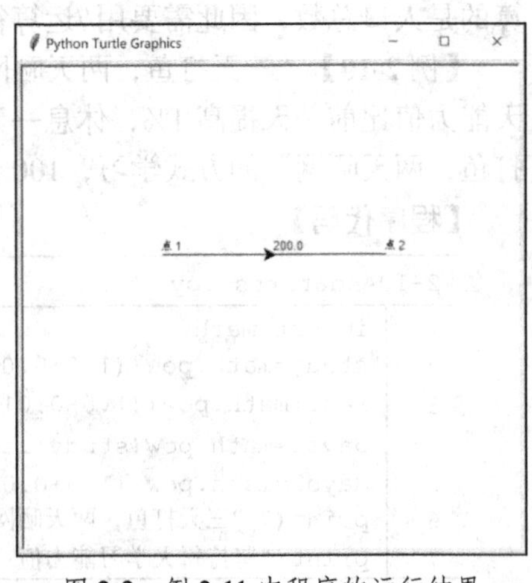

图 2-2　例 2-11 中程序的运行结果

【程序解析】

① 程序分析

根据要求，程序需要完成 4 个任务：第一，提示用户输入两个点的坐标；第二，计算两个点之间的距离；第三：利用“Python Turtle Graphics”窗口显示两个点之间的连线；第四，在线的中央显示线的长度。

② math 库函数

程序代码第 5 行中的 math.sqrt()是求平方根函数；math.fabs()是求绝对值函数。

③ turtle 库函数

turtle.penup()表示提起画笔；turtle.pendown()表示放下画笔；turtle.goto(x1,y1)表示移动到指定位置；turtle.write("点 1")表示在当前位置写入文本；turtle.done()表示暂停程序，停止绘制，但绘图窗口不关闭，直到用户关闭 Python Turtle Graphics 窗口为止，其作用是给用户时间来查看图形，否则窗口会在程序完成时立即关闭。

【例 2-12】 统计单词个数。设计程序：从键盘输入一个英文句子（句子中的标点符号有英文句号和英文逗号，只允许各出现一次）和一个单词，查看句子中指定的单词（不区分大小写）出现的次数。

【程序代码】

2-12wordcount.py

```
1  s1=input("please input a string:")
2  s2=input("please input a word:")
3  snew=s1.lower()
4  snew=snew.replace(","," ")
5  snew=snew.replace("."," ")
6  list1=snew.split()
7  num=list1.count(s2)
8  print(num)
```

【运行结果】

```
please input a string:no pain, no gain.（回车）
please input a word:no（回车）
2
```

【程序解析】

① 字符串的 lower()方法

根据要求，查看句子中指定的单词，不区分大小写。因此，需要将大写字母转换成小写字母，这可以使用字符串的 lower()方法实现。

② 字符串的 replace()方法

从键盘输入的句子可能包含英文句号和英文逗号，因此需要使用 replace()方法，将标点符号替换成空格。

③ 字符串的 split()方法

使用字符串的 split()方法，将字符串拆分成单词列表。

④ 列表的 count()方法

使用列表的 count()方法，计算单词列表中输入单词出现的次数。

课后习题

一、选择题

1. （　　）是 Python 合法标识符。

A. _name　　B. 1name

C. stu-name　　D. stu.name

2. 对于序列 numbers=[1,2,3,4,5,6,7,8,9,10]，（　　）操作和对应的输出是正确的。

A. >>>numbers[0,2]
[1,2,3]

B. >>>numbers[0,-1]
[1,2,3,4,5,6,7,8,9,10]]

C. >>>numbers[-2:]
[9,10]

D. >>>numbers[0::3]
[1,3,5,7,9]

3. 列表 ListWeek=['Mon', 'Tues', 'Wed', 'Thur', 'Fri', 'Sat', 'Sun']，则切片 ListWeek[:5:2]的结果是（　　）。

A. ['Mon', 'Tues', 'Wed', 'Thur', 'Fri', 'Sat', 'Sun']

B. ['Mon', 'Wed', 'Fri']

C. ['Mon', 'Wed', 'Fri', 'Sun']

D. ['Tues', 'Thur', 'Sat']

4. 下列表达式的运算结果是（　　）。

```
>>>a = 58
>>>b = True
>>a + b > 4*13
```

A. True　　B. −1

C. False　　D. 0

5. 以下选项中，不能在 Python 中起到注释作用的是（　　）。

A. #注释

B. #注释 #注释

C. """注释
注释"""

D. //注释

6. 以下选项中，可以用作 Python 变量名的是（ ）。

A. price&book　　B. _ss

C. 3Q　　D. else

7. 下列关于 Python 程序格式的描述中，错误的是（ ）。

A. 缩进表达了所属关系和程序块的所属范围

B. 注释可以在一行中的任意位置开始，这一行都会作为注释而不被执行

C. 进行赋值操作时，在运算符两边各加上一个空格，可以使代码更加清晰、明了

D. 在文档注释的开始和结尾可以使用三单引号或者三双引号

8. 以下不是 Python 关键字的是（ ）。

A. class　　B. def

C. define　　D. elif

9. （ ）在 Python 中是非法的。

A. x = y = z = 1　　B. x =(y = z+1)

C. x,y = y,x　　D. x += y

10. 在屏幕上输出 Hello World，使用的 Python 语句是（ ）。

A. printf('Hello World')　　B. print(Hello World)

C. print("Hello World")　　D. printf("Hello World")

11. 以下代码的执行结果是（ ）。

```
s = 'R\0S\0T'
print(len(s))
```

A. 3　　B. 5

C. 7　　D. 6

12. 将下列选项作为 eval()函数的参数，执行结果错误的是（ ）。

A. "1+2"　　B. "input()"

C. "print()"　　D. 1+2

13. 下列语句的执行结果是（ ）。

```
tstr = 'That Translation is an online translation service'
print(len(tstr.split('a')))
```

A. 6　　B. 8

C. 7　　D. 9

14. 下列语句的执行结果是（ ）。

```
s1,s2="Mom","Dad"
print("{} love {}".format(s2,s1))
```

A. Dad love Mom　　B. Mom love Dad

C. s1 love s2　　D. s2 love s1

15. 以下选项中关于列表和字符串的说法错误的是（ ）。

A. 列表是有序集合，没有固定大小

B. 用于统计字符串 string 长度的方法是 string.length()

C. 列表可以存放不同类型的数据

D. 字符串具有不可变性，创建后其值不能改变

16. 以下代码运行后，输出结果是（　　）。

```
L1=[4,5,6,8].reverse()
print(L1)
```

A. [8,6,5,4]　　　　B. [4,5,6,8]

C. None　　　　D. [4,5,6,8,]

17. 以下关于元组的描述正确的是（　　）。

A. 元组和列表相似，所有能对列表进行的操作都可以对元组进行

B. 创建元组时，若元组仅包含一个元素，在这个元素后可以不添加逗号

C. 元组中的元素不能被修改

D. 多个元组不能进行连接

18. 下列关于 Python 的描述正确的是（　　）。

A. 列表的索引是从 1 开始的

B. 元组中的元素可以修改、删除、连接

C. 字典中的“键”只能是整数、字符串

D. 集合分为可变集合和不可变集合，可变集合的元素可以添加、删除

二、填空题

1. 若有列表 L1=[5,6,7,8,9,10]，则切片 L1[-2:]的结果是________，L1[:4]的结果是________，L1[3:5]的结果是________。

2. 填写以下表达式的值。

表达式	表达式的值
8%10*10+68//10	
6.5//2	
6.5%2	
6.5/2	
-23%4	
16/4-3+5*9/3%7//2	
0xA+0xB	
abs(3+4j)	
pow(3,2)	
int('101',2)	

3. 以下代码运行后，输出结果是________。

```
s1=[11,12,13]
s2=s1
s1[1]=0
print(s2)
```

4. 以下代码运行后，输出结果是________。

```
S='there are many oranges'
K=S.split()
K.sort(key = len)
print(''.join(K))
```

5. 以下代码运行后，输出结果是________。

```
lst = [7,8,9,11,2,15]
i = lst.index(min(lst))
lst[0],lst[i] = lst[i],lst[0]
print(lst)
```

6. 字典 d={'Python':123, 'C':123, 'C++':123}，len(d)的结果是________。

7. 以下代码运行后，输出结果是________。

```
d={"AA":1001, "BB":1003}
d['BB']=1002
print(d.get('BB',1004))
```

8. 以下代码运行后，输出结果是________。

```
s=['well', 'good', 'best', 'how', 'do', 'you', 'do', '?']
str1=s[3] + ' ' + s[4] + ' ' + s[5] + ' ' + s[6]
print(str1)
```

三、编程题

1. 编写一个程序，输入圆柱体底面半径 r 和高 h，求圆柱体表面积 S 和体积 V。结果保留两位小数（提示：使用 math 库中的常数 math.pi）。

2. 反向数字问题。编写一个程序，提示用户输入一个 4 位整数，然后显示颠倒各位数字后的数。如输入 3125，则程序输出 5213。

第3章 结构化程序设计

学习目标

- 掌握顺序结构、选择结构和循环结构程序设计的方法。
- 掌握 random 库的使用方法。
- 掌握常用的异常处理方法。
- 学会程序调试。
- 掌握用枚举法和递推法解决实际应用问题的方法。

第 2 章介绍了 Python 的基础知识，如数据类型、变量和常量等，这些可比作烹调中的原料（即处理对象）。它们必须通过加工处理，即运算操作才能得出实际问题所需要的结果，而计算机进行各种运算操作是由语句实现的。本章先简单介绍顺序结构程序设计，然后详细介绍 Python 为实现选择结构程序设计和循环结构程序设计提供的相应基本语句，最后介绍 random 库、异常处理、程序调试等。

3.1 顺序结构程序设计

在程序设计中，顺序结构是一类十分简单、常用的结构。这种结构的程序是按“从上到下”的顺序依次执行语句的，即程序语句的编写顺序与语句的执行顺序一致。在顺序结构程序设计中，常用的相关语句有赋值语句、输入和输出语句等。赋值语句、输入和输出语句在 2.1 节做了介绍，在此不赘述。其实第 2 章中的例子对应的程序在结构上都是顺序的，因此它们都是顺序结构程序。

3.2 选择结构程序设计

选择结构是程序的基本结构之一，它根据判断是否满足某些条件来分别进行不同的处理，以执行相应的分支。下面介绍实现选择结构程序设计的条件语句。

3.2.1 单分支条件语句

单分支和双分支

单分支条件语句的语法格式如下：

```
if 条件表达式:
    语句块        # 注意，语句块一定要向右缩进
```

其说明如下。

① 条件表达式：可以是常量、变量或者任何合法的表达式，如关系表达式、逻辑表达式。无论条件表达式为何种形式，其结果都是 True 或 False。若条件表达式为常量、变量或算术表达式，则按非 0 为 True、0 为 False 进行判断。

② if 行的条件表达式后以英文冒号结束。

③ 语句块：可以是一条语句或多条语句。在编写时，语句块中的所有语句需要向右缩进相同的空格（至少 1 个空格），默认缩进 4 个空格。因为 Python 程序采用缩进与对齐的方法来体现程序结构的层次关系。

单分支条件语句的执行过程：先计算条件表达式的值，当条件表达式的值为 True（或非 0）时执行语句块，否则跳过语句块而继续执行 if 结构后面的其他语句。单分支结构流程图如图 3-1 所示。

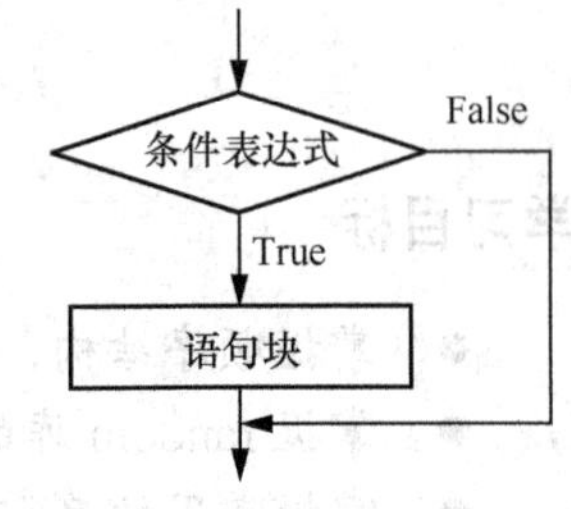

图 3-1 单分支结构流程图

【例 3-1】 输入圆的半径，如果半径大于 0，则求圆的周长和面积并输出。

【程序代码】

3-1 圆周长和面积.py

```
1  r=eval(input("请输入圆的半径："))
2  if r>0:
3      C=2*3.14*r
4      S=3.14*r*r
5      print("半径为", r, "的圆的周长等于：", C, sep="")
6      print("半径为", r, "的圆的面积等于：", S, sep="")
```

【运行结果】

```
【第 1 次运行】
请输入圆的半径：1
半径为 1 的圆的周长等于：6.28
半径为 1 的圆的面积等于：3.14
【第 2 次运行】
请输入圆的半径：-1
```

第二次运行输入-1，无运行结果。因为-1>0 的结果为 False，且 if 结构的后面没有其他语句，则整个程序运行结束。

3.2.2 双分支条件语句

双分支条件语句的语法格式如下：

```
if 条件表达式:
    语句块 1
else:
    语句块 2
```

注意：else 后面也要有英文冒号。语句块 1 与语句块 2 相对于 if 和 else 向右缩进。

双分支条件语句的执行过程：当条件表达式的值为 True（或非 0）时，执行语句块 1，否则执行 else 后面的语句块 2，接着执行整个 if 结构后面的其他语句。双分支结构流程图如图 3-2 所示。

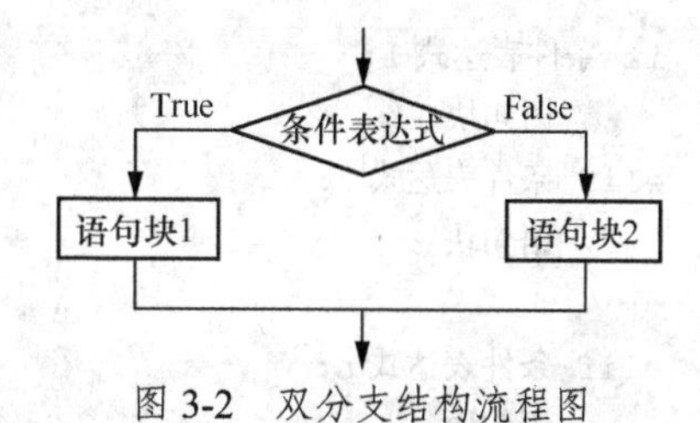

图 3-2　双分支结构流程图

【例 3-2】　输入数 x，求 x 的绝对值 y 并输出。

【程序代码】

3-2 绝对值.py

```
1  x=eval(input("请输入一个数："))
2  if x>=0:
3      y=x
4  else:
5      y=-x
6  print("{}的绝对值是{}".format(x,y))
```

【运行结果】

```
【第 1 次运行】
请输入一个数：-1
-1 的绝对值是 1
【第 2 次运行】
请输入一个数：1
1 的绝对值是 1
```

【例 3-3】　输入圆的半径，如果半径大于 0，则求圆的周长和面积并输出；如果半径小于等于 0，则输出“负数或 0 不能作为圆的半径！”。

【程序代码】

3-3 圆周长和面积.py

```
1  r=eval(input("请输入圆的半径："))
2  if r>0:
3      C=2*3.14*r
4      S=3.14*r*r
5      print("半径为", r, "的圆的周长等于：", C, sep="")
6      print("半径为", r, "的圆的面积等于：", S, sep="")
7  else:
8      print("负数或 0 不能作为圆的半径！")
```

【运行结果】

```
【第 1 次运行】
请输入圆的半径：-1
负数或 0 不能作为圆的半径！
【第 2 次运行】
请输入圆的半径：1
半径为 1 的圆的周长等于：6.28
半径为 1 的圆的面积等于：3.14
```

3.2.3　多分支条件语句

多分支、if 嵌套、条件运算

多分支条件语句的语法格式如下：

```
if 条件表达式1:
    语句块1
elif 条件表达式2:
    语句块2
……
elif 条件表达式n:
    语句块n
[else:
语句块n+1]
```

注意：格式中的所有 if 行、elif 行和 else 行都以英文冒号结束。

多分支条件语句的执行过程：首先判断条件表达式 1，若结果为 True（或非 0），则执行语句块 1；否则继续判断条件表达式 2，若结果为 True（或非 0），则执行语句块 2；否则继续判断下一个条件表达式……如此下去，若判断到某个条件表达式的结果为 True（或非 0），则执行该条件表达式下的语句块。若所有的条件表达式都不成立，则检查有无 else 子句，若有 else 子句，则无条件执行 else 子句后面的语句块；若无 else 子句，则结束整个 if 结构的执行，继续执行该 if 结构后面的其他语句。多分支结构流程图如图 3-3 所示。

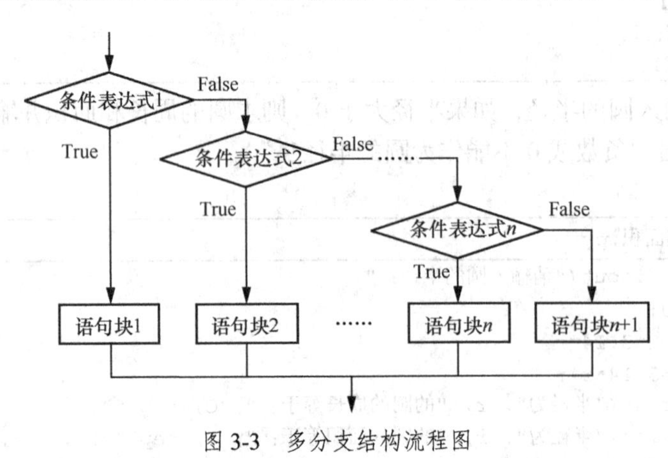

图 3-3　多分支结构流程图

注意：在该多分支结构中，若有多个分支的条件表达式同时成立，则程序只执行最先遇到的成立的条件表达式下的语句块。

【例 3-4】 输入学生的成绩，根据成绩进行等级转换，60 分以下为“不及格”，大于等于 60 分、小于 80 分为“及格”，大于等于 80 分、小于 90 分为“良好”，90 分及以上为“优秀”。

【程序代码】

3-4 成绩等级转换.py

```
1  score=eval(input("请输入学生的成绩："))
2  if score<60:
3      grade="不及格"
4  elif score<80:
5      grade="及格"
```

```
6   elif score<90:
7       grade="良好"
8   else:
9       grade="优秀"
10  print("等级：{}".format(grade))
```

【运行结果】

```
【第 1 次运行】
请输入学生的成绩：55
等级：不及格
【第 2 次运行】
请输入学生的成绩：98
等级：优秀
```

程序中用的是多分支结构，也可以用 4 个单分支结构，请读者自行编写 4 个单分支结构的程序代码。

3.2.4 if 语句的嵌套

if 语句的嵌套是指 if 结构中的语句块部分又包含完整的 if 语句。if 语句的嵌套结构根据其嵌套的位置不同而有多种格式，格式之一如下：

```
if 条件表达式 1:
    if 条件表达式 11:
        语句块 1
    else:
        语句块 2
else:
    语句块 3
```

【例 3-5】 输入三角形 3 条边的边长，若能构成三角形，则求此三角形的面积，否则输出数据错误提示信息。

设三角形 3 条边的边长分别为 a、b、c，则能构成三角形的充要条件有：

① $a>0$且$b>0$且$c>0$；

② $a+b>c$且$a+c>b$且$b+c>a$。

三角形的面积公式为 $S=\sqrt{p(p-a)(p-b)(p-c)}$，其中 $p=(a+b+c)/2$。

【程序代码】

3-5 求三角形面积.py

```
1   import math
2   a,b,c=eval(input("请输入三角形的 3 边长（用逗号分隔）："))
3   if a>0 and b>0 and c>0:
4       if a+b>c and a+c>b and b+c>a:
5           p=(a+b+c)/2
6           S=math.sqrt(p*(p-a)*(p-b)*(p-c))
7           print("三角形的面积是：{:.2f}。".format(S))
8       else:
9           print("输入的边长不能构成三角形！")
10  else:
11      print("输入的边长数据无效！")
```

【运行结果】

```
【第 1 次运行】
请输入三角形的 3 边长（用逗号分隔）：3,4,5
三角形的面积是：6.00。
【第 2 次运行】
请输入三角形的 3 边长（用逗号分隔）：0,1,3
输入的边长数据无效!
```

【例 3-6】 输入 3 个整数，求最大数。

【程序代码】

3-6 求最大数 1.py

```
1   a,b,c=eval(input("请输入 3 个整数（用逗号分隔）："))
2   if a>b:
3       if a>c:
4           maxnum=a
5       else:
6           maxnum=c
7   else:
8       if b>c:
9           maxnum=b
10      else:
11          maxnum=c
12  print("最大的数是：",maxnum)
```

【运行结果】

```
请输入 3 个整数（用逗号分隔）：3,1,2
最大的数是： 3
```

例 3-5 和例 3-6 的程序都使用了嵌套的 if 语句来实现需要的功能。在编写时，要特别注意 if 和 else 的配对关系。

对于例 3-6，可以不使用嵌套的 if 语句，而使用更加简单的 if 语句来实现其功能。

【程序代码】

3-6 求最大数 2.py

```
1   a,b,c=eval(input("请输入 3 个整数（用逗号分隔）："))
2   maxnum=a
3   if maxnum<b:
4       maxnum=b
5   if maxnum<c:
6       maxnum=c
7   print("最大的数是：",maxnum)
```

请读者分析和理解例 3-6 中两种程序代码的思路。

3.2.5 条件运算

条件运算是双分支结构的一种紧凑格式，用于执行简单的条件判断操作。其语法格式如下：

```
表达式 1  if  条件表达式  else  表达式 2
```

语法格式中的 if 和 else 是条件运算符，也称为三元运算符（使用 3 个操作数的运算符），因此该格式是一个表达式，不是语句。必要时使用条件运算，可以使程序更加简洁。

条件运算的运算规则和结果是：先求 if 后面的“条件表达式”的值，如果值为 True，则条件运算的结果是“表达式 1”的值；如果值为 False，则条件运算的结果是“表达式 2”的值。

例如，例 3-2 的程序代码中的第 2～5 行可以用下面的语句来替换：

```
y = x if x>=0 else -x
```

又如，例 3-6 的求最大数的程序代码可以简化如下：

```
a,b,c=eval(input("请输入 3 个整数（用逗号分隔）："))
if a>b:
    maxnum = a if a>c else c
else:
    maxnum = b if b>c else c
print("最大的数是：",maxnum)
```

可以进一步简化上面的程序，具体如下：

```
a,b,c=eval(input("请输入 3 个整数（用逗号分隔）："))
maxnum = (a if a>c else c) if a>b else (b if b>c else c)
print("最大的数是：",maxnum)
```

由此我们可以发现条件运算大大简化了程序的编写。在编程中，需要不断总结和积累，选择较简洁、效率较高、较易理解的方法解决实际问题。

3.3 循环结构程序设计

循环是在指定的条件下多次重复执行一组语句。当然，这种重复不是简单、机械地重复，而是每次重复都会产生新的内容。也就是说，虽然每次重复执行的语句相同，但是语句中变量的值是变化的，而且当重复到一定次数或满足指定条件后才能结束语句的执行。在指定的条件下重复执行某些操作的控制结构称为循环结构。下面介绍实现循环结构程序设计的 while 语句和 for 语句。

3.3.1 while 语句

while 语句

在许多情况下，对某些语句需要重复执行的次数事先并不能确定，而是由程序执行中某种条件是否被满足来决定重复执行与否。while 语句就是用于实现这类功能的循环结构，是条件型循环结构。当然，while 语句也适用于解决循环次数已知的实际问题。

1．while 语句的语法格式

while 语句的语法格式如下：

```
while 条件表达式:
    循环体          # 向右缩进
```

其说明如下。

① 条件表达式：称为循环条件，一般是关系表达式或逻辑表达式，也可以是常量、变

量或其他任何合法的表达式。

② 在编写 while 语句时要注意：while 行的“条件表达式”后以英文冒号结束。

③ 循环体：可以是一条语句，也可以是多条语句。在编写时，循环体中的所有语句需要向右缩进相同的空格，以表示其层次关系。

2．while 语句的执行过程

while 语句的执行过程是：先计算条件表达式的值，如果值为 True，则执行循环体，直到条件表达式的值为 False 时才结束整个循环，接着执行 while 结构后面的其他语句。while 循环流程图如图 3-4 所示。

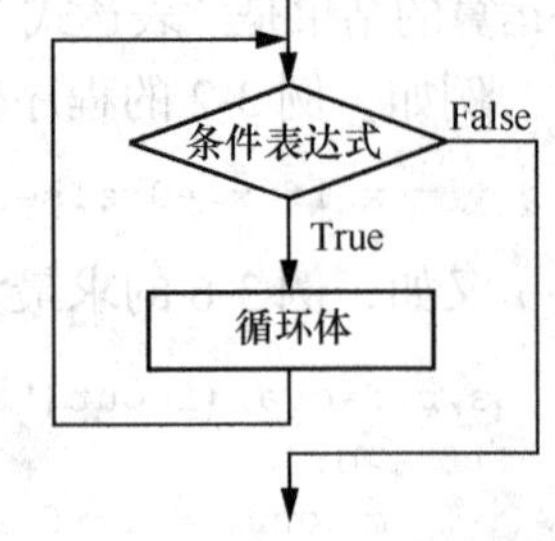

图 3-4　while 循环流程图

【例 3-7】 输入一个正整数 *n*，统计并输出该数是几位数。

【程序代码】

3-7 统计整数的位数.py

```
1  n=int(input("请输入一个正整数："))
2  count=0                  # count 变量用于统计 n 的位数
3  while n>0:
4      count=count+1
5      n=n//10              # 整除运算的目的是循环一次去掉 n 的最低位数字
6  print("该数是{}位数".format(count))
```

【运行结果】

```
请输入一个正整数：1024
该数是 4 位数
```

本例是一个简单的统计计算问题的求解，由于事先不知道需要统计的数是多少，也就不知道需要循环多少次，因此用 while 语句来循环求解。每循环一次，“n”的位数少 1，直到“n”的位数为 0 时，结束统计。

【例 3-8】 求 100（包括 100）以内的所有奇数之和。

【程序代码】

3-8 求奇数和.py

```
1  s=0                      # 设置累加和变量，赋初值
2  i=1                      # 设置循环变量，赋初值
3  while i<=100:
4      s=s+i                # 求累加和
5      i=i+2                # 循环变量值的变化
6  print("1+3+…+99 =",s)
```

【运行结果】

```
1+3+…+99 = 2500
```

本例是一个简单的累加和计算问题的求解，由于需要求的是在已知一定范围内满足条件数的累加和，因此其循环的次数事先是可以计算出来的，但一般不需要对其进行计算。在循环过程中，每循环一次，计算累加和一次，“i”增加一次，直到“i”等于 101 时，才结束循环。

【例 3-9】 用辗转相除法，求两个正整数的最大公约数。

求 *m* 和 *n* 的最大公约数，辗转相除法的算法步骤如下。

① 输入两个正整数 m、n，并使 $m>n$。

② 求 m 除以 n 的余数 r。

③ 若 $r=0$，则 n 为求得的最大公约数，算法结束，否则执行第④步。

④ 将 n 的值放在 m 中（即将 n 赋给 m），将 r 的值放在 n 中（即将 r 赋给 n）。

⑤ 返回第②步，重新执行。

例如，假设 $m=100$，$n=24$，按照辗转相除法求它们的最大公约数的过程，如图 3-5 所示。

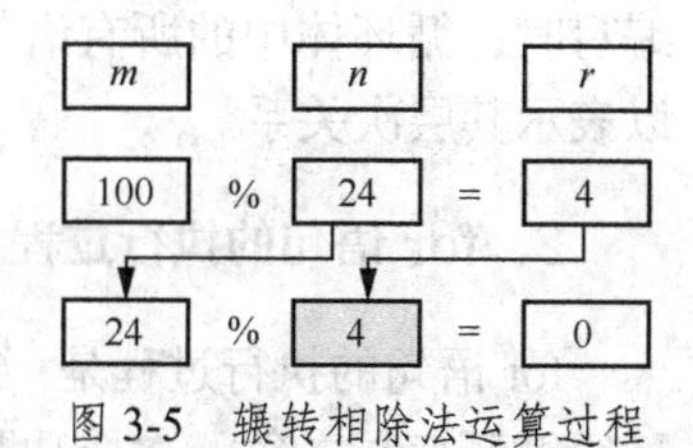

图 3-5　辗转相除法运算过程

【程序代码】

3-9 求最大公约数.py

```
1   m=eval(input("请输入正整数m: "))
2   n=eval(input("请输入正整数n: "))
3   if m<n:
4       m,n=n,m                     # 使m不小于n
5   r=m%n
6   while r!=0:                     # 用循环求最大公约数
7       m=n
8       n=r
9       r=m%n
10  print("最大公约数是: ",n)
```

【运行结果】

```
请输入正整数m: 100
请输入正整数n: 24
最大公约数是:  4
```

本例求的是两个正整数的最大公约数，请读者对本例代码稍做修改，使其能同时求两个数的最大公约数和最小公倍数。最小公倍数等于原来两数的乘积除以它们的最大公约数。

请读者分析程序代码中第 3 行和第 4 行语句的功能，并思考：若程序中没有第 3 行语句和第 4 行语句，运行程序后输入的 m 值小于 n 值，程序的运行过程及结果是否会出错？

3.3.2　for 语句

3.3.1 节介绍的 while 语句可以非常灵活地实现各种循环，本节将介绍 for 语句。Python 中的 for 语句是通用的序列迭代器，通过 for 语句可以遍历任何有序序列对象中的所有元素。相较于 while 语句，for 语句通常用于解决循环次数事先已知的实际问题，for 语句的循环次数是由序列对象中的元素个数决定的。

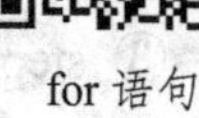

for 语句

1．for 语句的语法格式

for 语句的语法格式如下：

```
for 循环变量 in 可迭代对象:
    循环体          # 向右缩进
```

其说明如下。

① 循环变量：用来表示从可迭代对象中取出的每个元素，也就是将可迭代对象中的元素逐个赋给循环变量。

② 可迭代对象：也称为序列对象，它可以是字符串、列表、元组、文件或 range()函数。

③ 在编写 for 语句时要注意：for 行的可迭代对象后以英文冒号结束。

④ 循环体：可以是一条语句，也可以是多条语句。在编写时，循环体中的所有语句需要向右缩进相同的空格，以表示其层次关系。

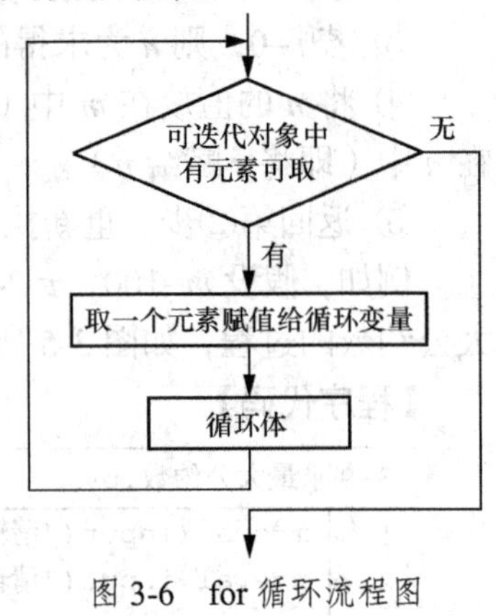

图 3-6　for 循环流程图

2．for 语句的执行过程

for 语句的执行过程是：到可迭代对象中逐一取出元素赋给循环变量，每一次成功赋值都执行一次循环体。当可迭代对象中再也没有可取元素，即可迭代对象中的所有元素都被遍历时，则结束整个循环，接着执行 for 结构后面的其他语句。for 循环流程图如图 3-6 所示。

注意：从可迭代对象中取元素赋给循环变量由 for 结构完成。

【例 3-10】 用 for 语句遍历字符串 "Python"。

【程序代码】

3-10for 遍历字符串.py

```
1   strs="Python"
2   for s in strs:
3       print(s, end=",")
```

【运行结果】

```
P,y,t,h,o,n,
```

本例中的字符串"Python"是一个可迭代对象，里面有 6 个元素，因此 for 语句的循环体“print(s, end=",")”被执行了 6 次。

3．range () 函数

range()函数是内置函数，返回的是可迭代对象，这个可迭代对象是一个有序整数数列，一般用于 for 语句中。range()函数的语法格式如下：

```
range([start,]end[,step])
```

其说明如下。

① start：用于设定数列的初值，是可选参数。省略 start，则默认数列的初值为 0。

② end：用于设定数列的终值，但不包括此终值，是必选参数。

③ step：用于设定数列的步长，是可选参数。省略 step，则默认数列的步长为 1。

range()函数的功能是生成从“start”到“end”（不包括“end”），步长为“step”的一个整数数列。其用法示例如下：

```
>>> list(range(10))          # 生成从 0 到 9 的整数数列
[0, 1, 2, 3, 4, 5, 6, 7, 8, 9]
>>> list(range(1,10))        # 生成从 1 到 9 的整数数列
[1, 2, 3, 4, 5, 6, 7, 8, 9]
>>> list(range(1,10,2))      # 生成从 1 到 10，步长为 2 的整数数列
```

```
[1, 3, 5, 7, 9]
>>> list(range(1,10,-1))
[]
```

因为range()函数返回的是可迭代对象，因此要显示其元素，上面例子中用list()函数将可迭代对象转换成了列表。

请读者思考，上面例子中“list(range(1,10,−1))”的执行结果为什么是空列表？

【例 3-11】 用 for 语句求 100（包括 100）以内的所有奇数之和。

【程序代码】

3-11 用 for 语句求奇数和.py

```
1  s=0                        # 设置累加和变量，赋初值
2  for i in range(1,101,2):
3      s=s+i                  # 求累加和
4  print("1+3+…+99 =",s)
```

【运行结果】

```
1+3+…+99 = 2500
```

例 3-11 和例 3-8 都是求 100（包括 100）以内的所有奇数之和，请读者对这两例中的程序代码进行比较，以便更好地理解和应用 for 语句和 while 语句。

4．for 语句的列表解析

2.3.2 节介绍了列表的直接赋值创建及用 list()函数创建等方法，在此借助 for 语句介绍如何用列表解析的方法创建列表。

例如，要创建一个由 1～10 这 10 个数的平方数组成的列表，可以用下面的代码实现。

```
>>> lst=[]
>>> for i in range(1,11):
        lst.append(i*i)
>>> lst
[1, 4, 9, 16, 25, 36, 49, 64, 81, 100]
```

在此使用 3 行代码创建了一个满足要求的列表。

其实 Python 还提供了一个列表解析方法，它的基本形式是一对方括号中有一个 for 语句，对一个可迭代对象进行迭代。由此可以将上述 3 行代码的功能用一行代码来实现，代码如下：

```
>>> lst=[i*i for i in range(1,11)]
>>> lst
[1, 4, 9, 16, 25, 36, 49, 64, 81, 100]
```

在列表解析中，可以增加 if 语句，实现将符合条件的数筛选出来作为列表的元素。例如：

```
>>> lst=[i for i in range(1,21) if i % 3 != 0 and i % 5 != 0]
>>> lst
[1, 2, 4, 7, 8, 11, 13, 14, 16, 17, 19]
```

上面代码实现了创建一个由 20 以内既不能被 3 整除也不能被 5 整除的所有数构成的列表。

列表解析中的 for 语句可以嵌套（循环嵌套的内容请参见 3.3.5 节）。例如：

```
>>> lst=[(i,j) for i in [1,2,3] for j in ['a','b']]
>>> lst
[(1, 'a'), (1, 'b'), (2, 'a'), (2, 'b'), (3, 'a'), (3, 'b')]
```

又如：

```
>>> lst=[i*j for i in range(1,4) for j in range(1,4) if i!=j]
>>> lst
[2, 3, 2, 6, 3, 6]
```

展开此列表解析，功能等价的代码如下：

```
>>> lst=[]
>>> for i in range(1,4):
        for j in range(1,4):
            if i!=j:
                lst.append(i*j)
>>> lst
[2, 3, 2, 6, 3, 6]
```

请读者理解列表解析，并灵活运用。

3.3.3 辅助控制语句

Python 提供的辅助控制语句有 break 语句、continue 语句和 pass 语句，它们用来辅助控制循环执行。

break、continue、pass、else

1. break 语句

break 语句用在循环体内，迫使所在的循环体立即终止执行，即当在循环体内执行到 break 语句时，则立即结束并跳出所在的循环体，转而执行循环体后面的其他语句。在循环体内，break 语句通常和 if 语句一起使用。

【例 3-12】 阅读下面的两段程序，分析其执行过程及运行结果。

【程序代码】

3-12break 例子 1.py

```
1  for i in range(10):
2      print(i)
3      break
4  print("循环体里的 print()函数只执行一次！")
```

【运行结果】

```
0
循环体里的 print()函数只执行一次!
```

本例中，首先从序列中取 0 赋给 i，进入循环；输出 0，然后执行到 break 语句，立即跳出 for 循环，执行 for 循环后的语句“print("循环体里的 print()函数只执行一次！")”。

【程序代码】

3-12break 例子 2.py

```
1  s=0
2  for i in range(1,11):
3      s=s+i
4      if i>=3:
5          break
6  print("s =",s)
```

【运行结果】

```
s = 6
```

本例求的是 1+2+3 的和，因为 i=3 时，“i>=3”条件满足，执行到 break 语句，因此立即跳出 for 循环，执行 for 循环后的语句“print("s =",s)”。

【例 3-13】 输入正整数 *m*（大于等于 2），判断 *m* 是否为素数。

素数也称为质数，其特征是除了 1 和该数本身外，不能被任何整数整除。例如，7、13、19 等都是素数。

判断 *m* 是否为素数，基本的方法是将 *m* 除以 2、3、…、*m*−1，如果都除不尽，则 *m* 一定是素数；否则，*m* 就不是素数。

根据此方法设计算法，算法步骤如下。

设 *i* 为除数，*i* 的值从 2 变化到 *m*−1。

① 输入大于等于 2 的正整数 *m*。

② 设置 *i* 的初值为 2。

③ 将 *m* 除以 *i*，得到余数 *r*。

④ 若 *r*=0，则 *m* 能被 *i* 整除，*m* 不是素数，算法结束，否则执行第⑤步。

⑤ 使 *i* 的值加 1。

⑥ 若 $i \leqslant m-1$，则返回第③步重新执行；若 $i > m-1$，则表示 *m* 已除以 2 到 *m*−1，都不能被整除，可以判断 *m* 是素数，算法结束。

根据上述的算法步骤，在程序中可以引入一个变量 p，用于标记 *m* 是否为素数。

【程序代码】

3-13 判断素数.py

```
1   m=eval(input("请输入一个大于等于 2 的正整数："))
2   p=True                   # p 变量用于标记 m 是否为素数，先假设 m 是素数，p 值为 True
3   for i in range(2,m):
4       if m % i == 0:   # 若 m 除以 i 的余数为 0，即 m 能被 i 整除
5           p=False      # p 被赋值为 False，表示 m 不是素数
6           break        # 跳出 for 循环
7   if p==True:
8       print("{}是素数".format(m))
9   else:
10      print("{}不是素数".format(m))
```

【运行结果】

```
【第 1 次运行】
请输入一个大于等于 2 的正整数：15
15 不是素数
【第 2 次运行】
请输入一个大于等于 2 的正整数：97
97 是素数
```

本例可以不用 p 来标记，而用“i”的值是否等于“m−1”来判断，即将第 2 行换成“i=1”、去掉第 5 行、将第 7 行换成“if i==m−1:”。请读者比较并理解这两种程序的实现方法，并弄清楚 break 语句在循环体中的作用。同时思考第 2 行为什么要换成“i=1”，能否直接去掉？

【例 3-14】 求两个正整数 m 和 n 的最大公约数和最小公倍数。

本例换种思路，用遍历元素的方法求解。设有整数 i，那么 i 为 m 和 n 的公约数的条件是"m % i == 0 and n % i == 0"，i 为 m 和 n 的公倍数的条件是"i % m == 0 and i % n == 0"。

首先确定 m 和 n 的最大公约数可能出现的范围一定是$[1,\min(m,n)]$，然后对范围内的整数依次遍历来验证其是否为要找的最大公约数。遍历的顺序可以是从 1 到 $\min(m,n)$，步长为 1，只不过这种顺序需要遍历到范围内的最后一个元素才能确定找到的最大公约数是哪个，效率比较低。因此可以考虑从大数向小数的遍历，即从 $\min(m,n)$到 1，步长为-1，这样找到的第一个公约数即最大公约数，此时得到答案，结束遍历。

同样确定 m 和 n 的最小公倍数可能出现的范围一定是$[\max(m,n),m*n]$，从 $\max(m,n)$向 $m*n$ 遍历，步长为 1，找到的第一个公倍数即最小公倍数，得到答案，结束遍历。

【程序代码】

3-14 最大公约数和最小公倍数.py

```
1   m,n=eval(input("请输入正整数 m 和 n: "))
2   for i in range(min(m,n),0,-1):
3       if m % i == 0 and n % i == 0:
4           gcd=i
5           break
6   for i in range(max(m,n),m*n,1):
7       if i % m == 0 and i % n == 0:
8           lcm=i
9           break
10  print("{}和{}的最大公约数是{}，最小公倍数是{}。".format(m,n,gcd,lcm))
```

【运行结果】

```
【第 1 次运行】
请输入正整数 m 和 n: 12,28
12 和 28 的最大公约数是 4，最小公倍数是 84。
【第 2 次运行】
请输入正整数 m 和 n: 100,24
100 和 24 的最大公约数是 4，最小公倍数是 600。
```

请读者模仿例 3-14 求 3 个或更多正整数的最大公约数或最小公倍数。

2. continue 语句

continue 语句也用在循环体内，但它与 break 语句功能不同。当在循环体内执行到 continue 语句时，则立即结束本轮循环，重新开始下一轮循环，即跳过循环体内 continue 语句之后的所有语句，进行下一轮循环。

【例 3-15】 阅读如下程序，分析其执行过程及运行结果。

【程序代码】

3-15continue 例子.py

```
1   i=0
2   while i<10:
3       i=i+1
4       if i%2==0:
5           continue
6       print(i,end=",")
```

【运行结果】

```
1,3,5,7,9,
```

本例中程序的运行结果是 1 到 10 之间的奇数，循环体中 continue 语句的作用是：当 i 是偶数时，结束这轮循环，而这轮循环 continue 后面的其他语句（本例中是第 6 行）则被跳过，程序回到 while 后面条件的判断，从而决定是否执行下一轮循环。

对于这个例子，用了 continue 语句来实现跳过某些数的输出。请思考：如果不用 continue 语句，该如何编写代码来实现类似的功能？

continue 语句与 break 语句的区别在于：continue 语句只是结束本轮循环，而不是结束整个循环；break 语句是结束并跳出所在的循环结构。

3．pass 语句

pass 语句是一个空语句，不执行任何操作。该语句的作用是占据位置。当在某些场合下需要有语句，但又不需要执行任何操作时可使用 pass 语句。例如，对循环结构来说，其循环体至少要包含一条语句，有时想用一个循环结构来实现什么也不做的功能，此时的循环体就可以用 pass 语句。看下面的例子，通过空循环来实现时间的延迟。

【例 3-16】 使用 pass 语句模拟打字机效果。

【程序代码】

3-16pass 例子.py

```
1  for s in "Python":
2      print(s,end=" ")
3      for i in range(1,10000000):   # 空循环，起延迟作用，实现打字机效果
4          pass
```

3.3.4 else 子句

Python 中的 for 语句和 while 语句中可以出现 else 子句。else 子句仅在循环体内没有执行到 break 语句时执行，也就是循环正常结束才会执行 else 子句。其语法格式如下：

```
for 循环变量 in 可迭代对象:
    循环体
else:
    语句块
```

```
while 条件表达式:
    循环体
else:
    语句块
```

在编写上述结构时要注意：else 要与 for 或 while 左对齐，else 后要以英文冒号结尾。

【例 3-17】 对例 3-13 使用带 else 子句的循环实现。

【程序代码】

3-17 判断素数.py

```
1  m=eval(input("请输入一个大于等于 2 的正整数: "))
2  for i in range(2,m):
3      if m % i == 0:
4          print("{}不是素数".format(m))
5          break
6  else:
7      print("{}是素数".format(m))
```

与例 3-13 的程序代码相比，本例的程序代码更加简洁。执行本例的程序代码，如果 m 不是素数，则会执行到 break 语句，直接结束 for 循环，而不执行 else 子句；如果 m 是素数，则不会执行到 break 语句，在 for 语句执行结束后，继续执行 else 子句，然后才结束整个 for 循环。

3.3.5 循环嵌套

循环嵌套

循环体内包含完整的循环结构，称为循环嵌套，也叫作多重循环结构。

在多重循环结构中，for 语句、while 语句两种循环语句可以相互嵌套，层次不限。多重循环的循环次数等于每一重循环次数的乘积。

【例 3-18】 输出九九乘法表。

【程序代码】

3-18 九九乘法表.py

```
1  print(" " * 34 + "九九乘法表")    # print("{:^74s}".format("九九乘法表"))
2  print("=" * 79)
3  for i in range(1,10):
4      for j in range(1,10):
5          print("{}×{}={:<2d}".format(i,j,i*j),end="   ")
6  print()   # 此处用于换行
```

【运行结果】

```
                                  九九乘法表
===============================================================================
1×1=1    1×2=2    1×3=3    1×4=4    1×5=5    1×6=6    1×7=7    1×8=8    1×9=9
2×1=2    2×2=4    2×3=6    2×4=8    2×5=10   2×6=12   2×7=14   2×8=16   2×9=18
3×1=3    3×2=6    3×3=9    3×4=12   3×5=15   3×6=18   3×7=21   3×8=24   3×9=27
4×1=4    4×2=8    4×3=12   4×4=16   4×5=20   4×6=24   4×7=28   4×8=32   4×9=36
5×1=5    5×2=10   5×3=15   5×4=20   5×5=25   5×6=30   5×7=35   5×8=40   5×9=45
6×1=6    6×2=12   6×3=18   6×4=24   6×5=30   6×6=36   6×7=42   6×8=48   6×9=54
7×1=7    7×2=14   7×3=21   7×4=28   7×5=35   7×6=42   7×7=49   7×8=56   7×9=63
8×1=8    8×2=16   8×3=24   8×4=32   8×5=40   8×6=48   8×7=56   8×8=64   8×9=72
9×1=9    9×2=18   9×3=27   9×4=36   9×5=45   9×6=54   9×7=63   9×8=72   9×9=81
```

程序代码中第 1 行语句后面注释部分代码的运行结果与前面的一样。

若将第 4 行换成“for j in range(1,i+1):”，请读者思考会产生什么样的运行结果。

本例采用了二重 for 循环，其执行过程是：首先到外循环的可迭代对象 range(1,10)中取出 1 赋给外循环变量 i，然后从内循环的可迭代对象 range(1,10)中依次取出 1 到 9 赋给内循环变量 j，使 j 从 1 到 9 重复执行内循环；内循环执行结束，外循环变量 i 获得第 2 个值 2，然后继续使 j 从 1 到 9 重复执行内循环，直到外循环可迭代对象中没有数可取为止，则完成整个循环的执行。

因此，多重 for 循环的执行过程是：外循环的循环变量每取一个值，内循环的循环变量要遍历所有的值。

【例 3-19】 从键盘输入 n 的值，求 $s=1+(1+2)+(1+2+3)+\cdots+(1+2+3+\cdots+n)$。请用二重 for 循环实现。

【程序代码】

3-19 累加和的和.py

```
1  n=int(input("请输入需要求和的项数n："))
2  s=0
3  for i in range(1,n+1):
4      s1=0                          # 注意该语句的作用及位置
5      for j in range(1,i+1):
6          s1=s1+j
7      s=s+s1
8  print("求得的和：",s)
```

【运行结果】

```
请输入需要求和的项数n：5
求得的和：35
```

请读者理解本例中内循环的功能、内循环与外循环的关系，以及程序代码中第 4 行语句的作用及位置。这类运算也可以用一重循环来求解，请读者思考用一重循环求解此类运算的方法并完成程序的编写。

【例 3-20】 输出 2～100（包括 2 和 100）的素数，要求每行输出 5 个素数。

基于例 3-13 和例 3-17 判断某个数是否为素数的思路，定义变量 num 来存放素数的个数，并用它来控制运行结果换行。

【程序代码】

3-20 求 2～100 的所有素数.py

```
1   num=0
2   print("2～100的素数有：")
3   for m in range(2,101):
4       for i in range(2,m):
5           if m % i == 0:
6               break
7       else:
8           num=num+1
9           print(m,end=' ')
10          if num % 5 == 0:
11              print()
```

【运行结果】

```
2～100的素数有：
2 3 5 7 11
13 17 19 23 29
31 37 41 43 47
53 59 61 67 71
73 79 83 89 97
```

3.4 random 库

random 库

随机数在程序设计中经常用到，Python 内置的 random 库提供了生成各种随机数的函数。

Python 的 random 库有两个重要的函数，一个是 seed(a)函数，其作用是指定 a 为初始随机数种子，省略参数 a，或者省略 seed()函数，则使用系统时间作为随机数种子，随机数种子相同，产生的随机数序列相同，随机数种子不同，产生的随机数序列不同；另一个是 random()函数，其作用是生成一个[0.0,1.0)中的随机小数。random 库中其他不同类型的随机数生成函数，都是基于基本的 random()函数扩展实现的。random 库常用随机数生成函数如表 3-1 所示。

表 3-1　random 库常用随机数生成函数

函数	描述
seed(a=None)	初始化给定的随机数种子，默认为当前系统时间
random()	生成一个[0.0,1.0)中的随机小数
randint(a,b)	生成一个[a,b]中的随机整数
randrange(start,end[,step])	生成一个[start,end)中以 step 为步长的随机整数
getrandbits(k)	生成一个 k 比特长的随机整数（$0 \sim 2^k-1$）
uniform(a,b)	生成一个[a,b]中的随机小数
choice(seq)	从 seq 中随机选择一个元素
shuffle(list)	将 list 中所有元素的顺序打乱，随机排列
sample(seq,k)	从 seq 中随机选取 k 个元素，并返回由这 k 个元素构成的列表

对于 random 库中的函数，读者不需要记忆，要用时查阅该表或查阅其他资料，选择满足功能需求的函数使用即可。

random 库中的函数不能直接使用，需要先用 import 导入 random 库，其导入方法如下：

```
import random
```

又如：

```
from random import *
```

请看下面 random 库函数的示例。

```
>>> from random import *
>>> random()                        # 生成[0.0,1.0)中的随机小数
0.4785182541064962
>>> randint(1,100)                  # 生成[1,100]中的随机整数
4
>>> randrange(0,100,5)              # 生成[0,100)中 5 的倍数的随机整数
35
>>> getrandbits(3)                  # 生成 3 个二进制位的随机整数
0
>>> uniform(2,5)                    # 生成[2.0,5.0]中的随机小数
3.9576165521437634
>>> choice([1,2,3,4,5,6])           # 在列表中随机选择一个元素
5
>>> lst=[1,2,3,4,5,6]
>>> shuffle(lst)                    # 对列表 lst 进行"洗牌"
>>> lst
[3, 1, 6, 2, 4, 5]
>>> mylist=['A','B','C','D']
>>> sample(mylist,2)                # 从列表中随机选取 2 个元素作为列表元素
['D', 'C']
```

请读者注意，上面示例的语句每次执行后的结果不一定相同。

有时需要使用 seed()函数，指定随机数种子，使得每次运行时产生相同的随机数序列。比如在程序调试阶段，希望再现前次程序的运行状况，只需要在程序中用 seed()函数设定一个固定的随机数种子，即可达到目的。

【例 3-21】 观察下面两个程序 3 次的运行结果，理解 seed()函数。

【程序代码】

3-21a.py

```
1  import random
2  random.seed(1)
3  for i in range(3):
4      x=random.randint(10,100)
5      print(x,end=" ")
```

【运行结果】

【第 1 次运行】

```
27 82 18
```

【第 2 次运行】

```
27 82 18
```

【第 3 次运行】

```
27 82 18
```

【程序代码】

3-21b.py

```
1  import random
2  random.seed()
3  for i in range(3):
4      x=random.randint(10,100)
5      print(x,end=" ")
```

【运行结果】

【第 1 次运行】

```
46 55 30
```

【第 2 次运行】

```
82 64 16
```

【第 3 次运行】

```
19 33 91
```

由第 1 个程序代码的运行结果可以看出，设定了随机数种子后，每次运行调用随机函数 randint()生成的随机整数是相同的，这就是随机数种子的作用。

【例 3-22】 掷骰子游戏。骰子的点数是 1～6 的整数（包括 1 和 6），所以只需要用随机函数 randint()产生 1～6 的整数即可。运行一次掷两个骰子，显示每个骰子的点数及两个骰子的点数之和。

【程序代码】

3-22 掷骰子游戏.py

```
1  import random
2  t1=random.randint(1,6)
3  t2=random.randint(1,6)
4  print("你掷了一个"+str(t1)+"和一个"+str(t2))
5  print("两个骰子的点数之和：",t1+t2)
```

【运行结果】

```
你掷了一个 4 和一个 5
两个骰子的点数之和：9
```

【例 3-23】 猜数游戏。随机产生一个 3 位正整数 x，让玩家猜。如果玩家猜的数大于 x，提示“您猜大了，请重新输入您猜的数（结束游戏请输入 q）：”；如果玩家猜的数小于 x，提示“您猜小了，请重新输入您猜的数（结束游戏请输入 q）：”；如果玩家猜中了，提示“恭喜您，猜对了！”。游戏结束的方式有两种，玩家输入“q”或者玩家猜对。

【程序代码】

3-23 猜数游戏.py

```
1  import random
2  x=random.randint(100,999)
```

```
3   print("生成的随机数是：",x)
4   y=input("请输入你猜的数（结束游戏请输入 q）：")
5   while y!="q":
6       y=int(y)
7       if y>x:
8           y=input("您猜大了，请重新输入您猜的数（结束游戏请输入 q）：")
9       elif y<x:
10          y=input("您猜小了，请重新输入您猜的数（结束游戏请输入 q）：")
11      else :
12          print("恭喜您，猜对了！")
13          break           # y="q"
14  print("游戏结束！")
```

【运行结果】

```
生成的随机数是：344
请输入你猜的数（结束游戏请输入 q）：500
您猜大了，请重新输入您猜的数（结束游戏请输入 q）：200
您猜小了，请重新输入您猜的数（结束游戏请输入 q）：344
恭喜您，猜对了！
游戏结束！
```

第 3 行语句的作用是输出生成的随机数，让人猜数之前就知道生成的随机数是多少。在实际游戏过程中，应该将这行注释掉或删除掉，以体验猜的过程。

3.5 异常处理

异常处理

在程序的运行过程中，影响程序正常运行的事件称为异常。引发异常的原因有很多，如除法中的除数为 0、数据类型错误、使用未定义的变量、索引越界、文件不存在等。如果不对这些异常进行处理，会导致程序终止运行。例如：

```
>>> 1%0
Traceback (most recent call last):
  File "<pyshell#0>", line 1, in <module>
    1%0
ZeroDivisionError: integer division or modulo by zero
```

上面示例中求余运算的除数为 0，程序出现异常，并且这个异常没有被处理，这时程序用 Traceback（称为回溯或跟踪）代码给出错误提示信息并终止程序的运行。

Traceback 输出包含诊断问题所需的所有信息。错误提示信息的前几行指出引发异常的代码文件以及行数；错误提示信息的最后一行指出引发的异常类型，以及异常的一些相关信息。上例的异常类型是 ZeroDivisionError，含义是除法或求余运算中的除数为 0 异常。

编写程序时，可能会发生各种异常，使得程序崩溃而终止运行。为了处理这些异常，可以在每个可能发生这些异常的地方使用条件语句。例如，对每个除法运算，都检测除数是否为 0。但这样做效率较低，缺乏灵活性。当然，也可以不处理这些异常，但这样程序就不够健壮，用户体验也比较差。为此，Python 提供了强大的解决方案——异常处理方法。

3.5.1 常见异常

异常是 Python 中的一种对象，当异常发生时，Python 会产生一种对应类型的对象来存储异常信息。Python 提供了一系列的标准异常，表 3-2 列出了常见异常的名称和对应的描述信息。

表 3-2　常见异常

异常名称	描述
Exception	常规异常的基类
StopIteration	迭代器没有更多的值
FloatingPointError	浮点运算错误
OverflowError	数值运算结果太大而无法表示
ZeroDivisionError	除数为 0
AttributeError	属性引用或赋值失败
EOFError	input()函数在没有读取任何数据的情况下达到文件结束条件（EOF）
ImportError	导入模块/对象失败
NameError	未声明/初始化对象
SyntaxError	语法错误
TypeError	类型无效的操作
ValueError	传入无效的参数

读者无须记忆这些异常，在需要时查找即可。

3.5.2　异常处理

Python 使用 try…except 语句进行异常处理。如果不希望异常发生时程序终止运行，就需要用 try…except 语句来捕获并处理异常。

1．try…except 语句的简单格式

try…except 语句的简单格式如下：

```
try:
    语句块 1
except [异常类型]:
    语句块 2
```

其说明如下。

① 语句块 1：正常执行的程序语句。

② 异常类型：在此格式中，可以指定异常类型，也可以不指定。如果指定异常类型，则这个 except 只处理指定类型的异常，而不处理其他类型的异常；如果不指定，则会处理所有出现的异常。

③ 语句块 2：异常出现时的处理语句。

该格式下语句的执行过程是：先执行 try 后面的语句块 1，如果执行正常，没有出现异常，则整个 try 结构执行结束；如果出现异常，且异常类型与 except 后面指定的一致，则处理异常，执行语句块 2；若出现异常，但异常类型与 except 后面指定的不一致，则引发异常，并终止执行程序。下面举例说明。

【例 3-24】 输入两个数 x 和 y，求 x 除以 y 的余数。

【程序代码】

3-24 异常例 1.py

```
1  try:
2      x=int(input("请输入 x: "))
3      y=int(input("请输入 y: "))
4      z=x%y
5      print(z)
6  except ZeroDivisionError:
7      print("除数为 0 了")
```

【运行结果】

```
【第 1 次运行】
请输入 x: 10
请输入 y: 4
2
【第 2 次运行】
请输入 x: 10
请输入 y: 0
除数为 0 了
【第 3 次运行】
请输入 x: 10
请输入 y: 2.5
Traceback (most recent call last):
  File "D:/3-24 异常例 1.py", line 3, in <module>
    y=int(input("请输入 y: "))
ValueError: invalid literal for int() with base 10: '2.5'
```

请读者通过例 3-24 的程序代码及其运行结果，理解异常处理的过程。如果将本例程序代码的第 6 行改为“except:”，则 try 后面语句的任何异常都会被处理。

【程序代码】

```
1  try:
2      x=int(input("请输入 x: "))
3      y=int(input("请输入 y: "))
4      z=x%y
5      print(z)
6  except:
7      print("有异常! ")
```

【运行结果】

```
【第 1 次运行】
请输入 x: 10
请输入 y: 0
有异常!
【第 2 次运行】
请输入 x: 10
请输入 y: 2.5
有异常!
```

2. try…except 语句的复杂格式

一个语句块可能会出现多种异常，有时需要对不同类型的异常进行不同的处理，可使用具有多个异常处理分支的复杂格式。try…except 语句的复杂格式如下：

```
try:
    语句块 0                    # 需要检测异常的代码
except 异常类型 1:
    语句块 1                    # 如果 try 部分引发了类型为异常类型 1 的异常则执行
except 异常类型 2:
    语句块 2                    # 如果 try 部分引发了类型为异常类型 2 的异常则执行
……
except 异常类型 n:
    语句块 n                    # 如果 try 部分引发了类型为异常类型 n 的异常则执行
[except:
    语句块 n+1]
[else:
    语句块 n+2]
[finally:
    语句块 n+3]
```

其说明如下。

① 该复杂格式中的语句块、异常类型等的含义，与 try…except 语句简单格式中的相同。

② 这种格式的异常处理语句，通过 except 指定了各种异常发生的情况下所执行的语句块。最后一个 except 没有指定异常类型，表示处理前面没有指定到的其他类型的异常。

③ else 后的语句块 *n*+2，只有当 try 后的语句块 0 正常执行结束，且没有出现异常时才会执行，可以看作对 try 语句块功能要求的追加。这里的 else 子句与 for 语句和 while 语句中的 else 子句性质相同。

④ 对于 finally 后的语句块 *n*+3，无论 try 后的语句块 0 是否出现异常，都会被执行。

该复杂格式下语句的执行过程如下。

① 先执行 try 后的语句块 0。

② 如果没有异常发生，则执行 else 的语句块 *n*+2 和 finally 的语句块 *n*+3（如果有 else 和 finally），整个 try 结构就执行结束。

③ 如果发生异常，则系统依次检查各个 except 子句，试图找到与所发生异常相匹配的异常类型。如果找到，就执行对应的异常处理语句块；如果没有找到，但有最后一个 except，则执行该 except 后的语句块 *n*+1，最后执行 finally 的语句块 *n*+3（如果有 finally），整个 try 结构就执行结束。

④ 如果发生的异常不与任何的 except 异常类型匹配，程序用 Traceback 给出错误提示信息并终止程序运行。例如，例 3-24 中第 3 次运行的结果就是这样。

【例 3-25】 修改例 3-24 的程序，使之还能处理输入的 *x* 和 *y* 是非整数的情况，以及其他异常的情况。

【程序代码】

3-25 异常例 2.py

```
1  try:
2      x=int(input("请输入 x: "))
3      y=int(input("请输入 y: "))
4      z=x%y
```

```
5        print("{}%{}={}".format(a,y,z))     # 注意，这行有 a
6    except ZeroDivisionError:
7        print("除数为 0 了！")
8    except ValueError:
9        print("输入了非整数数字符号了！")
10   except:
11       print("发生了其他异常！")
12   else:
13       print("程序正常运行，没有发生异常！")
14   finally:
15       print("异常演示结束，你学懂了吗？")
```

【运行结果】

```
【第 1 次运行】
请输入 x：10
请输入 y：0
除数为 0 了!
异常演示结束，你学懂了吗?
【第 2 次运行】
请输入 x：10.5
输入了非整数数字符号了!
异常演示结束，你学懂了吗?
【第 3 次运行】
请输入 x：10
请输入 y：3
发生了其他异常!
异常演示结束，你学懂了吗?
```

请读者分析第 3 次运行的结果“发生了其他异常！”中的异常是什么，并改正程序中的错误。

虽然使用 try…except 语句能识别多种异常，提高程序的可靠性和稳定性，但不建议读者编写程序时过度使用。因为过度使用会降低程序的可读性，增加代码维护的难度。因此这需要读者在学习中积累经验，并根据实际需求适度使用该语句。

3.6 程序调试

在编程过程中难免会出现一些错误，既可能出现语法方面的错误，也可能出现逻辑方面的错误。语法方面的错误相对好检测，因为当程序中有语法错误时，程序会立即停止运行，同时解释器会给出错误提示。而逻辑方面的错误一般不太容易检测，因为程序本身运行没有问题，只是运行结果出错。此时最好的解决方法就是对程序进行调试，即通过观察程序的运行过程，以及运行过程中各类变量（局部变量和全局变量）值的变化，快速找到引起运行结果出错的根本原因。

为了分析程序的操作方式和方便编程人员修改程序中的错误，Python 提供了程序调试功能，用户可以通过使用设置断点、观察变量和过程跟踪等手段清除程序代码中存在的错误。本节以例 3-26 的程序为例，介绍用集成开发和学习环境（integrated development and learning environment，IDLE）调试 Python 程序的方法和步骤。

【例 3-26】 求 1!+2!+3!+4!+5!，编写程序并运行。

【程序代码】

3-26求1到5的阶乘的累加和.py

```
1  f=0
2  for i in range(1,6):
3      f1=0
4      for j in range(1,i+1):
5          f1=f1*j
6      f=f+f1
7  print("1!+2!+3!+4!+5!=",f)
```

【运行结果】

```
1!+2!+3!+4!+5!= 0
```

程序的运行结果是 0，推测程序中一定存在错误，采用调试的方法来查找程序中的错误，步骤如下。

① 打开 Python Shell

使用 IDLE 打开“3-26 求 1 到 5 的阶乘的累加和.py”文件，选择图 3-7 所示窗口中“Run”菜单下的“Python Shell”命令，打开图 3-8 所示的 Python Shell 窗口。

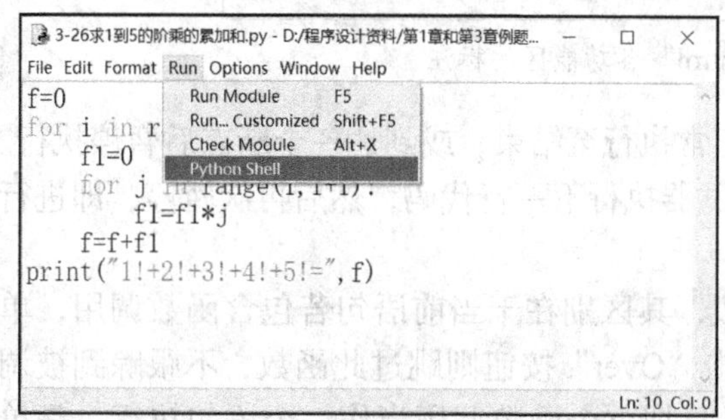

图 3-7　Python 文件窗口

图 3-8　Python Shell 窗口

② 打开“Debug Control”窗口

选择图 3-8 所示窗口中“Debug”菜单下的“Debugger”命令，打开“Debug Control”窗口，同时 Python Shell 窗口中会显示“[DEBUG ON]”，表示已经处于调试状态，如图 3-9 所示。在 Python 编辑器 IDLE 里执行的所有代码信息和结果都会显示在这个窗口中，如定义一个变量就会将这个变量的名字和值都显示出来。调试完毕后，可以关闭“Debug Control”窗口，此时 Python Shell 窗口中将显示“[DEBUG OFF]”，表示已经结束调试。

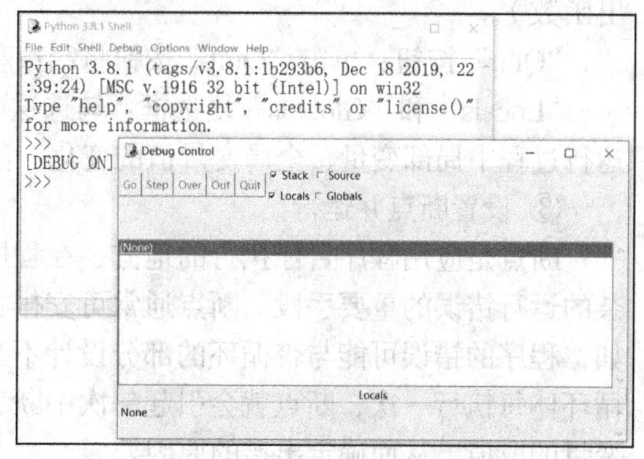

图 3-9　“Debug Control”窗口和处于调试状态的 Python Shell 窗口

下面对“Debug Control”窗口及其功能做简要介绍。“Debug Control”窗口各功能区的标注如图 3-10 所示。

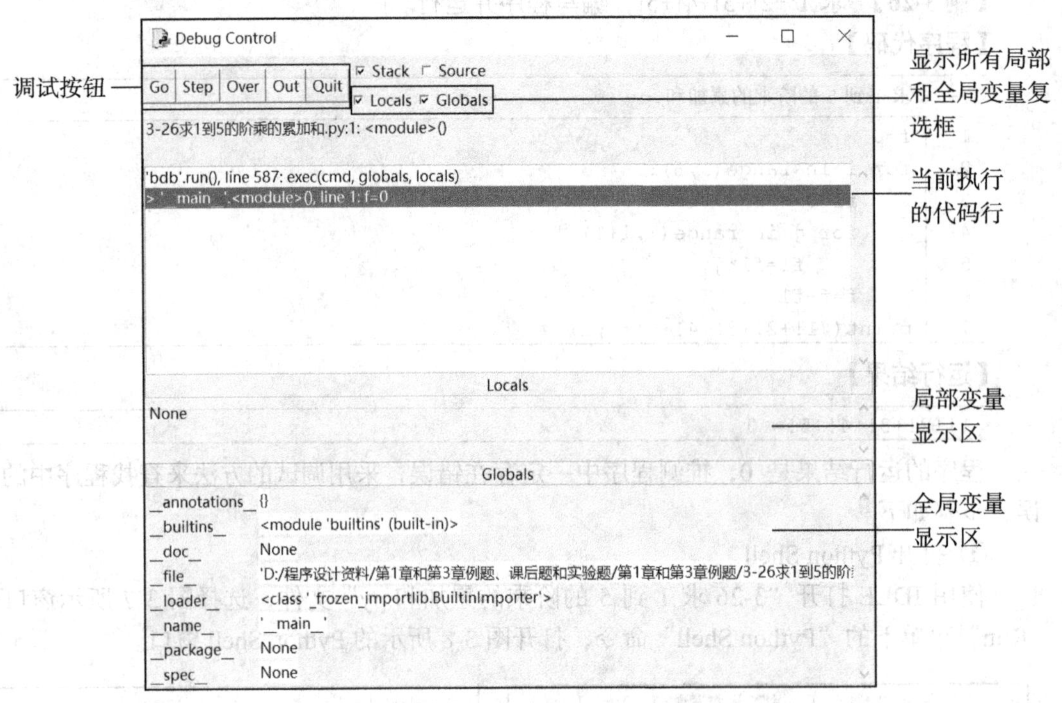

图 3-10 “Debug Control”各功能区的标注

“Go”按钮：单击“Go”按钮将使程序正常执行至结束，或到达一个断点后暂停执行。

“Step”按钮：单击“Step”按钮将使调试器执行下一行代码，然后再次暂停，即进行单步语句调试。

“Over”按钮：功能与“Step”按钮类似，其区别在于当前语句若包含函数调用，单击“Step”按钮则跟踪到被调用函数中，单击“Over”按钮则跳过此函数，不跟踪到被调用函数中，即不进入函数调用过程的调试，只把整个函数调用当作一个语句执行，是单步过程调试。

“Out”按钮：单击“Out”按钮将使调试器全速执行代码行，或直到从当前函数返回（与“Step”按钮相辅相成，使用“Step”按钮进入函数后想快点出来就使用“Out”按钮跳出函数）。

“Quit”按钮：单击“Quit”按钮将结束程序的调试和执行。

“Locals”和“Globals”复选框：勾选这两个复选框，可以在此窗口的中下部查看程序运行过程中局部变量、全局变量值的变化。

③ 设置断点并运行

断点是应用程序暂停执行的地方，在程序中设置断点是检查并排除逻辑错误和比较复杂的运行错误的重要手段。断点通常可安排在程序代码中能反映程序执行状况的部位。例如，程序的错误可能与带循环的部分设计不当有关，此时可以在循环体中设置一个断点。循环体每执行一次，断点就会引起一次中断，用户即可从调试窗口中了解循环变量及其他变量的取值，从而确定出错的原因。

设置断点的方法是：在需要设置断点的代码行，单击鼠标右键，在快捷菜单中选择“Set Breakpoint”命令，即可完成断点的设置。被设置为断点的代码行将高亮显示，如图 3-11 所示。

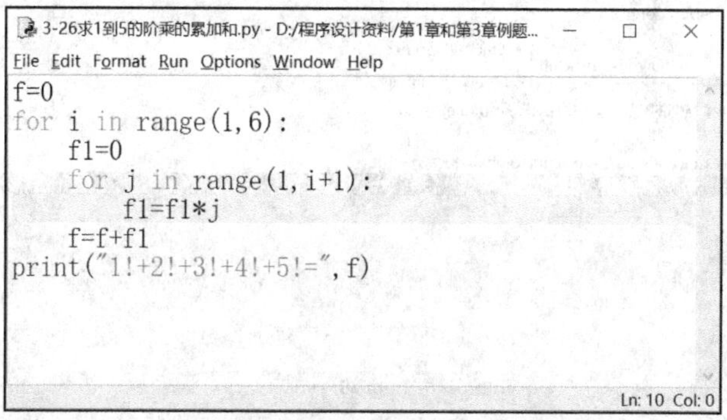

3-26求1到5的阶乘的累加和.py - D:/程序设计资料/第1章和第3章例题...

File Edit Format Run Options Window Help

```
f=0
for i in range(1,6):
    f1=0
    for j in range(1,i+1):
        f1=f1*j
    f=f+f1
print("1!+2!+3!+4!+5!=",f)
```

Ln: 10 Col: 0

图 3-11　设置断点的代码窗口

设置断点后，在确保“Debug Control”窗口打开的情况下（见图 3-9），选择图 3-11 所示窗口中“Run”菜单下的“Run Module”命令，弹出图 3-10 所示的调试对话框来调试程序。单击“Go”按钮，则执行到第 5 行的“f1=f1*j”语句，如图 3-12 所示，从其中的全局变量显示区看到此时变量 f 的值为 0、变量 f1 的值为 0、变量 i 的值为 1、变量 j 的值为 1。

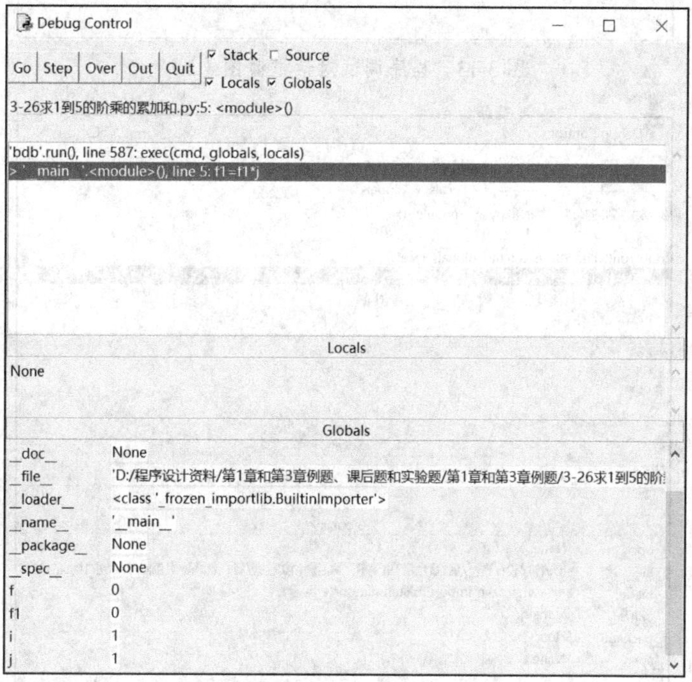

Debug Control

Go | Step | Over | Out | Quit　　☑ Stack　☐ Source　☑ Locals　☑ Globals

3-26求1到5的阶乘的累加和.py:5: <module>()

'bdb'.run(), line 587: exec(cmd, globals, locals)

> '__main__'.<module>(), line 5: f1=f1*j

Locals

None

Globals

__doc__	None
__file__	'D:/程序设计资料/第1章和第3章例题、课后题和实验题/第1章和第3章例题/3-26求1到5的阶
__loader__	<class '_frozen_importlib.BuiltinImporter'>
__name__	'__main__'
__package__	None
__spec__	None
f	0
f1	0
i	1
j	1

图 3-12　程序调试对话框截图（1）

继续单击“Go”按钮，发现变量 i 和变量 j 的值不断变化，但变量 f 和变量 f1 的值一直都是 0，如图 3-13 所示（此时变量 i 的值为 3，变量 j 的值为 1）。

回到源程序代码窗口，查找变量 f 和变量 f1 的值为 0 的原因，发现在“f1=f1*j”累乘的过程中，f1 的初值为 0，导致 f1 始终等于 0。因此找到错误原因，应该将 f1 的初值修改为 1（第 3 行改为 f1=1），然后保存文件，重新运行并单击“Go”按钮调试程序。当调试到变量 i 的值为 3、变量 j 的值为 1 时，如图 3-14 所示，此时变量 f 的值为 3（1!+2!的结果）、变量 f1 的值为 1（执行 f1=1 后的结果），结果正确。

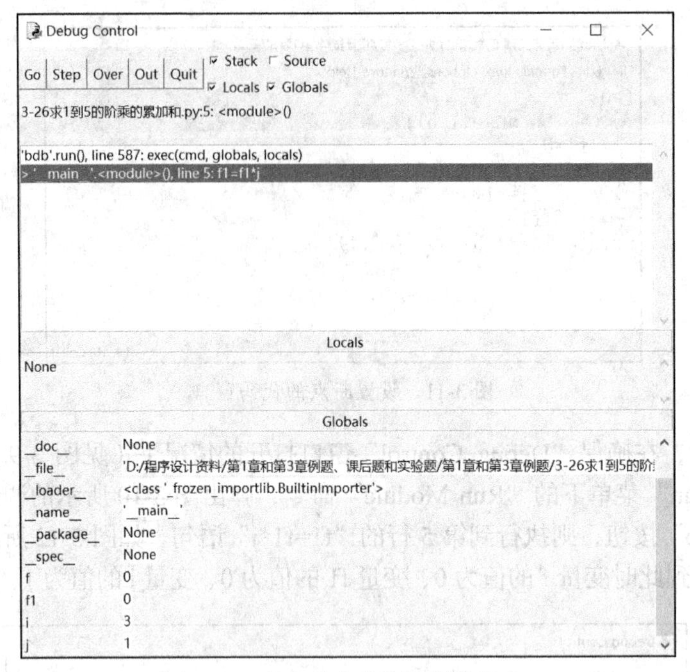

图 3-13　程序调试对话框截图（2）

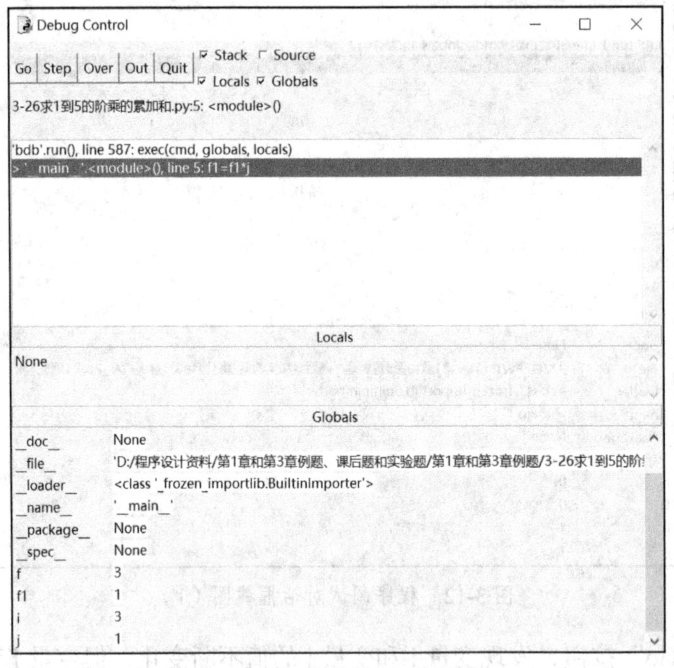

图 3-14　程序调试对话框截图（3）

通过调试改正了存在的错误后，就可以把断点取消。取消断点的操作方法与设置断点的操作方法类似，使用鼠标右键单击有断点的代码行，在快捷菜单中选择“Clear Breakpoint”命令即可完成断点的取消。

上面介绍的是通过设置断点来调试程序，在通常情况下也可以直接通过“Step”按钮进行单步调试，查找程序中的错误。

3.7 程序示例

前文介绍了 3 种结构化程序设计，即顺序结构程序设计、选择结构程序设计、循环结构程序设计，它们是程序设计的基础。要学好程序设计，需要多看、多练，只有通过上机调试和运行来发现问题和解决问题，才能做到理解和掌握程序设计的方法。下面介绍程序设计中常用的两种方法：枚举法和递推法。

3.7.1 枚举法应用示例

枚举法

"枚举法"也称为"穷举法"，是用计算机解决问题的一种常用方法。其基本思想是:一一列举各种可能的情况,判断哪种符合要求(也称为试根)。采用循环结构处理枚举问题非常方便。

【例 3-27】 寻找做好事的人。A、B、C、D 这 4 人中有 1 人做了好事没有留名字，请编写程序，根据下面的线索找出做好事的人。

A 说：不是我。

B 说：是 C。

C 说：是 D。

D 说：C 说得不对。

4 人中有 3 人说的是对的，1 人说的是错的。

本例用列表 person 存放 4 人的名字，即 person=['A','B','C','D']，用变量 r 表示做好事的人，则根据上面的线索，满足的条件如下：

(r!='A')+(r=='C')+(r=='D')+(r!='D')==3

程序只需要对列表 person 中的元素进行遍历，找到符合条件的元素（即要找的人）即可。

【程序代码】

3-27 寻找做好事的人.py

```
1  person=['A','B','C','D']
2  for r in person:
3      if (r!='A')+(r=='C')+(r=='D')+(r!='D')==3:
4          print("做好事的人是：",r)
```

【运行结果】

```
做好事的人是：C
```

【例 3-28】 "百钱百鸡"问题。100 元买 100 只鸡，公鸡 5 元 1 只，母鸡 3 元 1 只，小鸡 1 元 3 只，问：公鸡、母鸡、小鸡各买多少只？

要求： 公鸡、母鸡和小鸡至少各买 1 只。

假设公鸡数为 a、母鸡数为 b、小鸡数为 c，则由题意可得下面的三元一次不定方程组：

$$\begin{cases} a+b+c=100 \\ 5a+3b+c/3=100 \end{cases}$$

显然，解不唯一。只能把各种可能的结果都代入方程组试一试，把符合方程组的解挑选出来，即采用枚举法来实现。

考虑到公鸡数 a 最多为 20，母鸡数 b 最多为 33，且小鸡数 $c=100-a-b$。因此可以用二重循环来实现。

【程序代码】

3-28 百钱百鸡.py

```
1  for a in range(1,21):
2      for b in range(1,34):
3          c=100-a-b
4          if 5*a+3*b+c/3==100:
5              print("公鸡{:2d}只，母鸡{:2d}只，小鸡{:2d}只".format(a,b,c))
```

【运行结果】

```
公鸡 4 只，母鸡 18 只,小鸡 78 只
公鸡 8 只，母鸡 11 只,小鸡 81 只
公鸡 12 只，母鸡 4 只,小鸡 84 只
```

【例 3-29】 编程求出 20 以内（包括 20）的所有勾股数，并统计有多少对。勾股数是指满足条件 $a^2+b^2=c^2(a<b)$的 3 个自然数 a、b 和 c。

本例利用枚举法，通过一个三重循环对 20 以内的所有数一一进行测试。

【程序代码】

3-29 勾股数.py

```
1  num=0
2  for a in range(1,21):
3      for b in range(a+1,21):
4          for c in range(b+1,21):
5              if a*a+b*b==c*c:
6                  num=num+1
7                  print("{:2d}  {:2d}  {:2d}".format(a,b,c))
8  print(" 共计：",num,"对",sep="")
```

【运行结果】

```
 3   4   5
 5  12  13
 6   8  10
 8  15  17
 9  12  15
12  16  20
共计：6 对
```

通过上面的例子可以看出，枚举法思路简单，易于实现，但是运行效率比较低，适合解决规模不是很大的问题。

3.7.2　递推法应用示例

递推法

“递推法”又称为“迭代法”，是计算机解决问题时常常使用的一种方法。其基本思想是利用已知的或推导得出的递推（或称为迭代）公式，反复用旧值递推出新值，并用新值去取代旧值。通过多次递推，可推导出所需的值或近似值。从下面的例子中可看出用循环来处理递推问题非常方便。

【例 3-30】 猴子吃桃子问题。猴子一天摘了若干个桃子，当天吃掉一半多一个；第二天接着吃掉剩下的一半多一个；以后每天都吃尚存桃子的一半多一个，到第 10 天要吃时只剩下一个了，问：猴子第一天共摘了多少个桃子？

这是一个递推问题。若设第 n 天的桃子数为 x_n，则它与前一天桃子数 x_{n-1} 的递推关系是

$$x_n = \frac{1}{2}x_{n-1} - 1$$

即

$$x_{n-1} = 2(x_n + 1)$$

已知，当 $n=10$ 时，$x_{10}=1$，因此不难利用上述递推公式依次推导出 x_9、x_8、x_7、x_6、x_5、x_4、x_3、x_2 和 x_1，从而求出第一天摘的桃子数。

【程序代码】

3-30 猴子吃桃.py

```
1  x=1
2  for day in range(9,0,-1):
3      x=(x+1)*2
4  print("猴子第一天摘了{}个桃子。".format(x))
```

【运行结果】

```
猴子第一天摘了 1534 个桃子。
```

【例 3-31】 斐波那契数列（Fibonacci sequence），又称为黄金分割数列，指的是这样一个数列：1,1,2,3,5,8,13,21,34…。在数学上，斐波那契数列以如下递推的方法定义：

$$F(n)=\begin{cases}1 & n=1\\ 1 & n=2\\ F(n-1)+F(n-2) & n\geqslant 3\end{cases}$$

编写程序，求出斐波那契数列的前 n 项元素，其中 n 的值由用户输入。

使用列表可以非常轻松地完成求解。

【程序代码】

3-31 斐波那契数列 1.py

```
1  n=int(input("请输入斐波那契数列的项数 n: "))
2  F=[0]*n                      # 创建有 n 个元素的列表，且每个元素初值是 0
3  F[0]=F[1]=1
4  for i in range(2,n):
5      F[i]=F[i-1]+F[i-2]       # 根据递推关系求第 i 项
6  print(F)
```

【运行结果】

```
请输入斐波那契数列的项数 n: 20
[1, 1, 2, 3, 5, 8, 13, 21, 34, 55, 89, 144, 233, 377, 610, 987, 1597,
2584, 4181, 6765]
```

当然，本例也可以不使用列表，其递推过程也可以用下面的程序代码实现。

【程序代码】

3-31 斐波那契数列 2.py

```
1   n=int(input("请输入斐波那契数列的项数 n: "))
2   f1=f2=1
3   print(f1,f2,sep=',',end=',')
4   for i in range(3,n+1):
5       f1,f2=f2,f1+f2
6       print(f2,end=',')
```

【运行结果】

```
请输入斐波那契数列的项数 n: 20
1,1,2,3,5,8,13,21,34,55,89,144,233,377,610,987,1597,2584,4181,6765,
```

请读者分析和理解程序中第 5 行语句的功能，并对本例的两种程序代码进行对比，总结用列表的递推和不用列表的递推的优缺点，以便灵活运用。

【例 3-32】 输入 x，求 $e^x = 1 + x + \frac{x^2}{2!} + \frac{x^3}{3!} + \cdots + \frac{x^n}{n!} + \cdots$ 的近似值，直到最后一项小于 1×10^{-6}，停止计算。

这是求累加和的计算，而和式中每一项的计算都属于递推。由计算公式可找出和式的第 n 项 t_n 与第 $n-1$ 项 t_{n-1} 的递推关系（即通项）：

$$\begin{cases} t_1 = x \\ t_n = t_{n-1} \times \dfrac{x}{n} \quad (n>1) \end{cases}$$

说明：在程序中变量 t 用于存放和式中某项的值。

【程序代码】

3-32exp.py

```
1   x=eval(input("请输入 x: "))
2   t=x                # 第一项的值
3   n=1                # 第一项
4   s=1                # s 是累加和变量，初值为 1
5   eps=0.000001       # 定义一个比较小的数
6   while abs(t)>=eps:
7       s=s+t          # 前 n 项累加和
8       n=n+1
9       t=t*x/n        # 利用递推公式求下一项
10  print("e**{}={:.6f}".format(x,s))
```

【运行结果】

```
请输入 x: 2
e**2=7.389056
```

注意以下两点。

① 对于例 3-32 这类级数求和计算，读者应学会根据已知信息找规律，写出通项，即找出前一项与当前项的递推关系。

② 根据求解的精度要求确定循环终止条件。

课后习题

一、选择题

1. 下列程序的执行结果是（　　）。

```
x=2
y=2.0
if(x==y):
    print('Equal')
else:
    print('Not Equal')
```

A. Not Equal　　B. 语法错误　　C. 运行错误　　D. Equal

2. 下列程序的执行结果是（　　）。

```
i=1
if(i):
    print(True)
else:
    print(False)
```

A. 1　　B. True　　C. 错误　　D. False

3. 设 X 是整数类型的变量，与条件表达式“-X if X>0 else X”有相同结果的是（　　）。

A. X　　B. -X　　C. |X|　　D. -|X|

4. 下面求 x 和 y 两个数中的最大数的程序中，不正确的是（　　）。

A.

```
maxnum=x if x>y else y
```

B.

```
maxnum=max(x,y)
```

C.

```
if(x>y):
  maxnum=x
else:
  maxnum=y
```

D.

```
if(y>=x):
  maxnum=y
maxnum=x
```

5. 用 if 语句表示如下分段函数 $f(x)$，不正确的程序是（　　）。

$$f(x)=\begin{cases} 2x+1 & x\geqslant 1 \\ \dfrac{3x}{x-1} & x<1 \end{cases}$$

A.

```
if(x>=1):
  f=2*x+1
f=3*x/(x-1)
```

B.

```
if(x>=1):
  f=2*x+1
if(x<1):
  f=3*x/(x-1)
```

C.

```
f=3*x/(x-1)
if(x>=1):
  f=2*x+1
```

D.

```
if(x<1):
  f=3*x/(x-1)
else:
  f=2*x+1
```

6. 以下代码的执行结果是（　　）。

```
x=eval("12+3")
if type(x)==type(123):
    print("整数类型")
elif type(x)==type("123"):
    print("字符串类型")
else:
    print("其他类型")
```

A. 代码执行错误提示　　B. 字符串类型

C. 整数类型　　D. 其他类型

7. 以下选项中，不能完成 1 到 10 累加的程序是（　　）。

A.

```
total=0
for i in range(10,0):
   total+=i
```

B.

```
total=0
for i in range(1,11):
   total+=i
```

C.

```
total=0
for i in range(10,0,-1):
   total+=i
```

D.

```
total=0
for i in (10,9,8,7,6,5,4,3,2,1):
   total+=i
```

8. 下面的循环语句中，循环次数与其他语句不同的是（　　）。

A.

```
i=10
while(i<=10):
  print(i,end=' ')
  i=i+1
```

B.

```
i=10
while(i>0):
  print(i,end=' ')
  i=i-1
```

C.

```
for i in range(10):
  print(i,end=' ')
```

D.

```
for i in range(10,0,-1):
  print(i,end=' ')
```

9. 若要提前退出 for 循环或 while 循环，可使用的语句为（　　）语句。

A. pass　　B. continue　　C. break　　D.else

10. 有以下程序：

```
x=0;y=0
while x!=10 and y<=5:
    x=int(input("请输入一个数："))
    y=y+1
print(x,y)
```

while 循环结束的条件是（　　）。

A. x 不等于 10 并且 y 小于等于 5　　B. x 等于 10 并且 y 大于 5

C. x 不等于 10 或者 y 小于等于 5　　D. x 等于 10 或者 y 大于 5

11. 下面的 for 循环执行后，输出结果的最后一行是（　　）。

```
for i in range(1,5):
    for j in range(3,9):
        print(i*j)
```

A. 3　　B. 15　　C. 32　　D. 45

12. 已知下面的代码：

```
for i in range(10):
    pass
print(i)
```

执行结束后，pass 语句执行的次数和 i 的值分别是（　　）。

A. 10　10　　B. 10　9　　C. 9　10　　D. 11 10

13. 能使下面的 for 语句能输出 10 和 20 的是（　　）。

```
for i in ______:
    print(i)
```

A. range(10,21,10)　　B. range(10,20,10)

C. range(10,21,9)　　D. range(9,20,10)

14. 使用列表解析 ls=[x**2 for x in range(7,0,−2)]创建的列表中，元素值为 25 的是（　　）。

A. ls[0]　　B. ls[1]

C. ls[2]　　D. ls 中没有值为 25 的元素

15. 以下程序的执行结果是（　　）。

```
dd={'a':90,'b':87,'c':93}
print([[dd[x],x] for x in sorted(dd)])
```

A. [[90, 'a'], [87, 'b'], [93, 'c']]　　B. [[93, 'c'], [90, 'a'], [87, 'b']]

C. [[87, 'b'], [90, 'a'], [93, 'c']]　　D. [[90, a], [87, b], [93, c]]

16. 以下程序的执行结果是（　　）。

```
ss=[2,3,6,9,7,1]
for i in ss:
    ss.remove(min(ss))
    print(min(ss),end=',')
```

A. 2,3,6,　　B. 1,2,3,6,7,9,　　C. 9,7,6,3,2,1　　D. 1,2,3,6,7,9

17. 以下程序的执行结果是（　　）。

```
ss=[2,3,6,9,7,1]
for i in ss:
    print(min(ss),end=',')
    ss.remove(min(ss))
```

A. 1,2,3,　　B. 1,2,3,6,　　C. 1,2,3,6,7,　　D. 1,2,3,6,7,9,

18. 以下程序的执行结果是（　　）。

```
ss=['e','h','b','s','l','p']
for i in range(len(ss)):
    print(max(ss),end=',')
    ss.remove(max(ss))
```

A. s,p,l,h,e,b,　　B. s,p,l,h,e,b　　C. s,p,l　　D. s,p,l,

19. 以下代码的执行结果是（　　）。

```
letter=['A','B','C','D','D','D']
for i in letter:
    if i=='D':
```

```
        letter.remove(i)
print(letter)
```

A. ['A', 'B', 'C'] B. ['A', 'B', 'C', 'D']

C. ['A', 'B', 'C', 'D', 'D'] D. ['A', 'B', 'C', 'D', 'D', 'D']

20. 以下代码的执行结果是（　　）。

```
d = {}
for i in range(26):
    d[chr(i+ord("a"))] = chr((i+13) % 26 + ord("a"))
for c in "Python":
    print(d.get(c,c), end="")
```

A. Pabugl B. Plguba C. Cabugl D. Python

21. 下列关于以下代码执行结果的描述，正确的是（　　）。

```
import random
a=random.randint(1,100)
while a<50:
    a=random.randint(1,100)
print(a)
```

A. 执行结果总是 51 B. 执行错误

C. 执行结果总是 50 D. 每次的执行结果不完全相同

22. 以下代码的执行结果不可能是（　　）。

```
import random
ls=['a','b','c','d']
print(ls[int(random.random()*3)])
```

A. a B. b C. c D. d

23. 常规异常的基类是（　　）。

A. Exception B. Error C. Base D. Try

24. NameError 是（　　）。

A. 语法异常 B. 类型无效异常

C. 除数为 0 异常 D. 未声明对象异常

25. 下列关于异常处理的描述，错误的是（　　）。

A. try 和 except 都是异常处理关键字

B. except 后面可以增加异常类型，进而区分不同异常并进行处理

C. try、except、else、finally 都可以用于异常处理

D. 异常处理中 try 是必需的，except 不是必需的

二、填空题

1. 下列程序的运行结果是________________。

```
x=False
y=True
z=False
if x or y and z:
    print("yes")
else:
    print("no")
```

2. 下列程序的运行结果是________________。

```
x=True
y=False
z=True
if not x or y:
    print(1)
elif not x or not y and z:
    print(2)
elif not x or y or not y and x:
    print(3)
else:
    print(4)
```

3. 运行下列程序输出________行，每行输出的结果是________________。

```
for i in range(4):
    print(i,end="*")
print()
print(i)
```

4. 运行下列程序输出________行，每行输出的结果是________________。

```
for i in range(4):
    print(i,end=",")
    i=i+1
```

5. 下列程序的运行结果是________________。

```
for i in range(1,10,2):
    i=i+1
    print(i,end=",")
```

6. 下列程序的运行结果是________________。

```
for i in range(10):
    if i%2==0:
        continue
    print(i,end=",")
```

7. 下列程序的运行结果是________________。

```
i=5
while i>0:
    print(i,end=",")
    i=i-1
else:
    print("正常退出了循环")
```

8. 下列程序的运行结果是________________。

```
i=1
while i<7:
    i=i+1
    if i%4==0:
        print(i,end=",")
        break
    else:
        i=i+2
        print(i,end=",")
```

```
else:
    print("正常退出","i=",i)
```

9. 下列程序的运行结果是________________。

```
i=1
while i<7:
    i=i+1
    if i%4==0:
        print(i)
        break
    else:
        i=i+1
        print(i,end=",")
else:
    print("正常退出",i)
```

10. 下列程序的运行结果是________________。

```
k=50
while k>1:
    print(k,end=",")
    k=k//2
```

11. 下列程序用于实现成绩等级判定，成绩等级的分段函数如下，请完善程序。

$$
\text{grade}=\begin{cases}\text{A} & \text{score}\geqslant 90\\ \text{B} & 90>\text{score}\geqslant 80\\ \text{C} & 80>\text{score}\geqslant 70\\ \text{D} & 70>\text{score}\geqslant 60\\ \text{E} & \text{score}\leqslant 60\end{cases}
$$

```
score=eval(input(("请输入成绩：")))
if score>=90:
    grade="A"
elif ___(1)___ :
    grade="B"
elif ___(2)___ :
    grade="C"
elif ___(3)___ :
    grade="D"
else:
    grade="E"
print("成绩等级是：",grade)
```

12. 斐波那契数列的定义：$f_1=1,f_2=1,f_n=f_{n-1}+f_{n-2}$（$n\geqslant 3$）。下面的程序输出斐波那契数列的前 20 项（包括第 20 项），各项数据之间以英文逗号相隔。请将程序补充完整。

```
f1,f2=1,1
i=3
print(f1,f2,sep=",",end=",")
while ___(1)___ :
    f1,f2=f2,f1+f2
    ___(2)___
    i=i+1
```

13. 质因数分解，输入 x，求它的质因数。如输入 60，则得到“60=2*2*3*5”。请将程序补充完整。

```
x=eval(input("请输入小于1000的整数："))
k=2
print(x,"=",end="")
while x>1:
    if ___(1)___ :
        print(k,end="")
        ___(2)___
        if x>1:
            print("*",end="")
    else:
        k=k+1
```

14. 下列程序的功能是：随机生成一个 4 位自然数 x，判断 x 是否为素数。请将程序补充完整。

```
import random
import math
x=___(1)___
print(x)
flag=True
for i in range(2,math.ceil(math.sqrt(x))+1):
    if x%i==0:
        ___(2)___
if ___(3)___ :
    print(x,"是素数")
else:
    print(x,"是合数")
```

15. 下面程序的功能是：用迭代公式求 $x=\sqrt[3]{a}$。求立方根的迭代公式：

$$x_{n+1}=\frac{1}{3}\left(2x_n+\frac{a}{x_n^2}\right)$$

直到 $|x_{n+1}-x_n|<1\times10^{-6}$ 时，x_{n+1} 为 $\sqrt[3]{a}$ 的近似值。请将程序补充完整。

```
eps=0.000001
a=eval(input("请输入a："))
x0=0
x1=a
while ___(1)___ :
    x0=x1
    x1=___(2)___
print("{}的立方根：{}".format(a,x1))
```

16. 下面程序的功能是：求 $s=a+aa+aaa+\cdots$ 前 n 项的值。如 $a=2$，$n=4$ 时，$s=2+22+222+2222$。请将程序补充完整。

```
a=int(input("请输入a："))
n=int(input("请输入n："))
s=0
for i in range(1,n+1):
```

```
    ____(1)____
    for j in range(1,i+1):
        t=____(2)____
    s=s+t
print(s)
```

17. 下面程序的功能是：将输入的 8 位二进制数的原码转换为反码输出。求反码的规则是：若二进制数的最高位为 0，即正数，则反码等于原码；对负数求反码时，令最高位保持不变，对其余各位取反。请将程序补充完整。

```
ym=input("请输入 8 位二进制原码：")
A=ym[0]
if A=='0':
    ____(1)____
else:
    fm='1'
    for c in ____(2)____:
        if c=='0':
            fm=fm+'1'
        if c=='1':
            ____(3)____
print("{}的反码是：{}".format(ym,fm))
```

三、编程题

1. 从键盘输入一个正实数 x，用 print()函数在一行上输出 x 的平方、平方根、立方、立方根，每个数保留 3 位小数，之间用一个空格分隔。

2. 从键盘输入三角形的两条边长 a、b 及其夹角 α，求第三边长度 c 及其面积 s。计算公式：

$$c=\sqrt{a^2+b^2-2ab\cos\alpha}$$

$$s=\frac{1}{2}ab\sin\alpha$$

注意： α 以角度值输入，在计算时应将其转换为弧度值。另外，α 不是合法的标识符，可用 alfa 代替。

3. 函数 y 的表达式如下：

$$y=\begin{cases}|x| & x<10\\ \sqrt{3x-1} & 10\leqslant x\leqslant 20\\ 3x+2 & x>20\end{cases}$$

编写程序，输入 x 的值，计算并输出 y 的值。请分别用多个单分支语句和一个多分支语句编写程序。

4. 某商场“双十一”促销，购物打折。1000 元及以上，打 9.5 折；2000 元及以上，打 9 折；3000 元及以上，打 8.5 折；5000 元及以上，打 8 折。编程实现输入购买金额，输出实付金额，结果保留两位小数。

5. 编程求出满足 $S=1\times2^2\times3^3\times\cdots\times n^n\leqslant400000$ 的 n 的最大值。

6. 编程计算下式之和首次大于 10000 时 n 的值，以及此时 S 的值。

$$S=1+2+2^2+\cdots+2^n+\cdots$$

7. 编写程序，从键盘上输入若干个非 0 整数，计算这些整数中所有奇数之和、偶数之和、所有数的平均值，当从键盘输入“end”时，程序输出计算结果。

8. 用 for 循环求 $S=\sum_{i=1}^{10}(i+1)(2i+1)$ 的值。

9. 编程输出 100～500（包含 100 和 500）中既不能被 3 整除也不能被 5 整除的数，每行输出 6 个数。

要求： ① 直接用 for 循环找出符合条件的数，并按要求输出；
② 用列表解析生成符合条件的数的列表，然后按要求输出。

10. 编写程序，计算 $S=1-3+5-7+9-11+\cdots$，其中项数由用户自行决定。

11. 编写程序（不调用任何函数），求 2!+ 4!+ 6!+ 8!+10! 的值（!表示阶乘）。

12. 编程计算并输出 500 以内（不包含 500）的最大的 10 个素数及其之和。

13. 编写程序，对输入的字符串（要求输入的都是英文字母）进行统计，统计时不区分大小写，输出字符串包含的字母及其出现的次数。

提示： 程序中可能用到集合、字符串的 count()方法、字典等；也可以直接用 for 循环遍历字符串，然后用类似于 d[c]=d.get(c,0)+1 的语句创建字典的键和值，实现字母和出现次数的统计。

14. 有一些 4 位数具有这样的特点：它的平方根恰好是它中间的两位数字。例如，2500 的平方根为 50，50 恰好为 2500 中间的两位数字。编程找出所有这样的 4 位数。

15. 用计算机安排考试日程。期末某班级学生在周一至周六的 6 天时间内要考完 X、Y、Z 这 3 门课程，考试顺序为先考 X，再考 Y，最后考 Z。规定一天只能考一门，并且 Z 课程只能安排在周五或周六。编程完成该班级学生的考试日程安排（即 X、Y、Z 这 3 门课程各在哪天考），要求列出满足上述条件的所有方案。

16. 随机产生 100 个两位正整数，每行输出 10 个数，统计其中小于等于 35、大于 35 且小于等于 70、大于 70 的数的个数。

17. 编程找出所有的 3 位升序数，一行输出 10 个，并输出升序数的个数。所谓升序数就是个位数大于十位数，且十位数大于百位数的数（以此类推）。例如，123、247、789 等均为 3 位升序数。

18. 求下述数列的前 n 项之和：

$$\frac{2}{1},\frac{3}{2},\frac{5}{3},\frac{8}{5},\frac{13}{8},\cdots$$

19. 编程计算下列级数前 n 项的和，直到最后一项小于 1×10^{-5}，停止计算，输出结果（结果精确到小数点后面 6 位）。

$$s=\frac{1}{2}+\frac{1}{2\times4}+\frac{1}{2\times4\times6}+\cdots+\frac{1}{2\times4\times6\times\cdots\times2n}+\cdots$$

第4章 函数

学习目标

- 掌握函数的定义与调用方法。
- 理解函数的参数相关知识。
- 理解 lambda 函数的使用方法。
- 熟悉 map()函数和 filter()函数。
- 理解变量的作用域。
- 理解递归函数相关知识。
- 了解模块的概念和使用方法。
- 了解 datetime 库。

在设计规模较大、复杂程度较高的程序时，按照结构化程序设计原则可以把问题逐步细化，把较大的程序划分为若干功能相对独立的部分，然后为每个部分分别编写一段独立的程序代码，或者将程序中需要多次调用的程序段独立出来，编写成独立的函数。使用函数有两大优点：一是使程序模块化，功能明确、清晰，易于修改和维护；二是函数一旦定义好，即可在不同的程序段或不同的模块中调用，可避免程序重复编写。

本章将介绍函数的定义与调用、函数的参数、lambda 函数、map()函数和 filter()函数、变量的作用域、递归函数，以及模块和 datetime 库。

4.1 函数的定义与调用

在第 2 章学习的一些函数，如 input()、print()、len()、max()、min()、ord()、chr()等，它们是由系统提供的，用户不需要编写，可直接用函数名调用以实现具有特定功能的程序段。本节将介绍用户如何根据自己的需要定义函数，以及怎样调用自己定义的函数。

4.1.1 函数的定义

函数定义的语法格式如下：

```
def 函数名([参数列表]):
        ['''文档字符串''']
        函数体
        [return 返回值列表]
```

函数的定义

其说明如下。

① def：是函数定义的关键字，表示定义函数开始，这一行以英文冒号结束，通常将这一行称为函数首部。

② 函数名：一个合法的标识符，用户可以给函数取一个能反映功能、明确含义的名字。

③ 参数列表：调用该函数时传递给它的值。参数列表中的参数称为形式参数，简称形参。参数列表中可以有 0 个、1 个或多个参数。当有多个参数时，各参数间用英文逗号分隔；当没有参数时，函数名后面的圆括号不能省略。

④ 文档字符串：用于描述函数的功能，可以省略。

⑤ 函数体：函数每次被调用时所执行的代码，由一条或多条语句组成，用于实现特定的功能。它可以是前面章节所介绍的任何合法语句。如果想定义一个空的函数，即什么功能都没有，函数体可以用 pass 语句表示。在编写函数体语句时必须向右缩进。

⑥ return：用于将函数的值返回主调函数。当函数需要返回值时，则使用 return 语句来实现；当函数不需要返回值时，则可以不使用 return 语句或使用 return None 语句来实现。一个函数体内可以有多个 return 语句，当执行到某个 return 语句时，函数的调用执行立即结束，程序的控制流程返回主调函数，并将 return 语句中的返回值返回给主调函数。

⑦ 返回值列表：可以有一个返回值，也可以有多个返回值。如果有多个返回值，则返回值之间用英文逗号分隔，函数把这些值打包成一个元组返回。

【例 4-1】 编写一个求 1 到 *n* 累加和的函数 ssum()。如下：

```
1    def ssum(n):
2        ss=0
3        for i in range(1,n+1):
4            ss=ss+i
5        return ss      # 返回 1 到 n 的累加和 ss
```

4.1.2 函数的调用

函数的调用

函数被定义之后还需要被调用才能体现其价值，函数的调用方法与调用系统内置函数的方法一样，调用函数的语法格式如下：

```
函数名([参数列表])
```

例如，调用例 4-1 中的自定义函数 ssum()，输出 1 到 100 的累加和，实现语句如下：

```
print(ssum(100))
```

需注意以下几点。

① 这里的参数列表中的参数是实实在在地需要在调用过程中传递给形参的，因此也称为实际参数，简称实参。在一般情况下，实参和形参的个数、位置要一一对应，类型要相容。当有多个参数时，各参数之间用英文逗号分隔。

② 当调用的是无参数的函数时，函数名后面的一对括号要保留，不能省略。

③ 调用函数时将实参一一传递给形参，程序执行流程转移到被调用函数，函数调用结束后回到调用前的位置继续执行。

④ 程序中，函数调用可以是语句的一部分（如例 4-2 中的第 9 行 s=s+ssum(i)），也可以是一条语句。一般有返回值的函数调用，通常作为语句的一部分使用，又如，用赋

值语句将调用的结果赋给变量（s=ssum(10)）、将函数调用作为 print()的参数输出（print(ssum(10))）。而无返回值的函数调用，一般作为独立的语句。

【例 4-2】 改编 3.3.5 节中例 3-19 求 $s=1+(1+2)+(1+2+3)+\cdots+(1+2+3+\cdots+n)$的程序。要求调用例 4-1 中定义的累加和函数 ssum()。

【程序代码】

4-2 累加和的和.py

```
1   def ssum(n):
2       ss=0
3       for i in range(1,n+1):
4           ss=ss+i
5       return ss
6   n=int(input("请输入需要求和的项数n: "))
7   s=0
8   for i in range(1,n+1):
9       s=s+ssum(i)
10  print("求得的和: ",s)
```

【运行结果】

```
请输入需要求和的项数n: 3
求得的和: 10
```

本例程序代码中的第 1～5 行是 ssum()函数的定义部分，第 6～10 行是主程序部分，第 9 行中的 ssum(i)是 ssum()函数的调用。

程序的执行过程：程序从第 6 行主程序开始执行，用户输入 n 的值 3 后，执行到第 9 行调用 ssum(i)，此时的 i 是 1，程序立马转到第 1 行，将实参 i 的值 1 传递给形参 n，执行函数体求 1 到 1 的累加和，到第 5 行将求得的和 1 返回给第 9 行的 ssum(i)，接着求第 9 行的和 s 等于 1；继续执行 for 循环，直到整个程序输出结果，则运行结束。

【例 4-3】 计算从 m 个元素中取 n 个元素的组合数 $C_m^n=\dfrac{m!}{n!(m-n)!}$ 的值。要求：定义求阶乘的函数，然后在主程序中调用。

【程序代码】

4-3 求组合数.py

```
1   def fac(n):
2       f=1
3       for i in range(1,n+1):
4           f=f*i
5       return f
6   m,n=eval(input("请输入m和n的值(m≥n): "))
7   print("组合数: ",fac(m)//fac(n)//fac(m-n))
```

【运行结果】

```
请输入m和n的值(m≥n): 5,2
组合数: 10
```

本例主程序中调用了 3 次 fac()函数求阶乘，通过调用该函数，大大简化了程序的编写。

【例 4-4】 定义函数求列表元素的平均值以及最大值和最小值。

【程序代码】

4-4 求列表元素的平均值、最大值和最小值.py

```
1  def proc(arr):
2      s = sum(arr)
3      avg = round(s/len(arr),2)
4      return avg,max(arr),min(arr)              # 将多个值打包成一个元组返回
5
6  a=[6.6, 9.9, 9.7, 55.2, 7.3, 9.5, 12.8, 7.9, 16.0, 16.8]
7  m=proc(a)                                     # m 是元组
8  print("average={0}, max={1}, min={2}".format(m[0],m[1],m[2]))
```

【运行结果】

```
average=15.17, max=55.2, min=6.6
```

本例在自定义函数 proc()中调用了 Python 的内置函数 sum()（求和）、round()（求四舍五入到小数点后几位的值）、len()（求元素个数）、max()（求最大值）、min()（求最小值）。

函数 proc()返回了 3 个值，组成一个元组，所以主程序中 m 为元组，按序存储 3 个返回值。也可以使用 3 个变量来存储返回值，可将第 7 行语句改为“x,y,z=proc(a)”，第 8 行使用 x、y、z 进行输出。

4.2 函数的参数

函数的参数

在调用有参数的函数时，主调用过程与被调用过程之间有数据传递，即将主调用函数的实参传递给被调用函数的形参，完成“形实结合”，然后执行被调用函数中的函数体语句。在“形实结合”过程中，通常要求实参和形参的个数和位置一一对应，类型相同，否则容易发生错误。那么在“形实结合”的过程中，实参会不会随着形参的变化而发生相应的变化呢？这就需要了解参数的传递和参数类型。这里的参数类型，主要是指形参或实参在表示形式上的类型，包括位置参数、关键字参数、默认参数、可变长度参数等。

4.2.1 参数的传递

传递的参数是调用函数中的实参。调用函数中的实参可以是不可变类型的，也可以是可变类型的。

1. 实参是不可变类型的

当实参是不可变类型的，如数值、字符串、元组时，实参传递给形参，在函数体内，形参值的改变不会影响到实参，也就是实参值不会随形参值发生变化。因为在传递时，实参和形参引用同一个对象，在函数体内若形参获得新值，即重新被赋值，则形参立马引用新的对象，这样形参与实参之间就没有关系了，因此形参值的变化不会影响到实参。看下面的例子。

```
1  def func1(n,c):
2      n=2
3      c="welcome"
```

```
4        print("            形参 n 和 c 的值: ",n,c)
5
6    num=1
7    ch="hello"
8    print("调用 func1()前 num 和 ch 的值: ",num,ch)
9    func1(num,ch)          # 无返回值函数的调用，作为一条独立的语句
10   print("调用 func1()后 num 和 ch 的值: ",num,ch)
```

程序运行结果如下：

```
调用 func1()前 num 和 ch 的值: 1 hello
            形参 n 和 c 的值: 2 welcome
调用 func1()后 num 和 ch 的值: 1 hello
```

根据运行结果可以看出，参数是数值和字符串，函数调用前后，实参值没有发生变化。

2. 实参是可变类型的

当实参是可变类型的，如列表、字典时，实参传递给形参，形参值的修改会不会影响到实参，由函数体内形参值被修改的方式（整体修改、局部修改）来决定。如果在函数体内对形参重新赋了值（整体值），即一次性修改了整个形参值，使得形参引用新的对象，则形参值的修改不会影响到实参；如果在函数内修改的是形参变量中某一个或多个元素的值（局部值），则这样的修改会影响到实参，因为引用的对象没有变，也就是实参和形参引用的还是同一个对象，因此实参会随形参值的变化而变化。请通过下面的例子来理解。

```
1    def func2(lstA):
2        print("调用中形参列表的值为{}, id 值为{}。".format(lstA,id(lstA)))
3        lstA=[10,20,30]
4        print("赋值后形参列表的值为{}, id 值为{}。".format(lstA,id(lstA)))
5
6    lst=[1,2,3]
7    print("调用前实参列表的值为{}, id 值为{}。".format(lst,id(lst)))
8    func2(lst)
9    print("调用后实参列表的值为{}, id 值为{}。".format(lst,id(lst)))
```

程序的运行结果如下：

```
调用前实参列表的值为[1, 2, 3], id 值为 60489640。
调用中形参列表的值为[1, 2, 3], id 值为 60489640。
赋值后形参列表的值为[10, 20, 30], id 值为 54405192。
调用后实参列表的值为[1, 2, 3], id 值为 60489640。
```

代码中 func2()函数体的语句“lstA=[10,20,30]”，用于给形参 lstA 重新赋值，虽然 lstA 是列表，是可变的，但此处是整体赋值，导致形参 lstA 引用新的对象“[10,20,30]”（lstA 的 id 值改变）。实参和形参不再共用同一个存储空间，因此调用后实参值没有发生变化。

继续看下面的例子：

```
1    def func3(lstB):
2        print("调用中形参列表的值为{}, id 值为{}。".format(lstB,id(lstB)))
3        lstB[2]=30
```

```
4       print("赋值后形参列表的值为{}, id值为{}。".format(lstB,id(lstB)))
5
6   lst=[1,2,3]
7   print("调用前实参列表的值为{}, id值为{}。".format(lst,id(lst)))
8   func3(lst)
9   print("调用后实参列表的值为{}, id值为{}。".format(lst,id(lst)))
```

程序的运行结果如下：

```
调用前实参列表的值为[1, 2, 3], id值为65011656。
调用中形参列表的值为[1, 2, 3], id值为65011656。
赋值后形参列表的值为[1, 2, 30], id值为65011656。
调用后实参列表的值为[1, 2, 30], id值为65011656。
```

代码中func3()函数体的语句“lstB[2]=30”，用于将列表lstB中索引为2的元素的值修改为30。这样的修改只改变了形参的局部值，而没有导致形参lstB引用新的对象（lstB的id值没有变），即实参和形参引用的对象没有变，实参和形参还是共用同一个存储空间，因此调用后实参列表的值发生了变化。

在函数func3()中只修改了列表中的一个元素的值，也可以用这样的方法修改列表中的某几个元素的值或所有元素的值。总之，这样的修改会使实参随形参的变化而变化。

学到这里，对于实参的变与不变，大家有没有恍然大悟。原来如此：函数func3()中的修改更像是“偷偷摸摸”的修改（局部修改）；与之相比，函数func2()中的修改则是“光明正大”的修改（整体修改）。

4.2.2 位置参数

根据实参和形参的位置对应关系进行调用的参数称为位置参数，这种形式的参数要求实参和形参的个数一样，对应位置的类型相容，是使用最普遍的形式。前面的例4-2、例4-3、例4-4及4.2.1节例子中的形参都是位置参数。又如下面的定义和调用：

```
1   def add(a,b,c):
2       return a+b+c
3   print(add(1,2))
```

程序的运行结果如下：

```
Traceback (most recent call last):
  File "D:/位置参数1.py", line 3, in <module>
    print(add(1,2))
TypeError: add() missing 1 required positional argument: 'c'
```

根据运行结果中的信息找到错误的原因，是调用add()函数时少了1个参数。

再如：

```
1   def add(a,b,c):
2       return a+b+c
3   print(add(1,2,'3'))
```

程序的运行结果如下：

```
Traceback (most recent call last):
  File "D:/位置参数2.py", line 3, in <module>
```

```
    print(add(1,2,'3'))
  File "D:/位置参数2.py", line 2, in add
    return a+b+c
TypeError: unsupported operand type(s) for +: 'int' and 'str'
```

这里的错误原因是“add(1,2,'3')”中第 3 个参数的类型不对，因为 add()函数体中返回的是 a+b+c 的和，而“+”无法实现数和字符串的求和，所以出错。

4.2.3 关键字参数

关键字参数就是调用时在实参表中通过使用参数名区分参数。关键字参数允许改变实参列表中的参数顺序，调用时每个参数的含义更清晰，程序的可读性更强。

例如，定义求坐标系两点间距离的函数 length()，并分别用位置参数和关键字参数实现调用。求点(0,0)到点(3,4)的距离，程序代码如下：

```
1  import math
2  def length(x1,y1,x2,y2):
3      L=math.sqrt((x1-x2)**2+(y1-y2)**2)
4      return L
5  print(length(0,0,3,4))                 # 位置参数
6  print(length(x1=0,x2=3,y1=0,y2=4))     # 关键字参数
```

程序的运行结果如下：

```
5.0
5.0
```

4.2.4 默认参数

在定义函数时可以给某些参数设定默认值，这样的参数称为默认参数。定义时，默认参数以赋值语句的形式给出。调用时，如果使用默认参数值，则该位置的实参可以省略不写，当然默认参数值在调用时也可以修改。定义函数时必须将默认参数放在非默认参数的后面，否则会出错。

看下面的例子，请根据运行结果来分析并理解调用中的位置参数、关键字参数、默认参数的含义和用法。

```
1   def add(a,b,c,s=100):        # 定义时，默认参数 s 只能放在最后
2       total=a+b+c+s
3       return total
4   print(add(1,2,3))            # 位置参数，使用默认参数值
5   print(add(1,2,3,s=4))        # 位置参数，默认参数值被修改
6   print(add(c=3,b=2,a=1))      # 关键字参数，使用默认参数值
7   print(add(1,c=3,b=2))        # 位置参数在前，关键字参数在后，否则会出错
```

程序的运行结果如下：

```
106
10
106
106
```

若调用时，实参中有位置参数、关键字参数、默认参数，则它们的顺序：首先是位置参数，然后是关键字参数，最后是默认参数。其中默认参数可以省略，若不省略，且前面

有关键字参数，则必须用关键字参数的形式给出默认参数，否则就会出错。例如：

```
print(add(1,c=3,b=2,s=10))    # s=10，修改默认参数的值
```

上述代码中调用 add()函数的参数形式是正确的，若改为如下形式：

```
print(add(1,c=3,b=2,10))
```

这样就会出错，因为第 4 个参数 10 在形式上是位置参数，而位置参数不能放在关键字参数的后面。所以若要用第 4 个参数，就只能用"s=10"这种形式。

4.2.5 可变长度参数

可变长度参数是指参数的个数可变，这样的形参会自动适应实参的个数。在 Python 中有两种可变长度参数，分别是元组可变长度参数和字典可变长度参数。

1．元组可变长度参数

定义元组可变长度参数时在形参名前加*，用来接收实参表中其余的所有位置参数，并将它们放到一个元组中，在形式上其实质是可变长度的位置参数。例如：

```
1   def add(*tup):
2       s=0
3       for i in tup:
4           s=s+i
5       print(tup)
6       return s
7   print(add(1,2,3,4))
```

程序运行结果如下：

```
(1, 2, 3, 4)
10
```

上述代码中 add()函数的形参 tup 是一个元组可变长度参数，函数调用 add(1,2,3,4)，则将 4 个实参转换为元组(1,2,3,4)并传递给 tup。因此 add()函数的功能，就是输出形参 tup 的值和求 tup 中所有元素的累加和。

2．字典可变长度参数

定义字典可变长度参数时在形参名前加**，可以接收实参表中的任意多个实参，实参的形式为"键名=键值"，在形式上其实质是可变长度的关键字参数。调用时，系统将这样的一些实参以"键名:键值"的形式转换为字典，然后传递给形参表中**后面的参数。例如：

```
1   def total(**dic):
2       s=0
3       for i in dic.values():
4           s=s+i
5       print(dic)
6       return s
7   print("总分：",total(语文=98,数学=95,英语=80))
```

程序运行结果如下：

```
{'语文': 98, '数学': 95, '英语': 80}
总分：273
```

上述代码中 total()函数的形参 dic 是一个字典可变长度参数，函数调用 total(语文=98,数学=95,英语=80)，则将 3 个实参转换为字典{'语文': 98, '数学': 95, '英语': 80}传递给 dic。因此 total()函数的功能，是输出形参 dic 的值和求 dic 中所有元素键值的累加和。

4.3 lambda 函数

lambda、map 和 filter

lambda 函数是一种特殊的函数，指没有函数名的简单函数，又称为匿名函数。lambda 函数的作用是定义简单的、能够在一行内表示的函数，从而简化用户使用函数的过程。因此匿名函数只适用于函数体只有一个简单表达式的函数，且函数的返回值就是表达式的计算结果。用 lambda 函数定义函数的语法格式如下：

```
[函数名 =] lambda 参数列表:表达式
```

其说明如下。

① 函数名：若用 lambda 定义的函数没有函数名，则可以省略。

② 参数列表：定义时的形参，可以有多个参数，参数名之间用英文逗号分隔。

③ 表达式：实现 lambda 函数功能的表达式，不能是语句，且只能包含一个表达式，表达式的计算结果就是函数的返回值。

④ lambda 函数只有一个返回值。

与之对应的用 def 定义函数的语法格式如下：

```
def 函数名(参数列表):
    return 表达式
```

使用 lambda 函数的优点是：lambda 函数的定义和调用可以同时进行；lambda 函数的定义可以用在某个语句中，如列表的 sort()方法或序列的 sorted()函数中的参数 key 可以用 lambda 函数来赋值。这些是用 def 定义函数无法做到的。

lambda 函数的用法，请看下面的简单例子：

```
>>> (lambda a,b:a+b)(2,3)
5
```

这个例子体现了在定义的同时实现调用。lambda 后面的 a 和 b 是形参，a+b 是函数的结果，2 和 3 是调用的实参，因此函数的功能是计算两个形参的和，调用的结果就是 2+3 的结果 5。也可以将定义和调用分开来写，则定义需要放在赋值语句中，代码如下：

```
>>> add1=lambda a,b:a+b
>>> add1(2,3)
5
```

上述两段代码形式不同、功能相同。求两数之和，用 def 定义函数和调用的代码如下：

```
>>> def add2(a,b):
        return a+b
>>> add2(2,3)
5
```

再看下面的例子。

对列表进行排序，列表中有 3 个学生的学号和他们 3 门课的成绩，对学生第 1 门课的成绩用 sort()方法进行递增排序，代码如下：

```
>>> num_score =[["001",75,99,80],["002",93,88,90],["003",69,84,61]]
>>> num_score.sort(key=lambda d:d[1])
>>> num_score
[['003', 69, 84, 61], ['001', 75, 99, 80], ['002', 93, 88, 90]]
```

对列表进行排序就是对列表中的元素进行排序，若列表中的元素是一个序列，则需要确定依据该序列中什么样的值来排序。此例使用 lambda 函数来实现排序的 key 值，d[1]表示的就是每个学生第 1 门课的成绩，即列表元素中索引为 1 的元素，分别是 75、93、69，因此根据它们的大小进行递增排序。

若要根据学生的平均成绩递减排序，则代码如下：

```
>>> num_score =[["001",75,99,80],["002",93,88,90],["003",69,84,61]]
>>> num_score.sort(key=lambda d:(d[1]+d[2]+d[3])/3,reverse=True)
>>> num_score
[['002', 93, 88, 90], ['001', 75, 99, 80], ['003', 69, 84, 61]]
```

其中，(d[1]+d[2]+d[3])/3 求的是每个学生 3 门课的平均成绩，被赋给 key，确定排序依据。

4.4 map()函数和 filter()函数

map()函数和 filter()函数是 Python 内置的高阶函数，在程序设计中有时需要使用它们来简化程序的编写。map()函数和 filter()函数的特点是：使用时允许把函数名作为参数进行传递。map()函数和 filter()函数主要针对列表、元组等组合类型数据使用，函数返回值是迭代器对象，因此需要使用 list()函数将结果转换为列表。

4.4.1 map()函数

map()函数的语法格式如下：

```
map(函数名,可迭代对象)
```

其说明如下。

① 函数名：可以是内置函数名、自定义函数名，也可以是 lambda 函数。

② 可迭代对象：可以是序列或其他组合类型数据，常用的是列表和元组。

函数的功能是：迭代可迭代对象中的每一个元素，即根据函数名指定的功能来处理可迭代对象中的每一个元素，返回值是一个 map 对象。

例如，从键盘输入成绩，求总分，可以用下面的程序实现：

```
1   ch=input("请输入成绩，用空格分隔：")
2   lch=ch.split()    # 以空格为分隔符对 ch 进行分割
3   print(lch)
4   for i in range(len(lch)):
5       lch[i]=int(lch[i])
6   print(lch)
7   print("总分：",sum(lch))
```

程序运行结果如下：

```
请输入成绩，用空格分隔：88 99 66 77 85
['88', '99', '66', '77', '85']
```

```
[88, 99, 66, 77, 85]
总分：415
```

程序中第 3 行的运行结果是列表，但列表中的元素是字符串，而字符串无法求和，因此需要将列表中的字符串转换为数值。程序用第 4 行和第 5 行的 for 语句实现了列表中数据类型的转换。在此，也可以用 map()函数实现列表中数据类型的转换，语句如下：

```
lch=list(map(int,lch))
```

此处“map(int,lch)”的功能，是将 lch 列表中的每个元素转换成整数。

上面整个程序的 7 行代码可以用下面的一条语句来替换：

```
>>> print("总分：",sum(map(int,input("请输入成绩，用空格分隔：").split())))
请输入成绩，用空格分隔：88 99 66 77 85
总分：415
```

该语句中的函数有点儿多，请读者仔细分析各函数的功能及用法。

再看下面的例子：

```
>>> lst=list(map(lambda x:x*x,range(1,11)))
>>> lst
[1, 4, 9, 16, 25, 36, 49, 64, 81, 100]
```

语句中“lambda x:x*x”的功能是求平方，由此“map(lambda x:x*x,range(1,11))”用于对 range(1,11)对象中的每个元素求平方。

4.4.2 filter()函数

filter()函数的语法格式如下：

```
filter(函数名,可迭代对象)
```

其说明如下。

① 函数名：此处是一个判断函数，用于判断可迭代对象中的每个元素是否符合特定条件；也可以是 None，表示不调用任何函数，只对可迭代对象中的元素本身判断真假，非 0 是真，0 则为假。

② 可迭代对象：同 map()函数。

filter()函数的功能是：根据函数名指定的条件，将可迭代对象中符合条件的元素过滤出来，形成新的对象。

例如，从给定的对象中将 5 的倍数过滤出来，生成新的列表。代码如下：

```
>>> t=filter(lambda x:x%5==0,range(21))
>>> list(t)
[0, 5, 10, 15, 20]
```

语句中的“lambda x:x%5==0”用于指定过滤的条件，当给定的数是 5 的倍数时，lambda 函数的返回值为 True，则被过滤出来。

同样，若要过滤出列表中的正数，可以用下面的代码：

```
>>> list(filter(lambda a:a>0,[-1,0,5,-3,10,12,-15]))
[5, 10, 12]
```

再看下面的例子，过滤掉列表中为 0 的元素：

```
>>> list(filter(None,[4, 9, 0, -5, -8, 7, 0]))
[4, 9, -5, -8, 7]
```

4.5 变量的作用域

变量的作用域

用程序设计语言编写的程序可以由若干个函数组成，每个函数都要用到一些变量。一般情况下，要求各函数中的数据各自独立，尽可能少有联系。但有的时候，为了满足功能的需求，各函数间的数据不得不有联系。因此在程序设计中需要了解变量的作用域。

变量的作用域是指变量的有效作用范围，也就是变量可以被访问的范围。程序中变量被赋值的位置，决定了变量的作用域，也就是哪些范围内的对象可以访问变量。根据变量作用的范围不同，变量分为局部变量和全局变量。

4.5.1 局部变量

局部变量是在函数内部定义的变量，如形参变量、函数体内定义的变量。局部变量只能在定义的函数中使用，其他任何函数都访问不到。因为只有当调用函数时，函数的局部变量才被分配存储空间，此时的局部变量才有意义。一旦函数调用结束，局部变量的使命就完成了，所占用的存储空间也随之释放，变量自动消失。对于局部变量，在不同的函数中可以使用相同的名字，只不过它们各为其主，彼此互不影响。例如，自定义函数 add1()中使用的变量 a、b、c 和 add2()中使用的变量 a、b、c、d 都是局部变量。

```
>>> def add1(a,b):
        c=a+b
        return c
>>> def add2(a,b,c):
        d=a+b+c
        return d
```

虽然两个函数定义中的 a、b 和 c 从表面上看使用了相同的名字，但实际上它们一点儿关系都没有，它们的作用域仅是各自所在的函数。

4.5.2 全局变量

全局变量是在函数之外定义的，是可被程序中的任何函数访问的变量。全局变量的定义语句一般没有缩进，全局变量的值在整个程序的执行过程中始终有效。例如：

```
1   def myadd(y):
2       s=x+y
3       return s
4   x=100
5   print(myadd(200))
6   print(x)
7   print(y)
```

程序运行结果如下：

```
300
100
Traceback (most recent call last):
```

```
  File "D:/全局变量.py", line 7, in <module>
    print(y)
NameError: name 'y' is not defined
```

代码中的 x 是全局变量，myadd()中的 y 是局部变量，其作用域仅为 myadd()函数。在 myadd()函数体内对全局变量 x 和局部变量 y 求和。代码第 5 行输出调用函数 myadd(200)的结果，第 6 行输出全局变量 x 的值，这两个输出都正常执行。但第 7 行想输出局部变量 y 的值，运行结果中却是出错信息，错误的原因是变量 y 没有被定义，由此可见，出了局部变量的作用域是访问不到局部变量的。

当全局变量和局部变量同名时，则在局部变量的作用域内，全局变量不起作用，即该范围内全局变量被屏蔽。例如：

```
1   def f():
2       x=100     # 定义局部变量 x
3       y=200     # 定义局部变量 y
4       print("   函数中 x 和 y 的值：{}和{}".format(x,y))
5   x=10          # 定义全局变量 x
6   y=20          # 定义全局变量 y
7   print("    x 和 y 的原始值：{}和{}".format(x,y))
8   f()
9   print("调用 f()函数后 x 和 y 的值：{}和{}".format(x,y))
```

程序的运行结果如下：

```
    x 和 y 的原始值：10 和 20
   函数中 x 和 y 的值：100 和 200
调用 f()函数后 x 和 y 的值：10 和 20
```

代码中第 5 行和第 6 行定义的变量 x 和 y 是全局变量，而第 2 行和第 3 行定义的变量 x 和 y 由于是在自定义函数 f()中定义的，因此是局部变量。这里出现全局变量和局部变量同名的情况，分析程序的运行结果，发现调用函数 f()的前后，全局变量 x 和 y 的值没有发生变化，也就是在调用函数 f()的过程中，局部变量 x 和 y 在起作用，而全局变量 x 和 y 被屏蔽了，不起作用。

对初学者来说，为了增加程序的可读性，当全局变量和局部变量同名时，可以通过修改局部变量的名字使它们不同名，从而理解局部变量和全局变量。例如，可以将上面的局部变量 x 和 y 改名为 a 和 b，则修改后的代码如下：

```
1   def f():
2       a=100     # 定义局部变量 a
3       b=200     # 定义局部变量 b
4       print("   函数中 a 和 b 的值：{}和{}".format(a,b))
5   x=10          # 定义全局变量 x
6   y=20          # 定义全局变量 y
7   print("    x 和 y 的原始值：{}和{}".format(x,y))
8   f()
9   print("调用 f()函数后 x 和 y 的值：{}和{}".format(x,y))
```

这样就程序的整体来看，不同的变量，其作用域一目了然，就不会受到作用域不同的同名变量的困扰。

程序中有时在函数内，不仅需要引用全局变量的值（例如，在前文的myadd()函数中引用全局变量x的值），还需要修改全局变量的值，这时就需要在函数中用global关键字显式声明变量为全局变量。对上面的myadd()函数做简单修改，如下：

```
1  def myadd2(y):
2      global x          # 显式声明函数中的x是全局变量x
3      s=x+y
4      x=x+1             # 修改全局变量x的值
5      return s
6  x=100
7  print(myadd2(200))
8  print(x)              # 输出全局变量x的值
```

程序运行结果如下：

```
300
101
```

此时，第8行代码的运行结果是101，而不是100。其原因是在函数中用第4行语句对全局变量x做了修改，即全局变量x获得了新的值。

若去掉第2行语句“global x”，则运行结果如下：

```
Traceback (most recent call last):
  File "D:/全局变量global.py", line 7, in <module>
    print(myadd2(200))
  File "D:/全局变量global.py", line 3, in myadd2
    s=x+y
UnboundLocalError: local variable 'x' referenced before assignment
```

请读者分析程序，找出出错的原因。

4.6 递归函数

递归函数

递归是一种十分有用的程序设计技术，当一个问题可以转化为规模较小的同类子问题时，可以用递归来解决此类问题。用递归函数编写的程序结构清晰、简洁、易懂，符合人类思考问题的过程。

4.6.1 递归的概念

通俗地讲，用自身的结构来描述自身就称为递归。现实世界中许多数学模型都是用递归形式定义的。例如，在数学中可对阶乘运算下以下定义：

$$n! = n \times (n-1)!$$

$$(n-1)! = (n-1) \times (n-2)!$$

可见，这里用“阶乘”本身来定义阶乘。这种定义形式简洁、易读、易于理解。

4.6.2 递归函数

在Python中，一个函数除了可以调用另一个函数以外，还允许函数在自身内部直接（或间接）调用自己，这样的函数称为递归函数。

对于许多具有递归关系的问题，通过递归调用描述它们，可使程序结构简洁、易读，算法的正确性证明也比较容易，因此读者应掌握递归程序设计方法。

在递归调用中，一个函数执行的某一步要用到其自身的前一步或前若干步的结果。

【例 4-5】 编写递归函数，求阶乘 $\mathrm{Fac}(n)=n!$ 的值。

根据求 $n!$ 的定义，$n!=n\times(n-1)!$，$\mathrm{Fac}(n)$ 可写成以下形式：

$$\mathrm{Fac}(n)=\begin{cases}1 & n=0\text{或}n=1\\ n\times\mathrm{Fac}(n-1) & n>1\end{cases}$$

显然，要求出函数 Fac(*n*)的值，必须调用函数本身求出 Fac(*n*−1)的值，或者说在函数定义中调用函数本身，因此它是递归函数。

【程序代码】

4-5 阶乘递归.py

```
1   def Fac(n):                                # 递归函数定义
2       if n==0 or n==1:
3           return 1
4       else:
5           return n*Fac(n-1)                  # 递归调用
6
7   n=eval(input("请输入一个非负整数:"))
8   F=Fac(n)                                   # 函数调用
9   print("{}!={}".format(n,F))
```

【运行结果】

```
请输入一个非负整数:4
4!=24
```

运行该程序，从键盘输入 4 赋给变量 n，即求 4!的值，运行结果为 24。

显然，本例中递归函数的定义十分清晰，函数体只用一个双分支选择结构即完成求解，易于阅读、理解，但其执行过程比较复杂。图 4-1 所示为求 Fac(4)的调用执行过程。

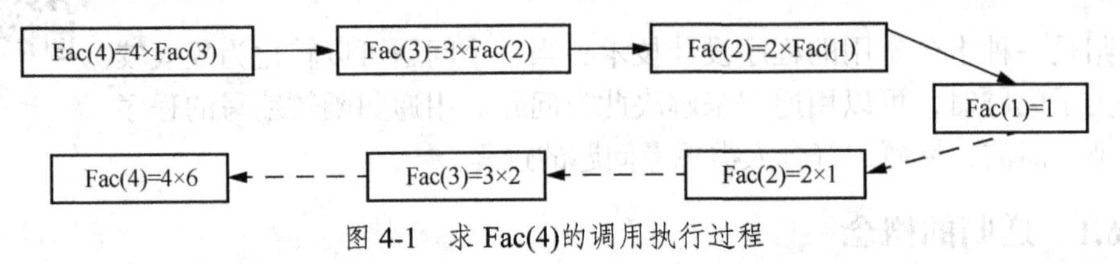

图 4-1　求 Fac(4)的调用执行过程

从图 4-1 中可以看到，函数 Fac()共调用了 4 次，即 Fac(4)、Fac(3)、Fac(2)、Fac(1)。其中，Fac(4)是在主程序中调用的，其余 3 次是在 Fac()函数中调用的，即递归调用了 3 次。"⟶"为递推轨迹，"←-----"为回归轨迹，可见递推和回归各持续进行了 3 次才求出最后的结果。

递归处理过程可分为"递推"和"回归"两个阶段。在进入递推阶段后，便逐层向下调用递归函数，直到满足结束调用递归函数的条件为止，如本例中的 Fac(1)=1。然后带着终止条件所给的函数值进入回归阶段，按照原来的路径逐层返回，由 Fac(1)一直到推导出 Fac(4)为止。

编写递归函数时要注意以下两点。

① 能将所求问题用递归形式表示（或描述）。

② 递归函数必须有一个明确的结束递归的条件（又称为终止条件或边界条件），使得通过有限次递归调用即可得出所求的结果，否则是无穷递归函数。

【例 4-6】 编写一个递归函数，求任意两个正整数 m 和 n 的最大公约数。

用辗转相除法求正整数 m 和 n 的最大公约数的算法步骤已在 3.3.1 节的例 3-9 中给出，该算法若用递归描述，则递归公式如下：

$$\gcd(m,n)=\begin{cases} n & m\,\%\,n=0 \\ \gcd(n,m\%n) & m\,\%\,n\neq 0 \end{cases}$$

【程序代码】

4-6 递归求最大公约数.py

```
1   def gcd(m,n):                               # 递归函数定义
2       if m % n == 0:
3           return n
4       else:
5           return gcd(n,m % n)                 # 递归调用
6
7   m,n=eval(input("请输入正整数 m 和 n: "))
8   if m<n:
9       m,n=n,m
10  print("最大公约数是: ",gcd(m,n))            # gcd(m,n)函数调用
```

【运行结果】

```
请输入正整数 m 和 n: 24,100
最大公约数是:  4
```

【例 4-7】 切比雪夫（Chebyshev）多项式定义如下：

$$T(n,x)=\begin{cases} 1 & n=0 \\ x & n=1 \\ 2xT(n-1,x)-T(n-2,x) & n\geqslant 2 \end{cases}$$

对于给定的 x 和不同的非负整数 n，$T(n,x)$是阶数不同的多项式，要求编写程序计算第 n 个切比雪夫多项式在给定点的值。

由于切比雪夫多项式是递归定义的，所以可定义一个递归函数来求切比雪夫多项式的值。

【程序代码】

4-7 切比雪夫多项式.py

```
1   def chb(n,x):                                    # 递归函数定义
2       if n==0:
3           return 1
4       elif n==1:
5           return x
6       else:
7           return 2*x*chb(n-1,x)-chb(n-2,x)         # 递归调用
8
9   n=eval(input("请输入项数 n: "))
10  x=eval(input("请输入 x 值: "))
```

```
11  T=chb(n,x)                                  # 函数调用
12  print("切比雪夫多项式的值是{}".format(T))
```

【运行结果】

```
请输入项数 n: 4
请输入 x 值: 2.5
切比雪夫多项式的值是 263.5
```

对于递归程序，可以在程序中设置断点，然后借助程序调试方法对其进行调试、观察和分析，更好地理解递归函数的执行过程。

4.7 模块

模块、datetime 库

在 Python 中，模块是比函数更高级别的程序组织单元，一个模块可以包含若干个函数，每一个 Python 程序文件都可以当成一个模块。模块中可以有一段能直接执行的程序，也可以定义一些变量、函数或类，供其他的模块导入和调用。与函数一样，模块也分为标准库模块（如 turtle 库、math 库、random 库等）和用户自定义模块。

当程序变得越来越大，如多人开发一个大的项目时，合理地使用已有模块，一方面能使代码容易阅读和测试，另一方面能进一步提高代码的重用（模块和模块间重用）率，避免在不同程序中重复编写相同的代码。例如，后文例 4-11 就重用了例 4-10 “prime2to100”模块中的 prime()函数，实现素数的判断。

使用“import 模块名”语句可以导入模块，如果要导入的只是模块中的某一个函数、属性或子类，可以使用“from 模块名 import 函数名（属性名）”语句来实现。例如，对于前文介绍的 math 库，使用“import math”语句就可以把 math 库导入程序，然后使用 math 库中的函数。例如：

```
>>> import math
>>> math.floor(4.8)
4
```

除了标准库模块，用户也可以根据需要自定义模块，自定义模块就是建立 Python 程序文件。

【例 4-8】 自定义 circle 模块，其中包含圆周率 π 值的定义和 4 个函数的定义：求圆的面积、求圆的周长、求球的表面积和求球的体积。然后导入该模块并调用其中的函数，输出相应的结果。

【程序代码】

```
4-8circle.py
1  pi = 3.14159
2  def area(radius):
3      return pi * radius ** 2
4  def circumference(radius):
5      return 2 * pi * radius
6  def sphereSurface(radius):
7      return 4 * area(radius)
8  def sphereVolume(radius):
9      return 4 / 3 * pi * radius ** 3
```

4-8 模块.py		
1	import circle	# 导入自定义的 circle 模块
2	print(circle.pi)	
3	print(circle.area(3))	
4	print(circle.circumference(3))	
5	print(circle.sphereSurface(3))	

【运行结果】

```
3.14159
28.27431
18.849539999999998
113.09724
```

该例中有两个文件，其中 circle.py 是用户自定义的模块文件。自定义模块的导入方法及其函数调用方法与 Python 标准库模块一样。例如，在“4-8 模块.py”中执行“import circle”后，就能正常调用 circle 模块中的 area()函数、circumference()函数、sphereSurface()函数来计算圆的面积、圆的周长和球的表面积等。

4.8 datetime 库

在编程中有时需要对日期和时间进行处理，如将日期和时间以不同的格式显示和输出。为此 Python 内置的 datetime 库为用户提供了一系列从简单到复杂的日期和时间处理方法。通过 datetime 库可以从计算机系统中获得时间，并以用户选择的格式输出。

datetime 库以类的方式提供各种日期和时间的表达方式，分别如下。

（1）date 类，表示日期的类，如年、月、日等。

（2）time 类，表示时间的类，如小时、分钟、秒、毫秒等。

（3）datetime 类，表示日期和时间的类，功能覆盖 date 类和 time 类。

（4）timedelta 类，表示与时间间隔有关的类。

（5）tzinfo 类，表示与时区有关的信息类。

使用 datetime 库中的类需要用 import 导入，下面看使用 date 类的例子。

```
>>> from datetime import date
>>> d=date.today()                        # 获得系统当前日期
>>> d
datetime.date(2023, 10, 13)
>>> d.year                                # 通过 year 属性返回 d 对象的年
2023
>>> d.month                               # 通过 month 属性返回 d 对象的月
10
>>> d.day                                 # 通过 day 属性返回 d 对象的日
13
```

由上面的例子可以看出，使用每个类时首先需要创建一个该类的对象，如 date.today()就是一个获得系统当前日期的对象。然后通过对象的属性或方法显示日期，如 d.year、d.month、d.day，其中 year、month、day 都是属性，分别用于返回 date 对象的年、月、日。

datetime 类其实就是 date 类和 time 类的结合，因此下面主要介绍 datetime 类的使用。

1．datetime 对象的创建

创建 datetime 对象的方法有 3 种：datetime.now()、datetime.utcnow()和 datetime()。

datetime.now()和 datetime.utcnow()返回 datetime 对象，前者返回系统当前的日期和时间对象，后者返回系统当前日期和时间对应的协调世界时（Coordinated Universal Time，UTC）日期和时间对象，它们均精确到微秒。例如：

```
>>> from datetime import datetime
>>> datetime.now()
datetime.datetime(2023, 10, 13, 12, 53, 1, 616669)
>>> datetime.utcnow()
datetime.datetime(2023, 10, 13, 4, 53, 10, 604821)
```

上面两种方法可返回 datetime 对象，有时也可以使用 datetime()方法创建日期和时间对象。datetime()方法的语法格式如下：

```
datetime(年,月,日[,小时=0,分钟=0,秒=0,微秒=0])
```

其说明如下。

① 各参数的取值范围：1≤年≤9999、1≤月≤12、1≤日≤30 或 1≤日≤31（具体由月决定）、0≤小时＜24、0≤分钟＜60、0≤秒＜60、0≤微秒＜1000000。

② 小时、分钟、秒、微秒：这 4 个参数可以全部省略或部分省略，若部分省略，则只能由后向前省略。

该函数的功能是根据给定的各参数值，创建 datetime 对象。例如：

```
>>> mydate=datetime(2023,11,1,12,1,2,123456)
>>> mydate
datetime.datetime(2023, 11, 1, 12, 1, 2, 123456)
```

2．datetime 对象的属性

datetime 对象的常用属性如表 4-1 所示（其中 mydate 是一个 datetime 对象）。

表 4-1　datetime 对象的常用属性

属　性	描　述
mydate.min	返回最小时间对象 datetime.datetime(1,1,1,0,0)
mydate.max	返回最大时间对象 datetime.datetime(9999,12,31,23,59,59,999999)
mydate.year	返回 mydate 的年值
mydate.month	返回 mydate 的月值
mydate.day	返回 mydate 的日值
mydate.hour	返回 mydate 的小时值
mydate.minute	返回 mydate 的分钟值
mydate.second	返回 mydate 的秒值
mydate.microsecond	返回 mydate 的微秒值

利用表 4-1 中的日期和时间对象的属性，可以获得该属性对应的值。例如：

```
>>> mydate=datetime.now()
>>> mydate
datetime.datetime(2023, 10, 13, 14, 24, 9, 563413)
```

```
>>> mydate.year
2023
```

3．datetime 对象的格式化

datetime 对象的常用格式化方法如表 4-2 所示（其中 mydate 含义同表 4-1）。

表 4-2　datetime 对象的常用格式化方法

方　法	描　述
mydate.strftime("格式化字符串")	根据“格式化字符串”的格式要求对 mydate 对象进行格式化，结果为字符串
mydate.isoformat()	采用 ISO 标准显示时间
mydate.isoweekday()	计算 mydate 的日期是星期几，返回 1～7，对应星期一～星期日

（1）strftime()方法

使用 strftime()方法可以获得指定格式的日期和时间，该方法的格式化控制符如表 4-3 所示。

表 4-3　strftime()方法的格式化控制符

格式化字符串	日期/时间	值的范围
%Y	年	0001～9999（4 位，不足 4 位左边补 0）
%m	月	01～12（2 位，不足 2 位左边补 0）
%B	月英文名	January～December
%b	月英文名缩写	Jan～Dec
%d	日	01～31（2 位，不足 2 位左边补 0）
%A	星期英文名	Monday～Sunday
%a	星期英文名缩写	Mon～Sun
%H	小时（24 小时制）	00～23（2 位，不足 2 位左边补 0）
%I	小时（12 小时制）	01～12（2 位，不足 2 位左边补 0）
%p	上午/下午	AM/PM
%M	分钟	00～59（2 位，不足 2 位左边补 0）
%S	秒	00～59（2 位，不足 2 位左边补 0）

例如：

```
>>> mydate=datetime.now()
>>> mydate
datetime.datetime(2023, 10, 13, 16, 3, 49, 818122)
>>> mydate.strftime("%Y 年%m 月%d 日  %I:%M:%S %p")
'2023 年 10 月 13 日  04:03:49 PM'
>>> mydate.strftime("%b %d %Y %a  %H:%M:%S")
'Oct 13 2023 Fri  16:03:49'
```

在实际应用中，可根据需要组合格式化控制符得到特定格式的时间和日期。

此外，在 print()函数中，此处的格式化控制符也可以与 format()函数一起使用，输出特定格式的 datetime 对象。例如：

```
>>> print("今天是{0:%Y}年{0:%m}月{0:%d}日，{0:%A}。".format(mydate))
今天是 2023 年 10 月 13 日，Friday。
```

（2）isoformat()方法和 isoweekday()方法

isoformat()方法和 isoweekday()方法使用起来比较简单。例如：

```
>>> mydate=datetime.now()
>>> mydate
datetime.datetime(2023, 10, 13, 16, 3, 49, 818122)
>>> mydate.isoformat()
'2023-10-13T16:03:49.818122'
>>> mydate.isoweekday()
5
```

例子中，mydate.isoweekday()的运行结果 5 表示星期五。

【例 4-9】 使用 datetime.now()，计算程序中 for 结构的运行时间。

【程序代码】

4-9datetime.py

```
1  from datetime import datetime
2  start=datetime.now()              # 获取程序运行到 for 结构前的时间
3  for i in range(100):
4      for j in range(100):
5          for k in range(10000):
6              pass
7  end=datetime.now()                # 获取 for 结构运行完的时间
8  x=end-start        # x 是两个时间对象的差值，是 timedelta 对象
9  print(x.seconds)       # seconds 是 timedelta 对象的属性，获取 x 对象的秒数
```

【运行结果】

```
4
```

程序中 for 结构在本机的运行时间为 4s，请读者测试其在自己设备上的运行时间是多少。

本例在 for 结构开始前和结束后使用 datetime.now()分别获取运行 for 结构的开始时间和结束时间，计算得到的差值为 for 结构结束运行和开始运行的时间间隔，即 for 结构的运行时间。

程序第 8 行的 x 求的是两个时间对象的差值，是 datetime 库中 timedelta 类的对象。第 9 行用到 timedelta 对象的 seconds 属性。下面对 timedelta 对象的属性进行简要介绍。

timedelta 对象提供 3 个属性，即 days、seconds、microseconds，分别用于获取该类对象的天数、秒数、微秒数。请看下面的例子理解它们的用法：

```
>>> from datetime import datetime
>>> t1=datetime.now()
>>> print(t1)
2023-10-13 19:33:33.434705
>>> t2=datetime(2023,10,14,20,36,40,123456)
>>> print(t2)
2023-10-14 20:36:40.123456
>>> t=t2-t1
>>> t
datetime.timedelta(days=1, seconds=3786, microseconds=688751)
>>> t.days
1
>>> t.seconds
3786
>>> t.microseconds
688751
```

本节对 datetime 库中处理日期和时间的常用方法进行了介绍。在实际中，请读者根据功能要求灵活运用 datetime 库提供的方法进行编程。

4.9 程序示例

程序示例

前文介绍了函数的相关知识，在实际的编程过程中往往需要将某些特定的功能定义为函数，然后在需要时进行调用，而要学好编程必须多练。下面通过一些例子，带领读者学习和理解某些功能函数的编写思路和调用方法。

4.9.1 素数函数的应用示例

素数的概念以及判断素数的思路在 3.3.3 节的例 3-13 中已介绍过，这里不赘述。

【例 4-10】 编写一个判断某自然数 *m* 是否为素数的函数，然后在主程序中调用，求 2～100 中的素数，每行输出 10 个数。

【程序代码】

4-10prime2to100.py

```
1   def prime(m):
2       if m == 1:
3           return False
4       else:
5           for i in range(2,m):
6               if m % i == 0:
7                   return False
8           return True
9   if __name__=="__main__":        # name 和 main 前后均为两条下画线
10      num=0
11      for m in range(2,101):
12          if prime(m)==True:
13              print(m,end=',')
14              num=num+1
15              if num % 10==0:
16                  print()
17  print()
```

【运行结果】

```
2,3,5,7,11,13,17,19,23,29,
31,37,41,43,47,53,59,61,67,71,
73,79,83,89,97,
```

本例中的第 9 行 “if __name__=="__main__":” 可以理解为主程序开始，它有些类似于 C/C++/Java 语言中的 main()函数。在前面的所有例子中都没有用到这一行，因此主程序不需要缩进。如果用到这一行，则主程序中的所有代码都要作为该 if 结构的语句块，从而需要缩进。

主程序中 “if __name__=="__main__":” 的功能是：若当前模块（文件）被其他模块（文件）导入，当前模块中的主程序在其他模块中要不要被执行，若不被执行，则在当前模块的主程序前需要该语句（本例的主程序就是这样），否则要被执行。

继续看下面的例子。

【例 4-11】 找出 1～100 中的所有孪生素数。

若两个素数之差为 2，则这两个素数就是孪生素数。例如，3 和 5、5 和 7、11 和 13 等都是孪生素数。

本例中也需要用到判断素数的函数，因此可以调用例 4-10 中定义的 prime()函数。只需要在程序的开头用 import 将例 4-10 的 prime2to100 模块导入，需要使用时进行调用即可，而不需要重复编写判断素数的函数。

【程序代码】

4-11 孪生素数.py

```
1  import prime2to100 as p        # 导入 prime2to100 模块，注意不能写上“.py”
2  k=0
3  for m in range(1,101):
4      if p.prime(m)==True and p.prime(m+2)==True:
5          k=k+1
6          print("第{}对孪生素数：{} 和 {}".format(k,m,m+2))
```

【运行结果】

```
第 1 对孪生素数：3 和 5
第 2 对孪生素数：5 和 7
第 3 对孪生素数：11 和 13
第 4 对孪生素数：17 和 19
第 5 对孪生素数：29 和 31
第 6 对孪生素数：41 和 43
第 7 对孪生素数：59 和 61
第 8 对孪生素数：71 和 73
```

本例程序代码第 4 行中的 p.prime(m)和 p.prime(m+2)调用 prime2to100 模块中的 prime()函数来判断 m 和 m+2 是否为素数，如果都为素数，则满足孪生素数的条件。第 4 行的代码也可以写成“if p.prime(m) and p.prime(m+2):”。

由于例 4-10 的主程序放在了“if __name__=="__main__":”结构中，因此例 4-11 的程序没有执行例 4-10 的主程序。如果将例 4-10 的程序代码中的第 9 行去掉，再取消从第 10 行到第 17 行的缩进，然后保存。重新运行例 4-11 的程序，则结果就变成下面这样。

```
2,3,5,7,11,13,17,19,23,29,
31,37,41,43,47,53,59,61,67,71,
73,79,83,89,97,
第 1 对孪生素数：3 和 5
第 2 对孪生素数：5 和 7
第 3 对孪生素数：11 和 13
第 4 对孪生素数：17 和 19
第 5 对孪生素数：29 和 31
第 6 对孪生素数：41 和 43
第 7 对孪生素数：59 和 61
第 8 对孪生素数：71 和 73
```

由此发现，运行结果的头 3 行是 2～100 中的素数，剩余的是 1～100 中的孪生素数。也就是运行例 4-11 的程序时，例 4-10 的主程序先被运行。其原因是：例 4-11 的程序通过第 1 行代码“import prime2to100 as p”导入了 prime2to100 模块（在 Python 中，一个.py 文件就是一个模块），而 prime2to100 模块中的主程序没有放在“if __name__=="__main__":”

结构中，于是先被自动执行了。

总结：在一个程序的主程序中使用“if __name__=="__main__":”，直接运行该程序，则输出运行结果（与没有 if 这一行一样）；而该程序作为模块被其他程序引用时仅定义的函数部分（如例 4-10 中的 prime()）可用，主程序部分不可用。因为在直接运行该程序时，程序中的__name__值是“__main__”。如果作为模块被导入（如例 4-11 中的 import prime2to100），__name__值则是导入模块的名字，如 prime2to100，这样 if 条件不成立，其后的语句块就不被执行。

4.9.2 进制转换

【例 4-12】 编写一个函数，将一个十进制正整数 *m* 转换成 *n*（二到十六）进制数的字符串。

这是一个进制转换问题，一个十进制正整数 *m* 转换为 *n* 进制数的思路是将 *m* 不断除 *n* 取余，直到商为 0，再反序得到结果，即最后得到的余数在最高位。

【程序代码】

4-12 进制转换.py

```
1   def tranDec(m,n):                          # m是十进制数，n是要转换的进制
2       base=['0','1','2','3','4','5','6','7','8','9',
3             'A','B','C','D','E','F']        # base为十六进制数的基本符号列表
4       trans=""                               # trans是要转换的字符串，初值为空
5       while m!=0:                            # 循环实现将正整数m转换为n进制数
6           r = m % n
7           trans = base[r] + trans            # 反序连接到trans上，也可正序连接
8           # trans = trans + base[r]          # 正序连接
9           m = m // n
10      return trans      # 若用正序连接，则 return trans[::-1]
11
12  if __name__=="__main__":
13      m=eval(input("请输入一个十进制的正整数m: "))
14      n=eval(input("请输入一个二到十六的整数n: "))
15      if m>0 and 2<=n<=16:
16          t=tranDec(m,n)
17          print("十进制数 {} 转换成 {} 进制数是: {}".format(m,n,t))
18      else:
19          print("输入的数不符合要求! ")
```

【运行结果】

```
请输入一个十进制的正整数m: 95
请输入一个二到十六的整数n: 16
十进制数 95 转换成 16 进制数是: 5F
```

本例给出了将十进制纯整数 *m* 转换为 *n* 进制数的思路和程序。将十进制纯小数转换为 *n* 进制数的思路是将数不断乘以 *n* 顺取整，直到小数部分为 0，请读者自行完成程序的编写。

对于将十进制纯整数转换为 *n* 进制数，还可以用递归函数来实现，详细程序请参见本章课后习题的填空题第 6 题。

4.9.3 带符号整数的原码、反码和补码

【例 4-13】 编写程序，计算并输出一个带符号整数的 16 位原码、反码和补码。

要求：定义求原码、反码和补码的函数，然后在主程序中调用并输出结果；输入的整数范围为[−32767,32767]，且不包括 0。

根据定义：正整数的原码、反码和补码相同；负整数的反码是在其原码基础上，除了最高位的符号位为 1 且不变，其余各位为按位取反的结果，负整数的补码为其反码加 1（即在末尾加 1）的结果。

【程序代码】

4-13 原码反码补码.py

```
1   def sourceCode(m):                          # 定义原码函数
2       n=abs(m)                                # 对 m 取绝对值
3       bincode=''                              # bincode 为二进制编码变量
4       while n!=0:                             # 用while循环完成将十进制数转换为二进制数
5           bincode = str(n%2) + bincode
6           n=n//2
7       if m>0:                                 # 用 if 结构处理 16 位的原码，sc 是原码变量
8           sc='0'+'0'*(15-len(bincode))+bincode   # 最前面的 0 表示正
9       else:
10          sc='1'+'0'*(15-len(bincode))+bincode   # 最前面的 1 表示负
11      return sc
12
13  def inverseCode(m):                         # 定义反码函数
14      ch=sourceCode(m)                        # 调用原码函数求 m 的原码，是嵌套调用
15      if ch[0]=='0':                          # 原码最高位为 0，表示是正数
16          return ch                           # 正数的反码等于原码
17      else:
18          ic='1'                              # ic 是负数的反码变量，最高位是 1
19          for i in range(1,16):               # 用 for 循环求负数的反码
20              if ch[i]=='0':
21                  ic=ic+'1'
22              else:
23                  ic=ic+'0'
24          return ic
25
26  def complement(m):                          # 定义补码函数
27      ch=inverseCode(m)                       # 调用反码函数求 m 的反码，是嵌套调用
28      if ch[0]=='0':                           反码最高位为 0，表示是正数
29          return ch                           # 正数的补码、原码、反码相同
30      else:
31          x=1                                 # x 是要加的 1，后面表示进位
32          com=''                              # com 是负数的补码变量，初值为空
33          for i in range(15,-1,-1):           # 从低位向高位遍历反码
34              y=int(ch[i])+x                  # 第 1 次循环加 1，后续循环加进位
35              if y==2:
36                  x=1                         # 有进位
37                  com='0'+com                 # 高位连接到 com 的前面
38              else:
39                  x=0                         # 无进位
40                  com=str(y)+com              # 高位连接到 com 的前面
41                  com=ch[:i]+com              # 无进位后，剩余高位无须再计算
```

```
42                                              # 取出与已算出的低位连接
43                  break                       # 提前结束 for 循环
44          return com
45
46  if __name__=="__main__":
47      m=int(input("请输入一个非 0 整数: "))
48      if -32767<=m<=32767 and m!=0:
49          sc=sourceCode(m)                    # 调用求原码函数
50          ic=inverseCode(m)                   # 调用求反码函数
51          com=complement(m)                   # 调用求补码函数
52          print("{} 的原码是 {}".format(m,sc))
53          print("{} 的反码是 {}".format(m,ic))
54          print("{} 的补码是 {}".format(m,com))
55      else:
56          print("输入的整数不符合程序的要求，请重输…")
```

【运行结果】

```
【第 1 次运行】
请输入一个非 0 整数: -9
-9 的原码是 1000000000001001
-9 的反码是 1111111111110110
-9 的补码是 1111111111110111
【第 2 次运行】
请输入一个非 0 整数: 127
127 的原码是 0000000001111111
127 的反码是 0000000001111111
127 的补码是 0000000001111111
```

4.9.4 微信红包程序设计示例

【例 4-14】 编写一个函数，模拟微信发红包。函数有两个参数：红包个数（默认值为 20）和红包总金额（默认值为 200）。函数的返回值是存放所有随机产生的红包金额（保留两位小数）的列表。每个红包金额的规则：单个红包金额最少为 0.01 元，最多为 $m/n\times 2$ 元（m 为红包剩余总金额，n 为剩余红包数，即取剩余平均值的 2 倍），且所有红包金额总和等于红包总金额。

【程序代码】

```
4-14 微信红包.py

1   import random
2   import math
3   def redP(n=20, m=200):                    # n 是红包个数，m 是红包总金额
4       red_packet = []                       # 创建红包空列表
5       for i in range(1,n):                  # 循环 n-1 次，产生 n-1 个红包
6           maxmoney = m/(n-(i-1))*2          # 第 i 个红包可能的最大值
7           get_money = math.floor(random.uniform(0.01,maxmoney)*100)/100
8                                             # 生成第 i 个红包的金额
9           red_packet.append(get_money)      # 向列表中添加第 i 个红包的金额
10          m = m - get_money                 # 红包剩余金额
11      red_packet.append(round(m, 2))        # 向列表中添加最后一个红包的金额
12      return red_packet                     # 返回红包列表
13
```

```
14  if __name__=="__main__":
15      number = int(input('请输入红包个数：'))
16      money = float(input('请输入红包总金额：'))
17      if money>=number*0.01:
18          print("生成的红包列表：",redP(number, money))
19      else:
20          print("钱少于人头数，请重新输入！")
```

【可能的运行结果】

```
【第 1 次运行】
请输入红包个数：8
请输入红包总金额：10
生成的红包列表：[2.41, 1.07, 0.18, 2.41, 1.34, 0.03, 1.44, 1.12]
【第 2 次运行】
请输入红包个数：10
请输入红包总金额：0.05
钱少于人头数，请重新输入！
【第 3 次运行】
请输入红包个数：10
请输入红包总金额：0.1
生成的红包列表：[0.01, 0.01, 0.01, 0.01, 0.01, 0.01, 0.01, 0.01, 0.01, 0.01]
```

若将程序中的第 7 行代码换成“get_money=round(random.uniform(0.01, maxmoney), 2)”，请读者运行程序，输入 10 和 0.1，查看红包的结果会是怎样的。

课后习题

一、选择题

1. 以下关于函数的描述中，错误的是（　　）。
   A. 函数代码是可以重复使用的　　B. 每次使用函数都需要提供相同的参数
   C. 函数通过函数名进行调用　　D. 函数是一段具有特定功能的语句块
2. 在 Python 中，以下关于函数的描述中错误的是（　　）。
   A. 定义函数时，需要确定函数名和参数个数
   B. 默认 Python 解释器不会对参数类型做检查
   C. 在函数体内部可以用 return 语句随时返回函数结果
   D. return 语句只能出现一次，否则 Python 解释器会报错
3. 以下关于函数的描述中，正确的是（　　）。
   A. 自己定义的函数名不能与 Python 内置函数同名
   B. 函数一定要有输入参数和返回结果
   C. 在一个程序中，函数的定义可以放在函数调用代码之后
   D. 使用函数可以增加代码复用，还可以降低维护难度
4. 以下关于 return 语句的描述中，正确的是（　　）。
   A. 函数只能返回一个值
   B. 函数中 return 语句只能放在函数体的最后面

C. 函数可以没有 return 语句

D. 函数中最多只有一条 return 语句

5. 以下代码的执行结果是（　　）。

```
t=15
def above_zero(t):
    return t>0
```

A. True　　B. False　　C. 15　　D. 没有输出

6. 以下代码的执行结果是（　　）。

```
def fun(x):
    return x**10+10
fun(2)
```

A. 1034　　B. 30　　C. 没有输出　　D. 20

7. 当用户输入 3 时，以下代码的执行结果是（　　）。

```
try:
    m=input("请输入一个整数：")
    def fun(m):
        return m**5
    fun(m)
except:
    print("程序有错！")
```

A. 243　　B. 3　　C. 没有输出　　D. 程序有错！

8. 以下代码不可能有的执行结果是（　　）。

```
import random
def func(n):
    if n==1 or n==2:
        return 1
    else:
        return random.randint(1,n-1)
print(func(10))
```

A. 1　　B. 5　　C. 9　　D. 10

9. 以下代码的执行结果是（　　）。

```
a=[12,34,56]
b=[1,2,3,4]
def fun(a):
    print([a])
b=a
a.append([5,6])
fun(b)
```

A. [[12, 34, 56, [5, 6]]]　　B. [12, 34, 56, 5, 6]

C. [[1, 2, 3, 4, [5, 6]]]　　D. [[12, 34, 56, 5, 6]]

10. 关于函数定义，以下形式错误的是（　　）。

A. def fun(*a,b)　　B. def fun(a,b=10)

C. def fun(a,*b)　　D. def fun(a,b)

11. 已知 f=lambda a,b:a+b，则 f([1],[2,3,4])的结果是（　　）。

A. [1,2,3,4]　　B. [3,3,4]　　C. [2,3,4,1]　　D. 10

12. 以下关于Python全局变量和局部变量的描述中，错误的是（　　）。

A. 当函数退出时，局部变量依然存在，下次调用函数时可以继续使用

B. 全局变量一般指定义在函数之外的变量

C. 使用global关键字声明后，变量可以作为全局变量使用

D. 局部变量在函数内部创建和使用，函数退出后变量被释放

13. 关于以下程序的运行结果，说法正确的是（　　）。

```
def f(x):
    a=7
    print(a+x)
a=5
f(3)
print(a)
```

A. 程序的运行结果为10和7　　B. 程序的运行结果为10和5

C. 程序的运行结果为8和5　　D. 程序不能正常执行

14. 以下程序的执行结果是（　　）。

```
def func(s,x=2.0,y=4.0):
    s+=x*y
s=10
print(s,func(s,3))
```

A. 10 None　　B. 10 22.0　　C. 22 None　　D. 10 18.0

15. 以下程序的执行结果是（　　）。

```
def fun(x=2,y=4):
    global s
    s += x * y
    return s
s = 100
print(fun(4,3),s)
```

A. 112 100　　B. 100 112　　C. 100 100　　D. 112 112

16. 以下关于递归函数的描述中，错误的是（　　）。

A. 递归函数必须有一个明确的结束条件

B. 递归函数就是一个函数在内部调用自身

C. 递归效率不高，递归层次过多会导致栈溢出

D. 每进入更深一层的递归时，问题规模相对于前一次递归是不变的

17. 执行下面的代码，若输入step，执行结果是（　　）。

```
def proc(s):
    if s=="":
        return s
    else:
        return proc(s[1:])+s[0]
s=input("please input a string:")
print(proc(s))
```

A. pets　　B. step　　C. teps　　D. stpe

18. 以下程序生成斐波那契数列，其中（　　）表示数列的第n项（假设第0项是0，第1项是1）。

```
def fib(n):
    a,b=0,1
    count=1
    while count <n:
        a,b=b,a+b
        count=count+1
```

A. a　　B. b　　C. a+1　　D. b+1

二、填空题

1. 以下程序的执行结果是________。

```
def fun(x=3,y=2):
    return x*y
a='abc'
b=2
print(fun(a,b),end=',')
```

2. 以下程序的执行结果中，第一行是________，第二行是________。

```
lst1=[12,34,56,78]
lst2=[1,2,3,4,5]
def func():
    lst1=lst2
    print(lst1)
func()
print(lst1)
```

3. 以下程序的执行结果是________。

```
words='hello python world!'
f=lambda x:len(x)
for c in words.split():
    print(f(c),end=" ")
```

4. 以下程序的执行结果中，第一行是________，第二行是________，第三行是________。

```
def p(m):
    if m==0:
        t=3
    else:
        t=p(m-1)+3
    print(m,t)
    return t
p(2)
```

5. 以下程序的执行结果是________。

```
def fun(n):
    if n<=1:
        return n
    else:
        return fun(n-1)+fun(n-2)
print(fun(5))
```

6. 运行下面的程序，若输入100和8，则运行结果是________。

```
def tranDec(m,n):
    base=['0','1','2','3','4','5','6','7','8','9','A','B','C','D','E','F']
```

```
    if m<n:
        return str(m)
    else:
        return tranDec(m//n,n)+base[m%n]

if __name__=="__main__":
    num=int(input("请输入第一个数: "))
    base=int(input("请输入第二个数: "))
    print(tranDec(num,base))
```

7. 输入任意一个整数，调用 isprime()函数输出其所有的素数因子。例如，输入 45，则输出“3 5”，程序允许多次输入。请将程序补充完整。

```
from math import sqrt
def isprime(x):
    if x==1:
        return False
    k=int(sqrt(x))
    for j in range(2,____(1)____):
        if x%j==0:
            return False
    return True
if __name__=="__main__":
    flag='y'
    while(flag=='y'):
        num =eval(input("Please input a number:"))
        for i in range(2,num):
            if ____(2)____ and num % i==0:
                print(i,end='')
        flag=input("\nif you want to input another number,input y:")
```

8. 以下程序的功能是：求出所有的幸运数及幸运数的个数。所谓幸运数是指 4 位数中前 2 位数字之和等于后 2 位数字之和的数。请将程序补充完整。

```
def ssum(s):
    p=s//10
    ____(1)____
    return p+q
n=0
for i in range(1000,10000):
    ____(2)____
    n2=i % 100
    if ssum(n1)==ssum(n2):
        ____(3)____
        print(i)
print("共有{}个幸运数".format(n))
```

9. 以下程序的功能是：找出两个正整数 a 和 b，满足 $a<b$、$a+b=99$、a 和 b 的最大公约数是 3 的倍数，并统计满足该条件数对的个数。请将程序补充完整。

```
def mygcd(a,b):
    r=a % b
    while ____(1)____ :
        a=b
        b=r
```

```
        r=___(2)___
    return b
num=0
for a in range(1,50):
    b=___(3)___
    c=mygcd(b,a)
    if c % 3==0:
        print(a,b,c)
        num=___(4)___
print("共有{}对".format(num))
```

三、编程题

1. 编写一个函数 IsLeapYear()，用来判断某年是否是闰年（判断闰年的条件是年份能被 4 整除但不能被 100 整除，或者年份能被 400 整除），并在主程序中调用它，对输入的年份进行判断，输出判断的结果。

2. 编写一个函数，以 n 为参数，计算 $1+2^2+3^2+\cdots+n^2$，在主程序中输入 n 的值，调用函数并输出调用的结果。

3. 编写一个函数 isNum()，参数为一个字符串，如果这个字符串表示整数、浮点数或复数，则返回 True，否则返回 False。在主程序中调用它，对输入的数据进行判断，输出判断结果。

4. 编写一个函数，求一个正整数 n 的各位数字之和，在主程序中输入 n 的值，调用函数并输出调用的结果。

5. 编写一个函数，用来判断参数 n 的各位数字是否互不相同，若互不相同，则返回 1，否则返回 0。在主程序中输入 n 的值，调用函数，输出判断的结果。

6. 编写程序，实现多个数值相乘。定义函数 mul()，参数个数不限，返回所有参数相乘的结果。在主程序中调用函数 mul()，输出结果，函数的参数是给定的任意多个数据。

7. 编写函数，接收任意多个数值参数，返回一个元组。要求元组的第一个元素为所有参数的平均值，第二个元素为列表，列表中的元素是所有参数中大于平均值的参数。

8. 有一个字典 d 存放着 5 名学生的学号和成绩。成绩列表里的 3 个数据分别是学生的高等数学、大学英语和 Python 课程的成绩，如下：

```
d={'A01':[88,85,99],'A02':[65,70,83],'A03':[58,75,85],'A04':[95,90,100],'A05':[79,87,60]}
```

要求：① 编写函数，返回每门课成绩均大于等于 80 分的学生学号；
② 编写函数，返回每个学生 3 门课的平均分和总分，结果精确到小数点后两位；
③ 编写函数，返回按总分降序排列的学号列表。

9. 编写一个求两个正整数最大公约数的函数 mygcd()，调用它求出 10～30（包含 10 和 30）中的所有互质数对，并统计互质数对的个数。所谓两个正整数互质，是指这两个数除了 1 以外没有其他的公约数，即最大公约数是 1。

10. 用递归方法求 3.7.2 节中例 3-30 中猴子第一天摘的桃子数。

11. 用递归方法求 3.7.2 节中例 3-31 中斐波那契数列的前 n 项元素。

第5章 面向对象程序设计

学习目标

- 掌握面向对象程序设计的基本概念。
- 掌握类的定义与实例化。
- 理解子类的创建、方法重载。

在现实世界中，“分门别类”是一种常用的处理问题的方法，例如，教室中的被归为“物品”类的每个具体的物品，如桌子、椅子、风扇等，有共同的特征（如编号、价格等）和共同的操作（如维修、清除等）；教室中的被归为“人”类的每个具体的人，有共同的特征（如姓名、年龄等）和共同的操作（如说、写等）。受到现实世界的启发，面向对象程序设计产生并发展起来，成为目前主流的编程架构。

5.1 类的定义与实例化

类的定义与实例化

5.1.1 类的定义

面向对象程序设计，是指将数据以及对数据的操作封装在一起，组成相互依存、不可分割的整体，即对象。不同类型的对象通过消息机制来通信，对相同类型的对象进行分类、抽象后，得出的共同的特征就是类，面向对象程序设计的关键就是合理地定义类以及类之间的关系。

在Python程序中，使用关键字class来定义类。类的定义包含类的以下两种成员的定义。

（1）数据成员：属于类及类的实例（对象）的变量称为字段，也称为属性。一个类可以有两种属性，即对象属性和类属性，对象属性只有实例对象自己使用，类属性可被该类生成的所有实例对象使用。

（2）方法成员：类中自定义的函数，用于描述对象所能执行的操作，方法为类的所有实例共享，有一个隐式参数self，各实例调用方法时通过self传入方法。

类的定义的一般形式如下：

```
class 类名(基类名):
    "类的说明文档"
    类属性名 1=默认值 1
    类属性名 2=默认值 2
```

```
    ......
    类属性名 k=默认值 k
    def __init__(self,其他参数):
        self.对象属性名 1=属性值 1
        self.对象属性名 2=属性值 2
        ......
        self.对象属性名 n=属性值 n
    def 自定义方法名 1(self,其他参数):
        语句块 1
    def 自定义方法名 2(self,其他参数):
        语句块 2
        ......
    def 自定义方法名 m(self,其他参数):
        语句块 m
```

在类的定义中，需要注意的是类名后的括号中可以写出类的基类名，基类就是父类，相关内容将在5.2节中介绍。如果不知道写什么基类，可以写object，因为object是所有类的基类名，或者什么也不写，则系统默认基类为 object。初始化方法__init__()前后都是两条下画线，必须这么写。

【例 5-1】 定义类Person，表示人的属性有姓名、年龄等，表示人的行为有自我介绍姓名和年龄。

【程序代码】

5-1Person.py

```
1  class Person(object):
2      "人的简单描述，属性（姓名，年龄）；方法（初始化、显示姓名、显示年龄）"
3      age=0
4      def __init__(self,n):
5          self.name=n
6      def show_name(self):
7          print(self.name)
8      def show_age(self):
9          print(self.age)
```

【程序解析】

程序中的第1行为定义类的开始语句；第2行为类的说明文档，说明类的功能以及包含的属性和方法；第3行是类的属性age，默认值为0。

第4～5行、6～7行、8～9行分别使用def定义了3个类方法，与一般函数定义不同的是：类方法必须包含参数self，并且self必须是第一个参数。其中，第4～5行定义了初始化方法__init__()，该方法将在创建对象时自动调用，其功能是为对象属性 name 赋值，即实例化对象时可以指定一个name值；第6～7行定义的show_name()方法用于显示name值；第8～9行定义的show_age()方法用于显示age值。

5.1.2 类的实例化/对象的创建

根据类的定义创建一个具体的对象，在面向对象程序设计中，对象又称为实例，即类的一个实际的例子。所以对象的创建，也叫作类的实例化。

创建实例的一般格式如下：

```
实例变量=类名（参数列表）
```

使用实例属性的一般格式如下：

```
实例变量.属性名
```

使用（调用）实例方法的一般格式如下：

```
实例变量.方法名(参数列表)
```

【例 5-1（续）】 创建 Person 类的一个实例，姓名张三，年龄 18。

【程序代码】

5-1Person.py

```
10  zhangsan=Person("张三")
11  zhangsan.age=18
12  zhangsan.show_name()
13  zhangsan.show_age()
14  print(Person.age)
```

【运行结果】

```
张三
18
0
```

【程序解析】

该程序是例 5-1 中程序的延续，第 10 行基于类 Person 创建了张三的对象实例。创建对象实例时，__init__()方法会被自动调用，根据第 4～5 行的__init__()方法，把张三赋给属性 name；第 11 行把 18 赋给属性 age；第 12 行调用方法 show_name()显示 name；第 13 行调用方法 show_age()显示 age；第 14 行输出 Person 的类属性 age，这里 age 不是张三的年龄 18，而是整个 Person 类的类属性 age 的默认值 0。

在 Python 中，可以使用内置方法 isinstance()来测试一个对象是否是某个类的实例，是则返回 True，否则返回 False。例如：

```
>>> isinstance(zhangsan,Person)
True
```

【例 5-2】 定义类 Circle，属性为半径，方法为初始化、计算圆周长、计算圆面积、显示信息，实例化一个半径为 2 的圆，输出类的说明文档、圆的周长和信息。

【程序代码】

5-2Circle.py

```
1   class Circle(object):
2       "圆的简单描述：半径；初始化、计算圆周长、计算圆面积、显示信息"
3       def __init__(self,r):
4           self.radius=r
5       def get_Perimeter(self):
6           return 3.14*2*self.radius
7       def get_Area(self):
8           return 3.14*self.radius*self.radius
9       def show(self):
10          print("This circle has a radius of {}.".format(self.radius))
```

```
11  c1=Circle(2)
12  print(c1.__class__.__doc__)
13  print(c1.get_Perimeter())
14  c1.show()
```

【运行结果】

```
圆的简单描述：半径；初始化、计算圆周长、计算圆面积、显示信息
12.56
This circle has a radius of 2.
```

【程序解析】

本例程序定义了类 Circle，第 3～4 行定义了初始化__init__()方法，该方法有两个参数，第一个是 self，第二个是圆的半径；第 5～6 行定义了计算圆的周长的方法；第 7～8 行定义了计算圆的面积的方法；第 9～10 行定义了显示信息的方法；第 11 行实例化了一个圆的对象 c1，这是一个半径为 2 的圆；第 12 行输出了该类的说明文档；第 13 行调用了计算圆的周长的方法 get_Perimeter()；第 14 行输出了圆 c1 的信息。

5.2 继承

继承

5.2.1 定义子类

在面向对象程序设计中，继承表示相似性的传递，是代码复用的重要途径。

设计新的类时，如果可以在已经设计好的类的基础上进行二次开发，会大幅减少开发工作量。在继承关系中，已有的类称为父类，或者基类，新设计的类称为子类，或者派生类。

如果需要在子类中调用父类的方法，可以使用内置函数 super()或者通过“父类名.方法名()”来实现这一目的。

【例 5-3】 在 Person 类定义的基础上，继承 Person 类，定义 Student 类，实例化一个 Student 类的对象，姓名李小龙，年龄 20，爱好武术。

【程序代码】

5-3Student.py

```
1   class Person(object):
2       def __init__(self,n,a):
3           self.name=n
4           self.age=a
5       def show(self):
6           print("我的名字是{}，今年{}岁".format(self.name,self.age))
7   class Student(Person):
8       def __init__(self,n,a,h):
9           Person.__init__(self,n,a)
10          self.hobby=h
11  s1=Student("李小龙",20,"武术")
12  s1.show()
```

【运行结果】

```
我的名字是李小龙，今年 20 岁
```

【程序解析】

程序中的第 1～6 行定义了类 Person。第 7～10 行定义了类 Student，其中，第 7 行指明了根据 Person 类派生了 Student 类，或者说子类 Student 继承了父类 Person；第 8～10 行定义了初始化__init__()方法，需要 3 个参数（姓名、年龄和爱好），因为姓名和年龄是父类已有的属性，所以第 9 行直接调用 Person 类的初始化__init__()方法给姓名和年龄赋值，第 10 行给对象属性 hobby 赋值。第 11 行实例化了一个 Student 类的对象 s1，姓名李小龙，年龄 20，爱好武术。第 12 行调用 s1 的 show()方法，可以看出代码中的 Student 类没有定义 show()方法，事实上，这里调用的是父类 Person 类中的 show()方法。

5.2.2 重载

在面向对象程序设计中，子类可以继承父类的方法，而不需要重新编写相同的方法。但有时子类并不想原封不动地继承父类的方法，而是希望在原有方法的基础上做一些改动，这就需要重写，又称为方法覆盖，或者称为方法重载。

【例 5-4】 在 Circle 类定义的基础上，继承 Circle 类，定义 ColoredCircle 类，重载显示信息的 show()方法。

【程序代码】

5-4ColoredCircle.py

```
1   class Circle(object):
2       "圆的简单描述：半径；初始化、计算圆周长、计算圆面积、显示信息"
3       def __init__(self,r):
4           self.radius=r
5       def get_Perimeter(self):
6           return 3.14*2*self.radius
7       def get_Area(self):
8           return 3.14*self.radius*self.radius
9       def show(self):
10          print("This circle has a radius of {}.".format(self.radius))
11  class ColoredCircle(Circle):
12      def __init__(self,r,c):
13          Circle.__init__(self,r)
14          self.color=c
15      def show(self):
16          Circle.show(self)
17          print("It's a {} circle.".format(self.color))
18  cc1=ColoredCircle(4,"red")
19  cc1.show()
```

【运行结果】

```
This circle has a radius of 4.
It's a red circle.
```

【程序解析】

程序中的第 1～10 行定义了类 Circle。第 11～17 行在类 Circle 的基础上派生了类 ColoredCircle，其中第 12～14 行重载了初始化方法，第 15～17 行重载了 show()方法。第 18 行实例化了一个半径为 4 的红色圆对象 cc1。第 19 行调用的 show()方法为子类 ColoredCircle 中重载后的 show()方法。

5.2.3 多继承

在定义派生类时，多数情况下只需要一个基类，这种继承方式称为单继承。实际上，在 Python 程序里定义派生类时，也允许指定多个基类，要求派生类继承这些基类的操作。如果指定的基类多于一个，这种继承就称为多继承。

【例 5-5】 定义类 Base，定义类 A 和类 B 是类 Base 的子类，定义类 C 是类 A 和类 B 的子类。

【程序代码】

5-5ABC.py

```
1   class Base(object):
2     def test(self):
3       print("------base------")
4   class A(Base):
5     def test1(self):
6       print("------test1------")
7   class B(Base):
8     def test2(self):
9       print("------test2------")
10  class C(A,B):
11    pass
12  c=C()
13  c.test1()
14  c.test2()
15  c.test()
```

【运行结果】

```
------test1------
------test2------
------base------
```

【程序解析】

程序中的第 1～3 行定义了类 Base。在类 Base 的基础上，第 4～6 行派生了子类 A，第 7～9 行派生了子类 B，第 10～11 行派生了 A 和 B 的子类 C。第 12 行实例化了一个类 C 的对象 c。第 13 行调用了父类 A 中定义的 test1()方法。第 14 行调用了父类 B 中定义的 test2()方法。第 15 行调用了类 Base 中定义的 test()方法。

5.3 程序示例

程序示例

【例 5-6】 设计程序实现“剪刀、石头、布”猜拳游戏。

【程序代码】

5-6GuessingGame.py

```
1   import random
2   class Computer():
3       def __init__(self):
4           self.m = random.randint(1, 3)
5   class Player():
```

```
6       def __init__(self):
7           self.m = int(input("你出什么？"))
8   class GuessingGame():
9       def __init__(self):
10          self.choicelist = ["石头","剪刀","布"]
11      def gameP(self):
12          gamec = Computer()
13          gamep = Player()
14          if gamep.m == gamec.m:
15              print("你出{}，计算机也出{}，平局！"\
16                     .format(self.choicelist[gamep.m-1],self.choicelist
    [gamec.m-1]))
17          elif gamep.m - gamec.m == -1 or gamep.m - gamec.m == 2:
18              print("你出{}，计算机出{}，你赢了！"\
19                     .format(self.choicelist[gamep.m-1],self.choicelist
    [gamec.m-1]))
20          else:
21              print("你出{}，计算机出{}，你输了！"\
22                     .format(self.choicelist[gamep.m-1],self.choicelist
    [gamec.m-1]))
23      def playGame(self):
24          while True:
25              i = int(input("欢迎来猜拳！进入游戏请输入 1，退出游戏请输入 2："))
26              if i == 1:
27                  print("计算机已出拳，如果你想出石头请选 1，剪刀选 2，布选 3")
28                  self.gameP()
29              elif i == 2:
30                  break
31              else:
32                  print("数据不合法")
33  game1=GuessingGame()
34  game1.playGame()
```

【运行结果】

```
欢迎来猜拳！进入游戏请输入 1，退出游戏请输入 2：1
计算机已出拳，如果你想出石头请选 1，剪刀选 2，布选 3
你出什么？1
你出石头，计算机也出石头，平局！
欢迎来猜拳！进入游戏请输入 1，退出游戏请输入 2：1
计算机已出拳，如果你想出石头请选 1，剪刀选 2，布选 3
你出什么？2
你出剪刀，计算机出石头，你输了！
欢迎来猜拳！进入游戏请输入 1，退出游戏请输入 2：1
计算机已出拳，如果你想出石头请选 1，剪刀选 2，布选 3
你出什么？3
你出布，计算机出石头，你赢了！
欢迎来猜拳！进入游戏请输入 1，退出游戏请输入 2：2
```

【程序解析】

① 计算机类 Computer

第 2～4 行设计了计算机类 Computer，定义了对象属性 m，表示计算机随机产生 3 个数 1、2 和 3，分别代表石头、剪刀和布。

② 玩家类 Player

第 5～7 行设计了玩家类 Player，定义了对象属性 m，记录了玩家输入的数字。

③ 游戏类 GuessingGame

第 8～32 行设计了游戏类 GuessingGame，定义了对象属性 choicelist（列表），记录了 3 种出拳方式，定义了方法 gameP()判断输赢，方法 playGame()描述游戏过程。

猜拳游戏的程序也可以使用面向过程的方式设计，请读者自己完成设计，并对比两种程序设计思想的区别。

【例 5-7】 定义表示银行卡和自动柜员机（Automatic Teller Machine，ATM）的类，要求 ATM 可以实现读卡、查询余额、存钱、取钱、转账的功能。

【程序代码】

5-7AccountCard.py

```
1   class AccountCard():
2       '''创建 AccountCard 类'''
3       def __init__(self,card_ID,expiry_date,card_type='储蓄卡'):
4           self.card_ID=card_ID
5           self.card_type=card_type
6           self.expiry_date=expiry_date
7       # 格式化银行卡信息
8       def __repr__(self):
9           return f'卡号:{self.card_ID}有效期:{self.expiry_date}类型:
    {self.card_type}'
10
11  class ATM():
12      '''创建 ATM 类，定义属性，传入一个账户信息数据库'''
13      def __init__(self):
14          self.accounts={
15              '1122334455667788':{'password':'123321','balance':12000.0,
    'valid':'True'},
16              '1122334455667789':{'password':'123456','balance':54321.0,
    'valid':'True'},
17              '1122334455667790':{'password':'147258','balance':0.0,
    'valid':'True'}
18              }
19          # 声明一个银行卡容器属性、一个银行卡信息容器属性
20          self.current_card=None
21          self.current_account=None
22
23      def read_card(self,card):
24          '''定义一个读取银行卡信息的方法'''
25          # 判断传入的银行卡信息是否在数据库中
26          if card.card_ID in self.accounts:
27              # 将数据库中对应的银行卡信息赋给信息容器
28              self.current_account=self.accounts[card.card_ID]
29              # 密码输入次数限制
30              for i in range(3):
31                  password = input('请输入密码：')
```

```
32                  if password==self.current_account['password']:
33                      # 密码正确，则银行卡读取成功，返回银行卡插入成功
34                      self.current_card=card
35                      return True
36                  else:
37                      print('密码错误！')
38              else:
39                  print('密码输入次数已经超过 3 次，已锁卡')
40          else:
41              print('账户不存在！')
42              return False
43  
44      def show_balance(self):
45          '''定义一个账户余额展示方法'''
46          # 判断信息容器中是否有信息
47          if self.current_account:
48              print(f"余额：{self.current_account['balance']}")
49  
50      def save_money(self,money):
51          '''定义存钱的方法'''
52          # 加入存钱限制条件
53          if self.current_account and money >=100:
54              self.current_account['balance'] += money
55              print('存钱成功！')
56              return True
57          return False
58  
59      def get_money(self,money):
60          '''定义一个取钱的方法'''
61          # 添加限定条件
62          if 100 <= money < self.current_account['balance'] and
self.current_account:
63              self.current_account['balance']-=money
64              print('取钱成功！')
65              return True
66          return False
67  
68      def transfer(self,other_card_ID,money):
69          '''定义一个转账方法，可传入转账卡号、金额'''
70          # 添加限制条件
71          if self.current_account and other_card_ID in self.accounts:
72              other_account=self.accounts[other_card_ID]
73              if money < self.current_account['balance']:
74                  self.current_account['balance'] -= money
75                  other_account['balance'] += money
76                  print('转账成功！')
77                  return True
78              else:
79                  print('转账金额超限！')
80              return False
81          else:
```

```
82                print('无效账户名')
83            return False
84
85        def move_card(self):
86            '''拔卡'''
87            self.accounts=None
88            self.current_account=None
89
90    if __name__ == '__main__':
91        # 准备两张银行卡的信息
92        card1=AccountCard('1122334455667788','2050-05-11','信用卡')
93        card2=AccountCard('1122334455667789','2070-08-29')
94
95        a=ATM()
96        # 读取银行卡信息
97        a.read_card(card1)
98        a.show_balance()
99        # 存钱并查看
100       a.save_money(5000)
101       a.show_balance()
102       #取钱并查看
103       a.get_money(8000)
104       a.show_balance()
105       a.transfer('1122334455667789',6666)
106
107   # 显示转账后银行卡 2 的信息
108       a.read_card(card2)
109       a.show_balance()
110       a.move_card()
```

【运行结果】

```
请输入密码：123321
余额：12000.0
存钱成功!
余额：17000.0
取钱成功!
余额：9000.0
转账成功!
请输入密码：123456
余额：60987.0
```

【程序解析】

① AccountCard 类

第 1～9 行定义了 AccountCard 类，属性为卡号、有效期、类型，方法为初始化和格式化银行卡信息。其中第 9 行使用了 f 字符串，f 是 format 的简写，它与 format()函数的使用方法类似，但更简单。想要在字符串中插入变量的值，可在前引号（单引号/双引号）前加上字母 f，再将要插入的变量放在花括号内，当 Python 显示字符串时，会把每个变量都替换为其值，这种字符串被称为 f 字符串。

② ATM类

第11～88行定义了ATM类，属性为装入一个包含银行卡信息的数据库、声明一个银行卡的空容器、声明一个存放当前银行卡信息的容器，方法如下。

- 读卡read_card()：传入银行卡，通过卡号判断其信息是否在数据库中；输入密码，密码限制输入次数为3，如果成功则返回True，否则返回False。
- 显示余额show_balance()：如果银行卡的信息容器不为空，则显示余额信息。
- 存钱save_money()：添加限制判断条件，余额累加。
- 取钱get_money()：添加限制判断条件，余额累减。
- 转账 transfer()：传入转账账户卡号信息及转账金额，本账户余额累减，转入账户余额累加。
- 拔卡move_card()：返回银行卡信息初始容器，即退出。

③ 主程序

第90～110行为主程序，实例化两张银行卡card1和card2，对card1读卡、存钱并显示余额、取钱并显示余额、向card2转账，读card2并显示余额，最后拔卡。

课后习题

一、选择题

1. 下列说法中不正确的是（　　）。

   A. 类是对象的模板，而对象是类的实例

   B. 在Python程序中，使用关键字class来定义类

   C. 继承表示了相似性的传递，是代码复用的重要途径

   D. 在Python中，一个子类只能有一个父类

2. 下列选项中不是面向对象程序设计基本特征的是（　　）。

   A. 继承　　B. 多态

   C. 可维护性　　D. 封装

3. 在类的方法定义中，访问对象属性x的格式是（　　）。

   A. x　　B. self.x

   C. self[x]　　D. self.getx()

4. 下列程序的执行结果是（　　）。

```
class Point:
    x=10
    y=10
    def __init__(self,x,y):
        self.x=x
        self.y=y
pt=Point(20,20)
print(pt.x,pt.y)
```

   A. 10 20　　B. 20 10

   C. 10 10　　D. 20 20

5. 下列程序的执行结果是（　　）。

```
class C():
    f=10
class C1(C):
    pass
print(C.f,C1.f)
```

A. 10 10　　B. 10 pass

C. pass 10　　D. 运行出错

6. 以下代码创建了一个 football 对象：football=Ball()。调用 football 对象的 play()方法，下列选项正确的是（　　）。

A. Football.play()　　B. football.Play()

C. football.play()　　D. football.play

二、填空题

1. 下列程序的运行结果为________。

```
class Account:
    def __init__(self,id):
        self.id=id
        id=888
acc=Account(100)
print(acc.id)
```

2. 下列程序的运行结果为________。

```
class parent:
   def __init__(self,param):
       self.v1=param
class child(parent):
   def __init__(self,param):
       parent.__init__(self,param)
       self.v2=param
obj=child(100)
print(obj.v1,obj.v2)
```

3. 下列程序的运行结果为________。

```
class account:
    def __init__(self,id,balance):
        self.id=id
        self.balance=balance
    def deposit(self,amount):
        self.balance+=amount
    def withdraw(self,amount):
        self.balance-=amount
acc1=account('1234',100)
acc1.deposit(500)
acc1.withdraw(200)
print(acc1.balance)
```

三、编程题

1. 创建 Dog 类，添加 name（名字）、color（颜色）两个属性，根据 Dog 类创建对象 d1，这是一只名为 Ella 的白色小狗，访问并显示对象的属性。

2. 已知父类 Father 的定义如下：

```
class Father():
    def __init__(self,name,hobby):
        self.name=name
        self.hobby=hobby
    def like(self):
        print(self.name+self.hobby)
```

使用继承的方式创建子类 Son，添加属性 skill，重写子类的方法 like()，创建子类对象 zhangsan，调用方法 like()。

第6章 程序设计中的算法

学习目标

- 了解算法的概念、特性、描述和评价。
- 理解经典的加密、查找、排序算法。

算法被认为是计算机的“灵魂”，是计算机科学中研究的热点。我们平时所说的深度学习就是一种机器学习算法。

6.1 算法基础

算法基础

6.1.1 算法的概念

我们使用计算机求解问题时，需要设计程序。程序针对某种计算机，使用某种程序设计语言表达问题求解的方法和步骤。而如果不针对计算机，不考虑使用哪种程序设计语言，仅描述问题求解的方法和步骤，就是算法。算法就像实际工作之前先制订好的工作计划，明确先干什么再干什么，一个算法设计好之后，程序员可以用不同的程序设计语言去实现这个算法，在计算机上运行相关程序。

所谓算法，是有穷规则的集合。其中的规则规定了解决某一特定类型问题的运算序列，即算法规定了任务执行及问题求解的一系列步骤。

6.1.2 算法的特征

一般而言，算法需要具备以下特征。

（1）确定性

算法设计中的每一个步骤都必须有明确的定义，不能有歧义的、多义的解释，即如果多次执行某一算法，结果总是一样的。

（2）可行性

算法中执行的任何计算步骤都可以被分解为基础的、可执行的操作步骤，并且每个计算步骤都可以在有限的时间内完成。

（3）有穷性

算法在执行有限步骤之后肯定会正常结束，即不能陷入无限执行的死循环。

（4）输入

算法有 0 个或多个输入，以刻画运算对象的初始情况。

（5）输出

算法有 1 个或多个输出，以反映对输入加工、处理后的结果，没有输出的算法是毫无意义的。

6.1.3 算法的描述

如何描述算法呢？通常有 3 种常见的算法描述方法，分别是自然语言描述法、算法流程图描述法和伪代码描述法。

（1）自然语言描述法

自然语言描述法就是指用我们平时说话的方式去描述解决问题的步骤。

顺序结构可以描述为“先执行 A，再执行 B”，即 A 语句执行完，将执行 B 语句。

分支结构可以描述为“如果条件 E 成立，则执行 A，否则执行 B”，即在 E 的值为 True 的情况下，执行 A，然后执行这个分支结构后面的语句；在 E 的值为 False 的情况下，执行 B，然后执行这个分支结构后面的语句。

循环结构可以描述为“当条件 E 不成立时，重复执行语句块 A”（当型循环）或者“重复执行语句块 A，直到条件 E 成立时结束”（直到型循环）。

自然语言描述法简单、直观，但是容易出现表达不清楚、不明确、有歧义的情况。

（2）算法流程图描述法

算法流程图又称为程序流程图，算法流程图描述法是描述算法的经典方法，它采用美国国家标准化协会规定的一组图形符号来描述算法。算法流程图包括文字、连接线以及几何图形，文字是算法各组成部分的功能说明，连接线用箭头指示算法执行的方向，几何图形表示操作的类型，其图形规范如图 6-1 所示。圆角矩形表示流程图的开始或结束；矩形表示一组顺序执行的语句；菱形表示条件判断，根据结果决定下一步走向；平行四边形表示输入或输出。

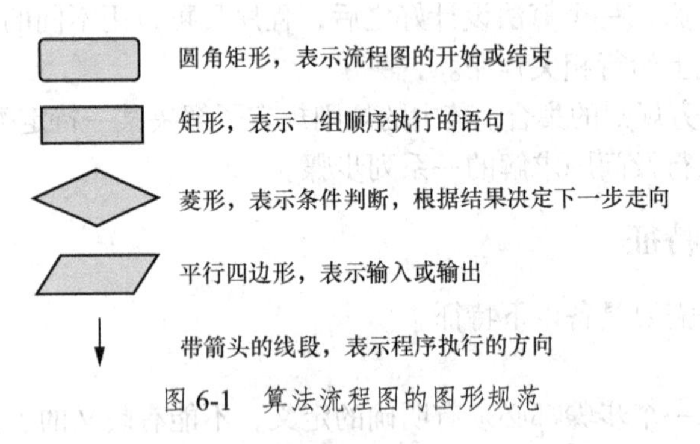

图 6-1 算法流程图的图形规范

顺序结构、分支结构、循环结构的算法流程图，如图 6-2 所示。算法流程图描述法清晰、明确，能够较好地表示算法中各步骤的逻辑关系，是目前广泛使用的算法描述方法。

（3）伪代码描述法

伪代码描述法用介于自然语言和程序设计语言之间的文字和符号来描述算法，一般来说，以编写程序的方式描述算法，既可以清晰地描述算法的功能，又可以忽略一些语言的语法细节。伪代码描述法没有固定、严格的语法规则，可以用英文，可以用中文，也可以混用中英文，只需要把意思表达清楚即可。

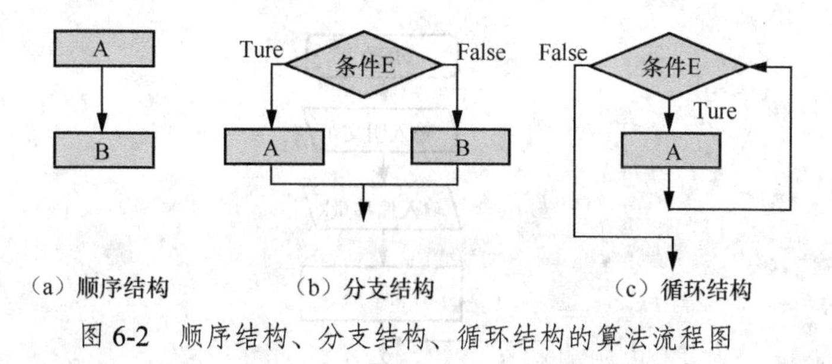

（a）顺序结构　　（b）分支结构　　（c）循环结构

图 6-2　顺序结构、分支结构、循环结构的算法流程图

6.1.4　算法的评价

算法设计完成后，如何评价算法呢？通常，评价算法有以下 4 个标准。

（1）正确性

能正确地实现预定的功能，满足具体问题的需要。处理数据时使用的算法得当，能得到预期的结果。

（2）易读性

易于阅读、理解，便于调试、修改和扩展。写出的算法应能让别人看明白，能让别人明白算法的逻辑。如果写得通俗易懂，在进行系统调试和修改或者功能扩展的时候，会更为便捷。

（3）健壮性

输入非法数据，算法能在适当地做出反应后进行处理，不会产生预料不到的运行结果。数据的形式多种多样，算法可能面临着接收各种各样数据的情况，当算法接收到不适合算法处理的数据时，算法本身该如何处理呢？如果算法能够处理异常数据，处理能力越强，健壮性越好。

（4）时空性

算法的时空性指算法的时间性能和空间性能，即主要指算法在执行过程中的所用时间长短和内存空间占用多少。在用算法处理数据的过程中，不同的算法耗费的时间和内存空间是不同的。

6.2　加密算法

加密算法

6.2.1　凯撒密码加密算法

【例 6-1】 输入一个字符串以及偏移量，对其进行凯撒密码加密并输出。

【算法描述】古罗马时期，加密技术就被人们用在了军事中，比较出名的是凯撒密码加密，这是一种简单且广为人知的替换加密技术，即将明文中的每个字母按固定的偏移量进行移位。凯撒密码如图 6-3 所示，表示当偏移量为 3 时，明文和密文之间的转换。明文 HELLO 经过替换后得到密

图 6-3　凯撒密码

文 khoor。凯撒密码加密算法流程图，如图 6-4 所示。

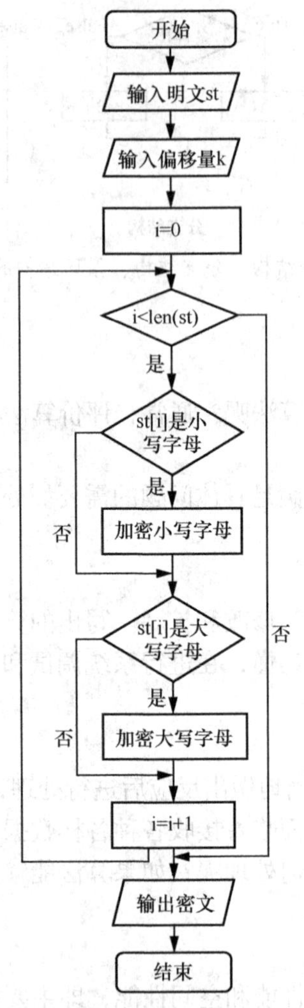

图 6-4　凯撒密码加密算法流程图

【程序代码】

6-1CaesarCipher.py

```
1   st,k=input().split()
2   st=list(st)      #字符串是不可变类型的，所以需要将其转换为可变类型的列表
3   k=int(k)         #k 为密钥
4   for i in range(len(st)):
5       if 96<ord(st[i])<123:
6           st[i]=chr((ord(st[i])-97+k)%26+97)
7       if 64<ord(st[i])<91:
8           st[i]=chr((ord(st[i])-65+k)%26+65)
9   st=''.join(st)
10  print(st) #输出加密结果
```

【运行结果】

```
hello 3
khoor
```

【程序解析】

程序中的第 1 行表示输入需要加密的明文以及偏移量。第 2 行将输入的明文字符串转换为列表，方便之后进行修改。第 3 行将偏移量字符串转换为整数，此偏移量也称为加密算法中的密钥。第 4～8 行穷举明文中的每个字符并进行加密，其中第 5～6 行对小写字符加密，小写字符 a 的 ASCII 是 97，小写字符 z 的 ASCII 是 122，第 6 行的表达式 chr((ord(st[i])-97+k)%26+97)中的(ord(st[i])-97+k)表示求当前字符加密后的密文字符与字符 a 之间的距离，如果距离小于等于 25，除 26 的余数就是距离本身，如果距离大于 25，除 26 的余数就会从 0 开始计算，相当于拐弯到了最开始；第 7～8 行对大写字符加密，方法与对小写字符加密类似。第 9～10 行将列表中的密文连接起来并输出。

6.2.2 MD5 加密算法

【例 6-2】编写程序，输入一个 11 位手机号，使用 MD5 加密算法加密并输出加密结果。

【算法描述】

MD5 信息摘要算法（MD5 Message-Digest Algorithm）也称 MD5 加密算法，也是一种被广泛使用的密码散列函数，可以产生一个 128 位（16 字节）的哈希值（hash value），用于确保信息传输完整、一致。MD5 加密算法属于单向加密算法。MD5 加密算法比普通的加密算法缺少了解密的过程，它无法将密文（散列值）解密以得到原文。因为无法通过密文反向得到原文，单向加密算法又称为不可逆加密算法。单向加密算法一般使用哈希算法来生成密文，又称为哈希加密算法。

MD5 加密算法经常用于加密用户名和用户口令。系统一般不会直接保存用户口令，如果数据泄露，所有用户口令就会落入黑客的手里。此外，系统运行维护人员是可以访问数据库的，也就是能获取所有用户口令。正确保存用户口令的方式是不存储用户的明文口令，而是存储用户口令的摘要。比如，当用户登录时，首先用 MD5 加密算法加密用户输入的明文口令，然后将其密文和数据库存储的密文对比，如果一致，说明口令输入正确；如果不一致，说明口令输入错误。

MD5 加密算法的实现过程较为复杂，感兴趣的读者可以查找资料自行学习。

【程序代码】

6-2MD5.py

```
1   import hashlib
2   def get_md5(obj):
3       # 实例化加密对象
4       md5=hashlib.md5()
5       # 进行加密操作
6       md5.update(obj.encode('utf-8'))
7       # 返回加密后的结果
8       return md5.hexdigest()
9   phone=input("请输入一个手机号：")
10  print("加密结果是：",get_md5(phone))
```

【运行结果】

```
请输入一个手机号：13951111111
加密结果是： f2584e7c0a239c4bfd87aaafee19a271
```

【程序解析】

该程序通过调用 hashlib 库中的 md5()函数来实现用 MD5 加密算法加密。hashlib 库可提供多种哈希算法的实现，如 MD5 加密算法、SHA1 加密算法等。

6.3 查找算法

查找算法

6.3.1 顺序查找算法

【例 6-3】 *n* 个整数数列已放在列表中，利用顺序查找算法查找整数 *m* 在列表中的位置。若找到，则输出其索引值；反之，则输出“没找到！”。

【算法描述】

顺序查找算法就是指从前到后依次比对。其流程图如图 6-5 所示。设置标识性变量 flag，表示是否找到要找的数。

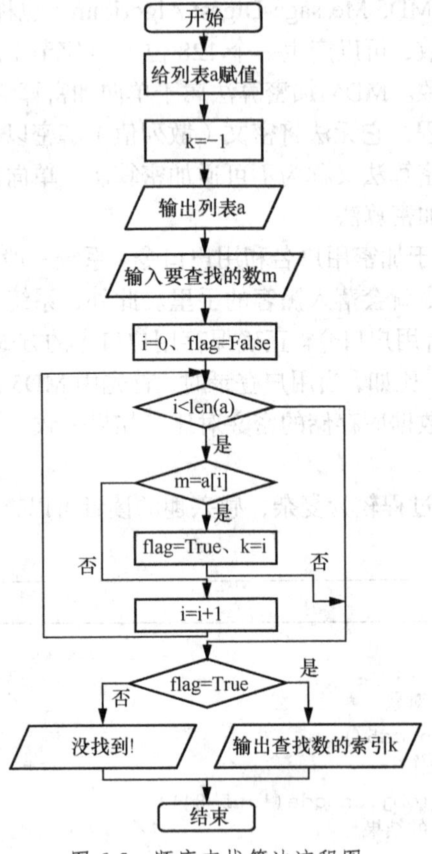

图 6-5 顺序查找算法流程图

【程序代码】

6-3SequentialSearch.py

```
1   a = [8, -3, 14, 7, 9]
2   k = -1 # 记录索引
```

```
3   print("已有数据如下：")
4   for i in a:
5       print(i, end=" ") # 输出数据序列
6   print()
7   m = int(input("请输入想要查找的数m：")) # 变量m为要查找的整数
8   flag=False
9   for i in range(len(a)):
10      if m==a[i]:
11          flag=True
12          k=i
13          break
14  if flag==True:
15      print("m = {}, index = {}".format(m,k))
16  else:
17      print("没找到！")
```

【运行结果】

```
已有数据如下：
8 -3 14 7 9
请输入想要查找的数m：14
m = 14, index = 2
```

【程序解析】

程序中的第1行初始化列表a，作为查找的范围。第2行初始化变量k，记录查找元素的索引，初始值为-1。第3～6行输出列表a，方便程序运行时查看列表中有哪些元素。第7行输入要查找的数，保存到变量m中。第8行初始化标志性变量flag，表示是否找到，初始值为False，表示先假设没找到。第9～13行，对于列表a中的元素和要查找的数，从前到后依次比对，如果找到了，flag的值改为True，用变量k记录索引，并跳出循环。第14～17行，如果flag的值为True，输出查找结果，否则输出“没找到！”。

6.3.2　二分查找算法

【例6-4】 *n*个有序整数数列已放在列表中，利用二分查找算法查找整数*m*在列表中的位置。若找到，则输出其索引值；反之，则输出“没找到！”。

【算法描述】

二分查找（也叫折半查找）算法的本质是分治算法，所谓分治算法，指的是分而治之，即将较大规模的问题分解成几个较小规模的问题，这些子问题互相独立且与原问题相同，通过对较小规模问题的求解实现对整个问题的求解。需要注意的是：二分查找算法只适用于有序序列。

二分查找算法流程图如图6-6所示，每次查找前先确定列表的待查范围。假设变量low和high（low<=high）分别表示待查范围的下界和上界，变量mid表示待查范围的中间位置，即mid=(low+high)/2，把要查找的数值key与中间位置的元素的值进行比较。如果key大于中间位置的元素的值，则将下一次的查找范围放在中间位置之后的元素中；反之，将下一次的查找范围放在中间位置之前的元素中。直到low>high，查找结束。

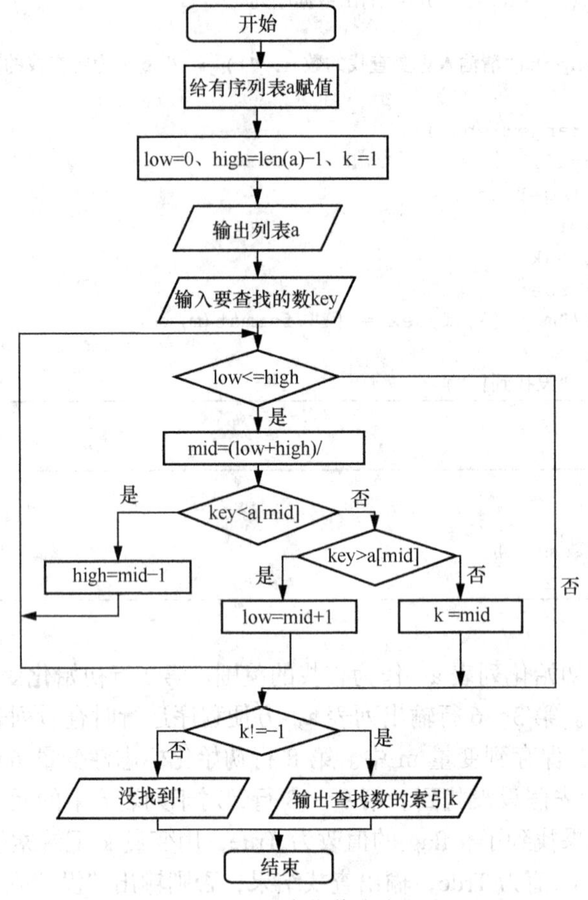

图 6-6　二分查找算法流程图

【程序代码】

6-4BinarySearch.py

```
1   a = [1, 2, 3, 4, 6, 7, 10, 12]
2   low = 0 #下界
3   high = len(a) - 1 #上界
4   k = -1 # 记录索引
5   print("有序数据如下：")
6   for i in a:
7       print(i, end=" ") # 输出数据序列
8   print()
9   key = int(input("请输入想要查找的数 key: ")) # 变量 key 为要查找的整数
10  while low <= high: # 继续查找的控制条件
11      mid = (low + high) // 2 # 变量 mid 为序列的中间位置
12      if key < a[mid]:
13          high = mid - 1
14      else:
15          if key > a[mid]:
```

```
16                low = mid + 1
17            else:
18                k = mid
19                break # 一旦找到所要查找的元素便跳出循环
20    if k != -1:
21        print("key = {}, index = {}".format(key,k))
22    else:
23        print("没找到！")
```

【运行结果】

```
有序数据如下：
1 2 3 4 6 7 10 12
请输入想要查找的数 key：10
key = 10, index = 6
```

【程序解析】

程序中的第1行初始化列表a，作为查找范围。第2行初始化表示查找下界的变量low。第3行初始化表示查找上界的变量high。第4行初始化变量k，记录查找元素的索引，初始值为-1。第5～8行输出列表a。第9行输入想要查找的数，保存到变量key中。第10～19行为主循环，循环条件是low <= high，用变量mid记录查找的中间位置，随着low和high的改变，mid也不断变化。如果发现要查找的数比mid上的数小，说明mid之后的数无须再比，所以可以将high前移至mid-1；如果发现要查找的数key比mid上的数大，说明mid之前的数无须再比，所以可以将low后移至mid+1。如果发现要查找的数key等于mid上的数，说明找到了，可以跳出循环。第20～23行，输出查找结果。

6.4 排序算法

排序算法

6.4.1 冒泡排序算法

【例6-5】 使用冒泡排序算法，对整数数列进行递增排序。

【算法描述】

冒泡排序算法（递增）流程图如图6-7所示。实现冒泡排序算法时，首先比较相邻的元素，如果第一个元素比第二个元素大，就交换它们。对每一对相邻元素做同样的操作，从开始的第一对到结尾的最后一对。这一步做完后，最后的元素是最大的数。针对各个元素重复以上的步骤，除了最后一个元素。持续每次对越来越少的元素重复上面的步骤，直到没有任何一对元素需要比较。

算法基本步骤如下。

① 从第一个元素开始，比较相邻两个元素的大小，将大的元素放在后面，直到比较到最后一个元素，列表最后一个元素将是最大的元素。

② 重复步骤①的操作，直到比较的次数等于“列表的长度-1”结束。

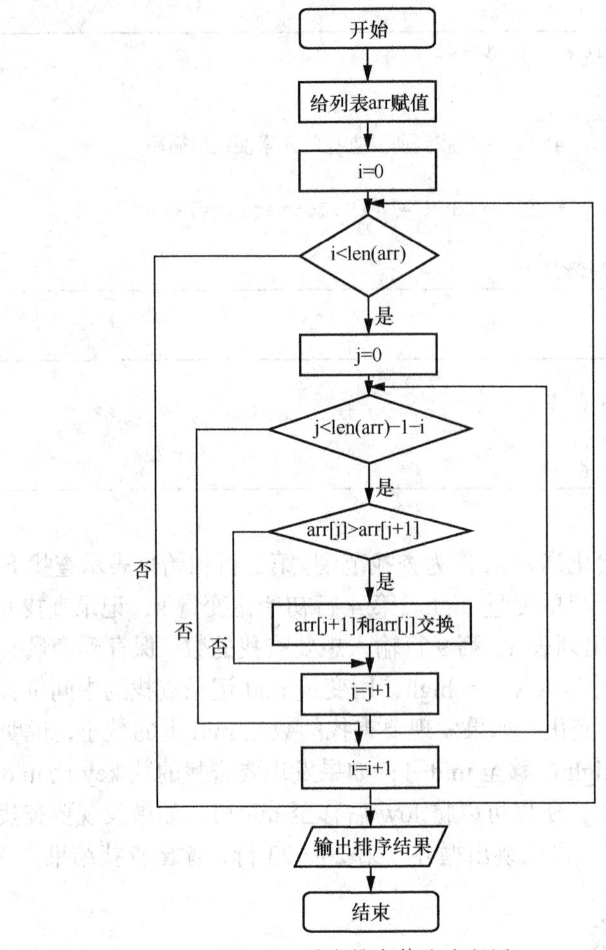

图 6-7 冒泡排序算法流程图

【程序代码】

6-5BubbleSorting.py

```
1   def Bubble_sort(arr):
2       if len(arr) <= 1:
3           return
4       i = 0
5       # 外循环控制循环次数，每一次循环结束后，最大的元素都在后面
6       while i < len(arr):
7           j = 0
8           # 内循环从 0 开始控制比较次数
9           while j < len(arr)-1-i:
10              # 比较相邻两个元素，如果前一个元素大于后一个元素，则互换位置
11              if arr[j] > arr[j+1]:
12                  temp = arr[j+1]
13                  arr[j+1] = arr[j]
14                  arr[j] = temp
15              j += 1
16          i += 1
17  arr = [3, 5, 9, 7, 2, 1]
18  print("排序前：",arr)
```

```
19  Bubble_sort(arr)
20  print("排序后：",arr)
```

【运行结果】

```
排序前： [3, 5, 9, 7, 2, 1]
排序后： [1, 2, 3, 5, 7, 9]
```

【程序解析】

程序中的第 1～16 行定义排序函数 Bubble_sort()，其中第 2～3 行表示如果列表中的元素数量小于等于 1 个，不用比较；第 4 行的变量 i 是控制外循环的循环变量，i 的取值范围是 0 到 len(arr)−1，外循环控制循环次数，每一次循环结束后，最大的元素都会在后面；第 7 行的变量 j 是控制内循环的循环变量，j 的取值范围是 0 到 len(arr)−1−i−1，内循环从 0 开始控制比较次数；第 11～14 行，比较相邻两个元素，如果前一个元素大于后一个元素，则互换位置；第 17 行定义一个数列 arr；第 18 行输出排序前的数列；第 19 行调用函数 Bubble_sort()进行排序；第 20 行输出排序后的数列。

6.4.2 选择排序算法

【例 6-6】 使用选择排序算法，对整数数列进行递增排序。

【算法描述】

选择排序（selection sort）算法是一种简单、直观的排序算法。选择排序（递增）算法流程图如图 6-8 所示。实现选择排序算法时，首先在未排序序列中找到最小元素，存放到

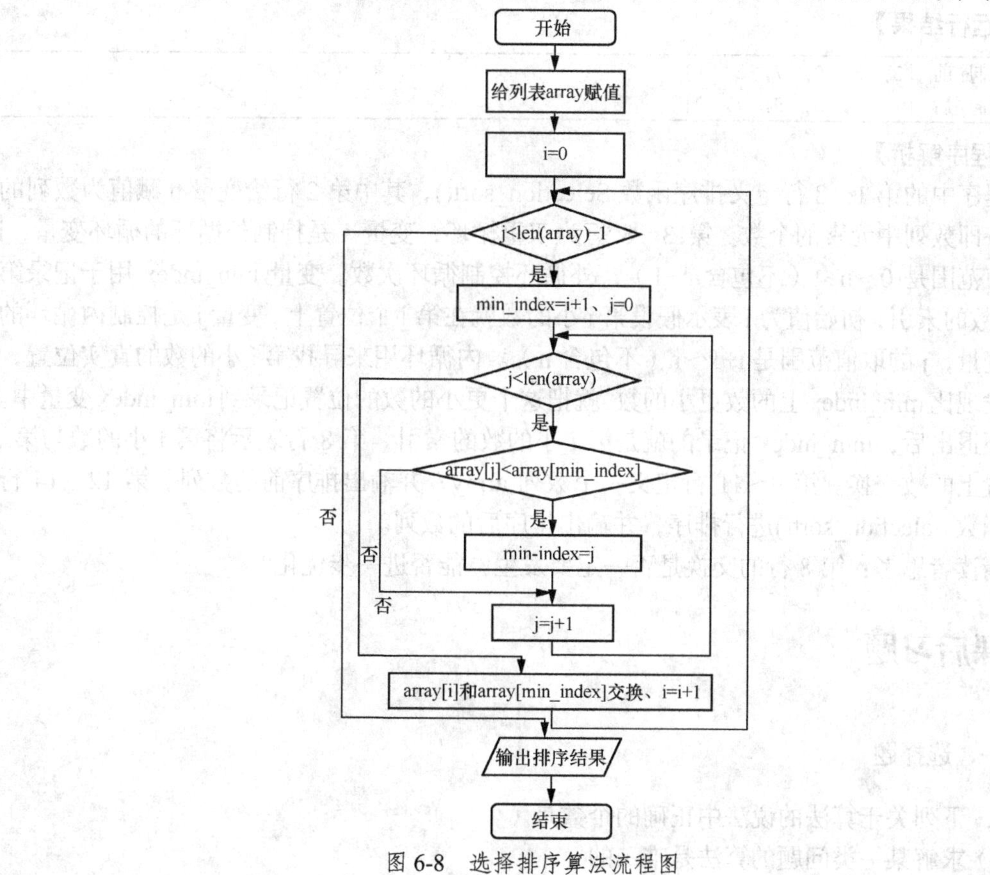

图 6-8 选择排序算法流程图

排序序列的起始位置。然后从剩余未排序元素中继续寻找最小元素，存放到已排序序列的末尾。以此类推，直到所有元素均排序完毕。

算法基本步骤如下。

① 设第一个元素为比较元素，依次和后面的元素比较，比较完所有元素，找到最小的元素，将它和第一个元素互换。

② 重复上述操作，找出第二小的元素和第二个位置的元素互换，以此类推，找出剩余最小元素并将它换到前面。

【程序代码】

6-6SelectionSorting.py

```
1   def Selection_sort(arr):
2       n = len(arr)
3       for i in range(n - 1):
4           min_index = i
5           for j in range(i + 1, n):
6               if arr[j] < arr[min_index]:
7                   min_index = j
8           arr[min_index], arr[i] = arr[i], arr[min_index]
9   array = [3, 5, 9, 7, 2, 1]
10  print("排序前",array)
11  Selection_sort(array)
12  print("排序后",array)
```

【运行结果】

```
排序前 [3, 5, 9, 7, 2, 1]
排序后 [1, 2, 3, 5, 7, 9]
```

【程序解析】

程序中的第 1～8 行定义排序函数 Selection_sort()，其中第 2 行给变量 n 赋值为数列的长度，即数列中元素的个数。第 3～8 行为双重循环，变量 i 是控制外循环的循环变量，i 的取值范围是 0～n−1（不包含 n−1），外循环控制循环次数。变量 min_index 用于记录第 i 小的数的索引，初始值为 i 表示假设第 i 小的数就在第 i 个位置上。变量 j 是控制内循环的循环变量，j 的取值范围是 i+1～n（不包含 n）。内循环用来寻找第 i 小的数的真实位置，只要发现比 min_index 上的数更小的数，就把这个更小的数的位置记录到 min_index 变量中。内循环退出后，min_index 记录的就是第 i 小的数的索引。第 8 行表示将第 i 小的数与第 i 个位置上的数交换。第 9～11 行定义一个数列 array，并输出排序前的数列。第 12～14 行调用函数 Selection_sort()进行排序，并输出排序后的数列。

请读者思考：第 8 行的交换是否一定要发生？能否进一步优化？

课后习题

一、选择题

1. 下列关于算法的说法中正确的个数是（　　）。

① 求解某一类问题的算法是唯一的

② 算法必须在进行有限步操作之后停止

③ 算法的每一步操作必须是明确的，不能有歧义或模糊

④ 算法执行后一定产生确定的结果

A. 1　　B. 2　　C. 3　　D. 4

2. 算法应具有可行性、确定性和（　　）。

A. 简单性　　B. 有穷性　　C. 结构性　　D. 可运行性

二、编程题

1. 互联网上的每台计算机都有独一无二的编号，称为IP地址，每个合法的IP地址由“.”分隔开的4个数字组成，每个数字的取值范围是0～255。现在用户输入一个字符串s（不含空白符；不含前导0，如001直接输入1），请编写程序，判断s是否为合法IP地址，若是，输出“Yes”，否则输出“No”。

2. 根据《公民身份号码》（GB 11643—1999）中的规定，我国公民身份证号码有18位，最后1位是由前17位数字按照一系列计算得到的校验码。一个身份证号码的前17位按照一系列计算得到的校验码若与该身份证号码的最后一位相同（身份证号码中最后一位X是罗马数字，代表阿拉伯数字10），说明该身份证号码是正确的身份证号码，否则是错误的身份证号码。

校验码计算方法：①第1位到第17位的系数分别是7、9、10、5、8、4、2、1、6、3、7、9、10、5、8、4、2，将身份证号码前17位数字按顺序分别乘以上述系数并相加；②将第①步加得的和除以11取余数；③使用“(12–余数)%11”计算得到验证码。请编写程序，实现身份证号码的验证。

3. 移位加密是一种古典的替换加密技术，明文中的所有字母都在字母表上向后（或向前）按照一个固定数目进行偏移，然后被替换成密文。非等位移位加密则在此基础上进行了修改，如明文“IWASLEARNINGPYTHON”，第1个字母I，向后移动1位替换为密文J；第2个字母W，向后移动2位替换为密文Y；第3个字母A，向后移动3位替换为密文D；依此类推，第18个字母N，向后移动18位，替换为密文F。如果明文是小写字母，则转换为大写字母加密；如果明文是26个英文字母之外的字符，则不进行替换，原样输出。请编写程序，实现非等位移位加密。

第7章 文件

学习目标

- 掌握文件打开、读写和关闭方法。
- 掌握 CSV 文件的读写方法。
- 掌握 Python 的中文分词 jieba 库的使用方法。
- 了解文件的名称与分类。
- 了解文件的路径。
- 了解 Excel 文件的读写方法。
- 了解网页文件读取（网络爬虫）方法以及使用的 Python 第三方库。

前文介绍的计算机程序在执行过程中产生的数据都只存储在内存储器中，由于内存储器通过快速总线与中央处理器（central processing unit，CPU）直接连接，这大大加快了程序的执行速度。但内存储器仅用于临时存储计算机运行时的数据，当计算机关闭后内存储器中的数据将被清除。为保证数据在计算机关闭之后仍然能够被长期保存，计算机中的数据以文件的形式被存储在计算机的外存储器（如硬盘、U 盘、SD 卡等）中。

本章将主要介绍文件的基本概念，并简要介绍 Python 中不同类型文件的常用读写、修改与存储方法。本章涉及大量字符串（string）与列表（list）数据的操作，详细内容请参考 2.3 节、附录 B 与附录 C。

7.1 文件的基本概念

文件的基本概念

7.1.1 文件的名称与分类

每个文件都具有文件名（filename），如“Project.txt”为一个文件名。其中，“Project”为文件的名字（name），“.txt”为文件扩展名（extension）。因此，文件名包含文件的名字和文件扩展名。文件扩展名用于指出不同文件的类型，如“.txt”指的是文本文件（text file），“.exe”指的是可执行文件（executable file）。

根据数据的存储形式，文件可被分为纯文本文件（plaintext file）与二进制文件（binary file）。纯文本文件只包含基础的字符信息，不包含文本的字体、字号、颜色等信息，可使用 Windows 系统中的记事本程序直接打开。二进制文件为除纯文本文件之外的其他文件，使用 Windows 系统中的记事本程序打开二进制文件，无法直接显示出文件中的字符信息（见图 7-1）。

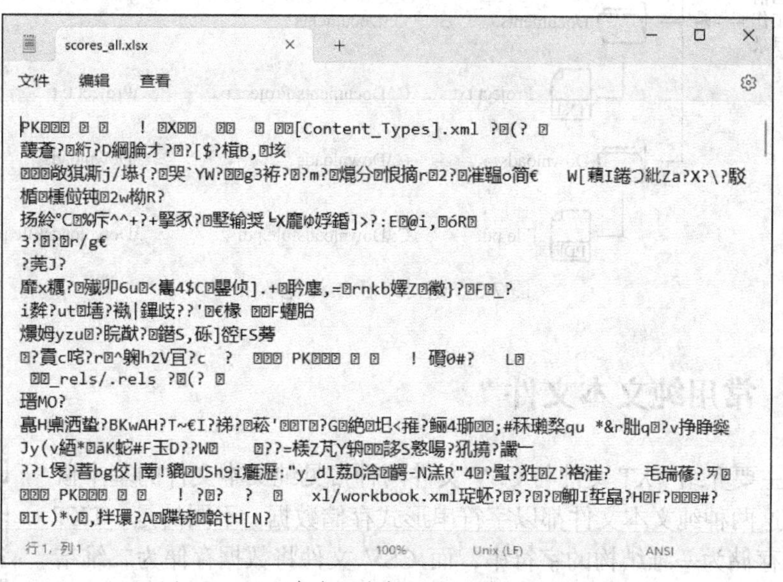

图 7-1 用记事本程序打开的二进制文件示意

常用的纯文本文件包括文本文件，简称 TXT 文件，扩展名为“.txt”；逗号分隔值（comma-separated values，CSV）文件，扩展名为“.csv”；JS 对象简谱（JavaScript object notation，JSON）文件，扩展名为“.json”。

常用的二进制文件包括 Word 文件，扩展名为“.doc”或“.docx”；Excel 文件，扩展名为“.xls”或“.xlsx”；可移植文档格式（portable document format，PDF）文件，扩展名为“.pdf”。

7.1.2 文件的路径

为高效存储、查找、管理文件，计算机以树形目录形式存储文件。文件的路径（path）定义为文件在文件系统中的位置，包括文件所在的目录路径以及文件名。图 7-2 展示了 Windows 系统中一个文件存储的案例。案例中“Project.txt”文件存储在“Documents”文件夹里，“Documents”文件夹又存储在“C:\”文件夹里。因此，根据定义，“Documents”文件夹的路径为“C:\Documents”，“Project.txt”文件的路径为“C:\Documents\Project.txt”。值得注意的是：在 Windows 系统里“C:\”或“D:\”等以磁盘名（磁盘符）命名的文件夹称为根文件夹。

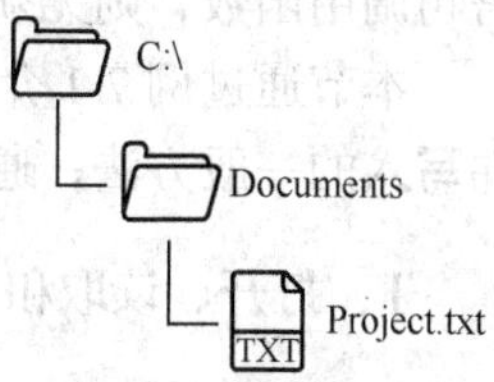

C:\
Documents
TXT Project.txt

图 7-2 树形目录文件

文件的路径又可分为绝对路径与相对路径（见图 7-3）。上文提到的“C:\Documents\Project.txt”，是由根文件夹开始划定的路径，为绝对路径；而相对于当前工作目录（current working directory，CWD）划定的路径为相对路径。对于“Project.txt”文件，其当前工作目录为“C:\Documents\”。绝对路径与相对路径就好比地图中地点的绝对经纬度位置以及地点之间的相对位置。

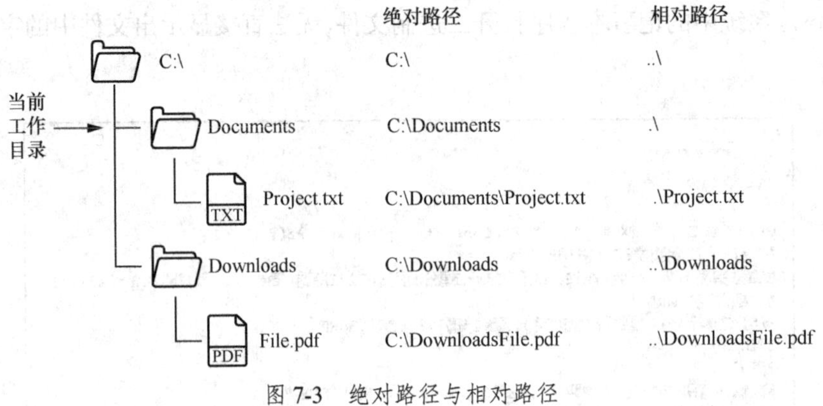

图 7-3 绝对路径与相对路径

7.2 常用纯文本文件

本节主要介绍 TXT 文件与 CSV 文件两种常见纯文本文件的基本概念与操作。这两种纯文本文件都以字符串形式存储数据。不同的是，TXT 文件将数据存储为一维结构的字符串，而 CSV 文件将数据存储为二维结构的字符串。

常用纯文本文件

7.2.1 TXT 文件

TXT 文件是最基本的纯文本文件之一，其将文本数据存储为**一维结构的字符串**。

使用第三方中文分词库 jieba 库可对存储中文的 TXT 文件进行中文文本词频统计等，为分析文本内容提供依据。

TXT 文件的一般操作步骤如下。

（1）**打开**：调用 open()函数，将文件打开为一个文件对象（file object）。

（2）**读取**：调用 read()或 readlines()函数，将文件对象中的所有字符读取为一个字符串或按行读取为一个列表。

（3）**写入**：调用 write()或 writelines()函数，将数据写入新的 TXT 文件。

（4）**关闭**：调用 close()函数，释放文件在缓冲区上的数据从而关闭文件（若使用 with 语句调用函数，则无须进行此步骤，如例 7-2）。

本节通过例 7-1 介绍 TXT 文件**打开**、**读取**、**关闭**的一般方法；通过例 7-2 介绍 TXT 文件**写入**的一般方法；通过例 7-3 介绍基于 jieba 库的中文文本词频统计方法。

1．打开、读取和关闭 TXT 文件

【例 7-1】 设计程序实现如下功能。当前目录下“scores.txt”文本文件（见图 7-4）存储了某班 3 位同学的语文和数学考试成绩。设计程序“ShowReadandReadlinesFunction.py”，输出调用 read()和 readlines()函数读取的“scores.txt”文本文件的数据，以及相应的数据类型。

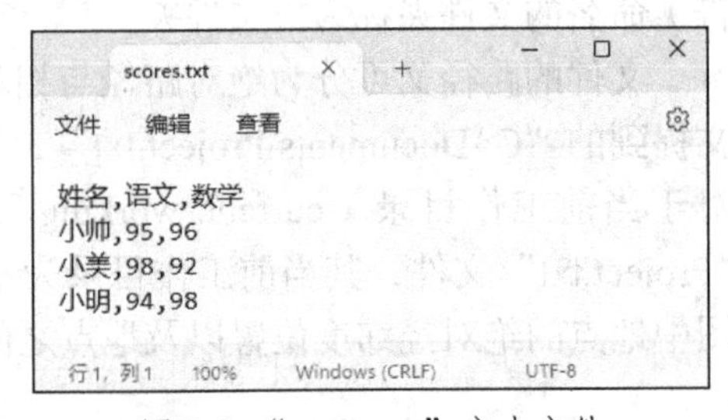

图 7-4 “scores.txt”文本文件

【程序代码】

7-1ShowReadandReadlinesFunction.py

```
1   scores_file = open(r'scores.txt','r', encoding='utf-8')
2   scores_read = scores_file.read()
3   scores_file.seek(0)  #将文件指针重新设置到文件的开头
4   scores_readlines = scores_file.readlines()
5   scores_file.close()
6   print('调用 read()函数，读取的结果是：'+repr(scores_read))
7   print('读取数据的数据类型是：'+str(type(scores_read)))
8   print('调用 readlines()函数，读取的结果是：'+str(scores_readlines))
9   print('读取数据的数据类型是：'+str(type(scores_readlines)))
10  print('list 中每个元素的数据类型是：', end='')
11  for item in scores_readlines:
12      print(type(item), end=' ')
```

【运行结果】

```
调用 read()函数,读取的结果是:'姓名,语文,数学\n 小帅,95,96\n 小美,98,92\n 小明,94,98'
读取数据的数据类型是：<class 'str'>
调用 readlines()函数，读取的结果是：['姓名,语文,数学\n', '小帅,95,96\n', '小美,98,92\n', '小明,94,98']
读取数据的数据类型是：<class 'list'>
list 中每个元素的数据类型是：<class 'str'> <class 'str'> <class 'str'> <class 'str'>
```

【程序解析】

① open()函数

程序代码第 1 行中的 open()函数根据输入参数打开文件，并返回一个文本对象，也可称为文本类对象（file-like object）。open()函数的常用语法格式如下：

```
f = open(文件路径, 打开模式, 编码方式)
```

文件路径属于必选输入参数，可以是绝对路径，也可以是相对路径。在本例中，在文件路径前添加了 r 作为前缀，表示使用原始字符串（raw string）处理文件路径，以确保文件路径中的反斜杠（“\”）以及与反斜杠组合而成的字符不被当作转义字符（如“\n”换行符、“\t”横向制表符等）处理。常见的转义字符如表 2-2 所示。

打开模式属于非必选输入参数，指明了文件以何种模式打开。表 7-1 列出了不同打开模式字符含义。打开模式的默认值为'rt'，意为以读取与文本模式打开文件。其中'r'表示读取，与'w'、'x'、'a'相对应；'t'表示文本模式，与'b'二进制模式相对应。

表 7-1　不同打开模式字符含义

字符	含义
'r'	读取（reading）文件，默认值
'w'	写入（writing）文件，首先清空文件
'x'	独占（exclusive）创建文件，如果文件已经存在，则失败
'a'	打开写入文件，如果文件存在，则追加（appending）到文件的末尾
'b'	二进制（binary）模式
't'	文本（text）模式，默认值
'+'	打开磁盘文件进行更新（读取与写入）

编码方式也属于非必选输入参数，默认值为 None，表示使用系统默认的编码方式。在 Windows 系统中，默认的编码方式因系统的地区和语言设置而不同。如 Windows 简体中文版系统使用的编码方式为 GBK，对应的代码页码是 cp396（在 Python 3.11.4 中根据 locale.getencoding()获得，在低版本的 Python 中根据 locale.getpreferredencoding()获得）。而 TXT 文件默认编码方式为 UTF-8，因此使用 open()函数默认 GBK 编码无法正常打开包含中文的 TXT 文件。图 7-4 的右下角展示了“scores.txt”的编码方式为 UTF-8，因此需设置 open()函数编码方式为 encoding='utf-8'，以保证正常打开含有中文的 TXT 文件。另外，由于 UTF-8 是实践中被广泛接受且使用的编码方式，Python 官方建议用户在使用 open()函数打开 TXT 文件时，手动设置编码方式参数为 encoding='utf-8'，除非用户清楚 TXT 文件的具体编码方式。

② f.read()函数

程序代码第 2 行中的 f.read()函数用于读取 f 文件中的字符，其常用语法格式如下：

```
fr = f.read(读取字符数)
```

读取字符数属于非必选输入参数，可输入整数类型参数 n，表示读取 f 文件的前 n 个字符。若如本例一样不输入读取字符数参数，即可读取 f 文件中的所有字符，并返回一个数据类型为字符串的数据（如运行结果所示）。

③ f.readlines()函数

程序代码第 4 行中的 f.readlines()函数用于按行读取 f 文件中的字符，其常用语法格式如下：

```
frls = f.readlines(读取行数)
```

读取行数属于非必选输入参数，可输入整数类型参数 n，表示读取 f 文件的前 n 行中的所有字符。若如本例一样不输入读取行数的参数，即可读取 f 文件中所有行的字符，并返回一个数据类型为列表的数据（如运行结果所示）。

对 f 文件也可用 f.readline(具体行数)函数读取具体行数中的内容。

④ f.close()函数

程序代码第 5 行中的 close()函数用于释放缓存区中的 f 文件数据，从而解除当前程序对 f 文件的占用。该函数没有输入参数，也没有返回值。

⑤ repr()函数

程序代码第 6 行中的 repr()函数用于获取输入对象的可打印表示形式字符串（return a string containing a printable representation of an object），其常用语法格式如下：

```
str = repr(输入对象)
```

输入对象属于必选输入参数。本例中使用 repr()函数的原因是：scores_file.read()的读取结果是'姓名,语文,数学\n 小帅,95,96\n 小美,98,92\n 小明,94,98'，如果用 print()函数直接输出，会将“\n”作为换行符输出而不是输出为“\n”字符。使用 repr()函数能够将 scores_file.read()的读取结果转换为可打印表示形式字符串，实现对 scores_file.read()读取结果真实数据的观测。

⑥ f.seek()函数

程序代码第 3 行中的 f.seek()函数用于将文件指针移动到指定的位置。文件指针是用来指示当前读取或写入位置的指针。其常用语法格式如下：

```
f.seek(移动的字节数,参考位置)
```

移动的字节数属于非必选输入参数，表示要移动的字节数，可以为正数或负数。正数表示向文件末尾方向移动，负数表示向文件开头方向移动。

参考位置属于必选输入参数，0 表示文件开头，1 表示当前位置，2 表示文件末尾。

在本例中，程序代码第 2 行的 scores_file.read()函数运行之后，文件指针指向了文件末尾。若直接运行程序代码第 4 行的 scores_file.readlines()函数，将无法读取文件对象 scores_file 中的内容。因此，需运行程序代码第 3 行的 scores_file.seek(0)函数，将文件指针重新移动到文件的开头，令程序代码第 4 行的 scores_file.readlines()函数能够从开头读取文件对象 scores_file 中的内容。

注意： TXT 文件存储的是一维字符串数据。虽然图 7-4 中“scores.txt”的内容是以多行文字形式呈现的，但是无论是 read()函数的读取结果（'姓名,语文,数学\n 小帅,95,96\n 小美,98,92\n 小明,94,98'）还是 readlines()函数的读取结果（['姓名,语文,数学\n', '小帅,95,96\n', '小美,98,92\n', '小明,94,98']）都是一维结构的字符串。在 TXT 文件中，常使用“\n”换行符来实现一维字符串数据的二维显示效果。

2．写入 TXT 文件

【例 7-2】 设计程序实现如下功能。当前目录下有“scores_english.txt”文本文件（见图 7-5），存储了某班 3 位同学的英语考试成绩。设计程序“ShowWriteandWritelinesFunction.py”，将“scores_english.txt”中每位同学的英语成绩加在“scores.txt”（见图 7-4）的最后一列，并调用 write()函数和 writelines()函数将成绩分别存储在“scores_all.txt”和“scores_all_lines.txt”文件中（见图 7-6）。

TXT 文件示例

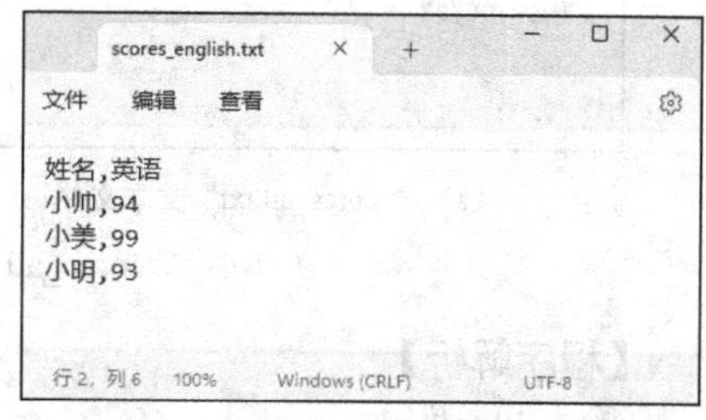

图 7-5 “scores_english.txt”文本文件

【程序代码】

7-2ShowWriteandWritelinesFunction.py

```
1   with open(r'scores.txt', 'r', encoding='utf-8') as scores_file,
            open(r'scores_english.txt', 'r', encoding='utf-8') as
                                             scores_english_file,
               open(r'scores_all.txt', 'w', encoding='utf-8') as
                                                 scores_all_file,
            open(r'scores_all_lines.txt', 'w', encoding='utf-8') as
                                             scores_all_lines_file:
2       scores_readlines = scores_file.readlines()
3       scores_english_readlines = scores_english_file.readlines()
4       # 以列表数据类型声明待输入writelines()的变量write_lines
5       write_lines = []
6       for scores_line, scores_english_line in zip(scores_readlines,
                                          scores_english_readlines):
7   # 遍历scores_readlines与scores_english_readlines的每个元素，并删除元素
    中的'\n'，以方便合并
8           scores_line = scores_line.strip()
```

```
9               scores_english_line = scores_english_line.strip()
10             # 将 scores_english_line 字符串按照','分割，并以列表形式
返回 scores_english_line
11             scores_english_line = scores_english_line.split(',')
12             # 将 scores.txt 中的数据与 scores_english.txt 中的英语成绩合并成
一个字符串
13             merged_line = scores_line + ',' + scores_english_line[-1]
+ '\n'
14             # 调用 write()函数将合并后的字符串写入 scores_all.txt
15             scores_all_file.write(merged_line)
16             # 将合并后的字符串加入 write_lines
17             write_lines.append(merged_line)
18         # 调用 writelines()函数将 write_lines 写入 scores_all_lines.txt
19         scores_all_lines_file.writelines(write_lines)
```

【运行结果】

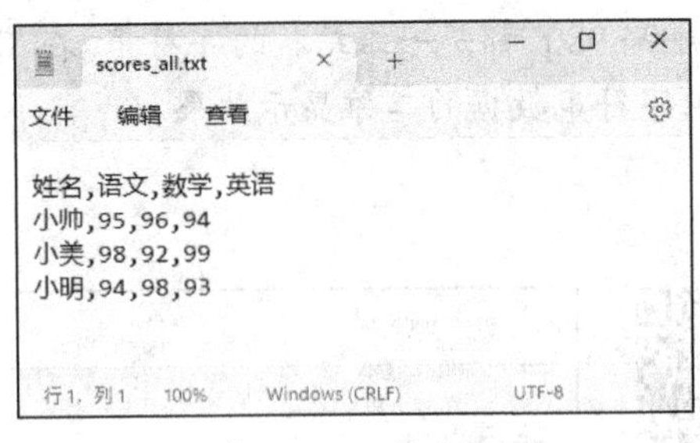

（a）“scores_all.txt”文本文件

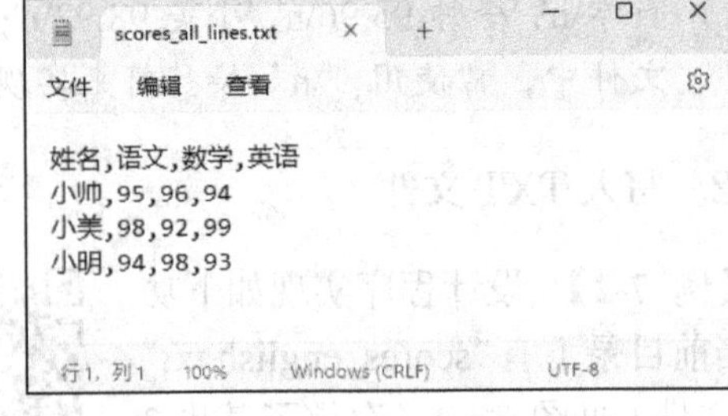

（b）“scores_all_lines.txt”文本文件

图 7-6 “scores_all.txt”和“scores_all_lines.txt”文本文件

【程序解析】

① with 语句

结合 with 语句使用 open()函数是更好的文件打开方式。好处是文件在 with 语句结束后可以正确地关闭，避免了忘记使用 close()函数的情况，以及程序中途发生异常导致已打开的文本文件无法正常关闭的情况。

② S.strip()函数

程序代码第 8、9 行中的 S.strip()函数用于去掉字符串左边和右边的空白字符（空格、换行符等），详情见附录 B。在本例中，S.strip()函数的调用效果如下：

```
>>> scores_line
'姓名,语文,数学\n'
>>> scores_line.strip()
'姓名,语文,数学'
```

③ f.write()函数

程序代码第 15 行中的 f.write()函数运行结果如图 7-6（a）所示。f.write()函数用于在 f 文件对象的当前位置写入输入字符串，根据写入输入字符串的长度更新当前位置。f 文件对象的当前位置可以通过 f.tell()函数获取，或使用 f.seek()函数进行修改。f.write()函数的常用语法格式如下：

```
f.write(输入字符串)
```

输入字符串为必选输入参数，数据类型为字符串。

④ f.writelines()函数

程序代码第 19 行中的 f.writelines()函数运行结果如图 7-6（b）所示。f.writelines()函数用于在 f 文件对象的当前位置依次写入输入列表中的字符串。当输入列表中仅有一个元素时，f.writelines()函数等同于 f.write()函数。f.writelines()函数的常用语法格式如下：

```
f.writelines(输入列表)
```

输入列表为必选输入参数，数据类型为列表，且列表中元素的数据类型为字符串。

3．使用 jieba 库实现 TXT 中文文本分词

jieba 库的官方网站中对 jieba 库的介绍——“Jieba”（中文意为“结巴”）：致力打造最好的 Python 中文分词库。利用 jieba 库，用户可以将中文文本切分成一个个独立的词语，快速统计中文文本中各词语出现的频率。由于 jieba 库是 Python 的第三方库，因此在使用之前需要在虚拟环境中安装 jieba 库。目前 jieba 库仅支持 pip 安装，安装方式如下：

```
pip install jieba
```

【例 7-3】 党的“二十大”于 2022 年 10 月 16 日召开，利用高频词汇统计可以快速学习“二十大”报告的核心内容。设计程序实现基于 jieba 库的“二十大”报告高频词汇统计。当前工作目录下有“二十大报告.txt”文本文件，存储了从中华人民共和国中央人民政府官方网站复制的《习近平：高举中国特色社会主义伟大旗帜 为全面建设社会主义现代化国家而团结奋斗——在中国共产党第二十次全国代表大会上的报告》的全部文本。统计并输出“二十大报告.txt”中出现频率最高的前 5 个词。

【程序代码】

7-3JiebaWordsFreq.py

```
1   import jieba
3   with open('二十大报告.txt',encoding='UTF-8') as f:
4           content = f.read()
5           Words=jieba.lcut(content)
6           Words_freq = {}
7           for chars in Words:
8                   if len(chars) < 2: # 不统计标点符号、换行符、单字
9                           continue
10                  if chars in Words_freq:
11                          Words_freq[chars] += 1
12                  else:
13                          Words_freq[chars] = 1
14                  # 按照词频降序排序
15                  Words_freq_sorted = sorted(Words_freq.items(), key=lambda
                                                x: x[1], reverse=True)
16                  print(Words_freq_sorted[:5])
```

【运行结果】

```
[('发展', 218), ('坚持', 170), ('建设', 151), ('人民', 134), ('中国', 124)]
```

【程序解析】

① jieba.lcut()函数

程序代码第 5 行中的 jieba.lcut()函数用于对输入字符串进行中文分词,并将分开的字词

返回到一个列表。jieba.lcut()函数的常用语法格式如下：

```
Words = jieba.lcut(输入字符串)
```

输入字符串为必选输入参数。本例中输入字符串为 f.read()函数'二十大报告.txt'获得的字符串 content。Words 为返回的中文分词列表，输出 Words 中的前 10 个元素，结果如下：

```
>>> print(Words[:10])
>>> ['习近平', '：', '高举', '中国', '特色', '社会主义', '伟大旗帜', '，', '为', '全面']
```

② 统计文本中文词频

程序代码第 6～13 行用于统计文本中文词频。

程序代码第 6 行：声明一个用于记录中文词频的空字典 Words_freq。

程序代码第 7 行：遍历 Words 分词列表中的每个分词。

程序代码第 8～9 行：若当前遍历分词 chars 的长度小于 2，说明该分词为标点、换行符或者单字，不计入词频统计。

程序代码第 10～13 行：若字典 Words_freq 的键（key）中已存在当前遍历分词 chars，字典 Words_freq 中以 chars 索引的值（value）加 1，即 Words_freq[chars] += 1；若字典 Words_freq 的键中不存在当前遍历分词 chars，说明当前遍历分词 chars 首次出现，将字典 Words_freq 中以 chars 索引的值赋值为 1，即 Words_freq[chars] = 1。

③ 基于 sorted()函数的中文词频排序

程序代码第 15 行使用 sorted() 函数对中文词频排序。本例使用 lambda 函数指定排序的依据是字典 Words_freq 的值，即 key=lambda x: x[1]。

具体操作读者可参考 2.3.3 节中的 sorted()函数、字典的操作和 4.3 节中的 lambda 函数等相关内容。

④ jieba 库中的常用函数

表 7-2 列出了 jieba 库中的常用函数与功能对照。

表 7-2　jieba 库中的常用函数与功能对照

函数	功能
jieba.cut(输入字符串)	对句子进行分词，返回一个可迭代的生成器
jieba.lcut(输入字符串)	对句子进行分词，返回一个列表
jieba.cut_for_file(文本文件路径)	对文本文件进行分词，返回一个可迭代的生成器

7.2.2　CSV 文件

CSV 文件中的数据是用逗号分隔的。CSV 文件属于纯文本文件，且 CSV 文件与 TXT 文件一样，存储的数据是字符串。它与 TXT 文件不同的是：CSV 文件自带数据被逗号分隔的属性，因此 CSV 文件可将数据存储为**二维结构的字符串**，即以二维表格的形式存储数据（见图 7-7）。CSV 文件中的列表元素与二维表格中的行（row）对应，用逗号分隔的字符串元素与二维表格中的单元对应，形成了行、单元（列）两个维度。

CSV 文件

CSV 文件二维表格式的数据存储方式，以及灵活的字符串数据存储类型，令其被广泛应用于小型数据库，以及跨平台的数据分享。

CSV 文件的一般操作步骤如下。

① **导入**：导入 csv 模块，即 import csv。

② **打开**：调用 open()函数，将文件打开为一个文件对象。

③ **读取**：调用 csv.reader()函数，按行读取文件对象中的字符，并将每行字符根据逗号分隔为一个列表，最终将文件对象中的数据读取为一个二维列表。

④ **写入**：首先调用 csv.writer()函数建立 csvWriter 对象，然后调用 writerow()或 writerows()函数，将数据写入新的 CSV 文件。

⑤ **关闭**：调用 close()函数，释放文件在缓冲区上的数据，从而关闭文件（若使用 with 语句调用函数，则无须进行此步骤）。

可以看出，除导入步骤，CSV 文件与 TXT 文件的一般操作步骤类似。本节通过例 7-4 介绍 CSV 文件**导入**、**打开**、**读取**、**关闭**的一般方法，以及 CSV 文件与 TXT 文件的区别。

值得注意的是：用逗号分隔的 TXT 文件中的数据也可以被读取为 CSV 数据。

【例 7-4】 设计程序实现如下功能。当前工作目录下有“scores.txt”文本文件，存储了某班 3 位同学的语文和数学考试成绩，文件中的数据以逗号间隔，如图 7-7（a）所示。设计程序“CSVReadingWriting.py”将“scores.txt”文本文件读取为 CSV 数据，并将读取的数据存储为“scores.csv”文件。

【程序代码】

```
7-4CSVReadingWriting.py
1   import csv
2   with open(r'scores.txt', 'r', encoding='utf-8') as scores_file,
            open(r'scores.csv', 'w', newline='') as scores_csv_file:
3       scores_csv_read = csv.reader(scores_file)
4       print('调用csv.reader()函数，读取的数据类型是:
    '+str(type(scores_csv_read)))
5       scores_csv_read = list(scores_csv_read)
6       print('调用csv.reader()函数，读取的数据内容是:
    '+str(scores_csv_read))
7       scores_csv_writer = csv.writer(scores_csv_file)
8       print('调用csv.writer()函数，写入的数据类型是:
    '+str(type(scores_csv_writer)))
9       for row in scores_csv_read:
10          scores_csv_writer.writerow(row)
```

【运行结果】

```
调用csv.reader()函数，读取的数据类型是：<class '_csv.reader'>
调用 csv.reader() 函数，读取的数据内容是：[['姓名', '语文', '数学'], ['小帅', '95', '96'], ['小美', '98', '92'], ['小明', '94', '98']]
调用csv.writer()函数，写入的数据类型是：<class '_csv.writer'>
```

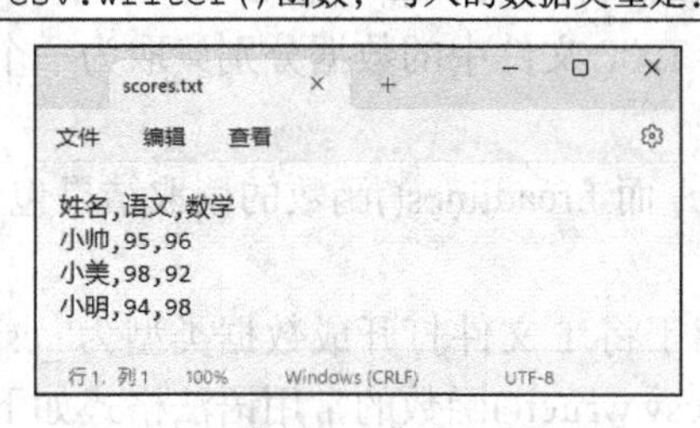

（a）“scores.txt”文本文件

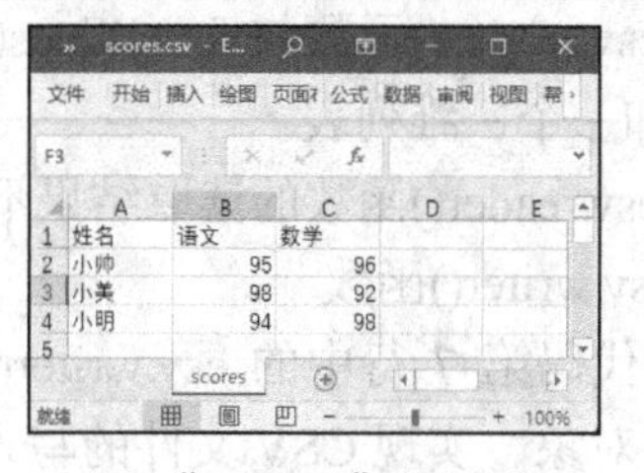

（b）“scores.csv”文本文件

图 7-7 “scores.txt”文本文件和“scores.csv”文本文件

【程序解析】

① open()函数打开并写入 CSV 文件时的方法

观察程序代码第 2 行中调用 open()函数打开 CSV 文件的方法，可发现与打开 TXT 文件的方法有以下两点不同。

- 调用 open()函数打开并写入 CSV 文件时，需定义输入参数 newline=''。原因是 open()函数的输入参数 newline 默认为换行符'\n'，然而用 CSV 文件的写入函数（writerow()或 writerows()函数）写入每行后仍会加入'\n'。因此若不定义输入参数 newline，则会在写入的 CSV 文件的每行结尾加入两个'\n'，导致每行之间多出一行空行，如图 7-8 所示（其中 CSV 文件由 Excel 软件打开，7.3 节将会详细介绍 Excel 软件）。
- 调用 open()函数打开并往 CSV 文件写入中文时，无须定义 encoding='utf-8'（而对 TXT 文件需定义 encoding='utf-8'，如例 7-1 程序解析所述）。原因是在 Windows 系统中，通常使用 Excel 软件打开 CSV 文件。在 Windows 简体中文版系统中，Excel 软件读取文件的默认编码方式为简体中文 GB2312。因此，若写入中文的 CSV 文件定义编码方式为 encoding='utf-8'，将导致 Windows 简体中文版系统中的 Excel 软件无法正确显示该 CSV 文件中的中文。若不定义 encoding 输入参数，open()函数则会以系统默认值对 CSV 文件进行编码。Windows 简体中文版系统中的默认编码方式是 GBK（如例 7-1 的程序解析所述），且 GBK 编码方式兼容 GB2312 编码。所以无须定义 encoding 输入参数，即可令 Excel 软件正常打开写入中文的 CSV 文件。

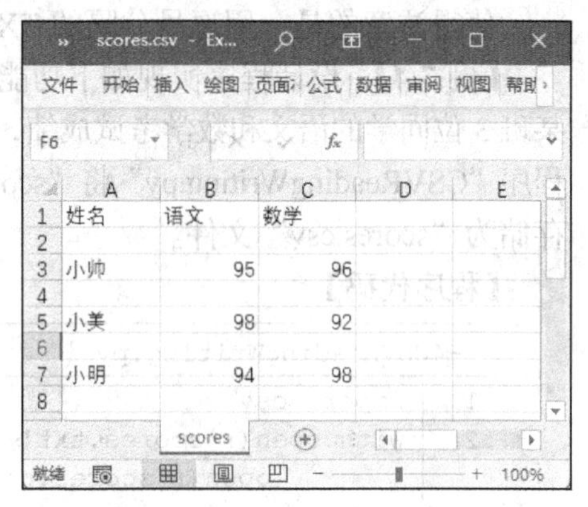

图 7-8 每行之间多出一行空行

② csv.reader(f)函数

程序代码第 3 行中的 csv.reader(f)函数用于读取 f 文件中的字符，其常用语法格式如下：

```
fcsv = csv.reader(文件对象)
```

文件对象属于必选输入参数，用于读取 f 文件中的所有字符，并返回一个数据类型为'_csv.reader'的数据（如运行结果所示）。无法直接处理'_csv.reader'数据类型中的数据，需继续将'_csv.reader'数据类型转换为列表数据类型，实现对 f 文件数据的读取，即 fcsv=list(fcsv)

对比本例 csv.reader()函数与例 7-1 中 f.readlines()函数的读取结果（如两例的运行结果所示），可发现 CSV 文件与 TXT 文件的读取结果有以下两点不同。

- csv.reader()函数与 f.readlines()函数将 TXT 文件中的数据分别读取为一个二维列表和一个一维列表。
- csv.reader()函数的读取结果不包含'\n'，而 f.readlines()函数的读取结果包含'\n'。

③ csv.writer()函数

程序代码第 7 行中的 csv.writer(f)函数用于将 f 文件打开成数据类型为'_csv.writer'的 csvWriter 对象，实现 CSV 文件的写入功能。csv.writer()函数的常用语法格式如下：

```
fcsv_writer = csv.writer(文件对象)
```

文件对象为必选输入参数。

④ fcsv_writer.writerow()函数

程序代码第 10 行中 fcsv_writer.writerow()函数的运行结果如图 7-7（b）所示。fcsv_writer.writerow()函数用于将数据按行写入 CSV 文件，其常用语法格式如下：

```
fcsv_writer.writerow(输入列表)
```

输入列表为必选输入参数，数据类型为列表，且列表中元素的数据类型为字符串。fcsv_writer.writerow()函数与例 7-2 中 f.writelines()函数的区别是：fcsv_writer.writerow()函数输入列表中的元素不包含'\n'，因此不会换行。

除 fcsv_writer.writerow()函数外，还可以通过 fcsv_writer.writerows()函数在 CSV 文件中一次性写入多行数据。fcsv_writer.writerows()函数的常用语法格式如下：

```
fcsv_writer.writerows(输入二维列表)
```

输入二维列表为必选输入参数，数据类型为列表，且列表中元素的数据类型仍然为列表。每个子列表包含每行将写入的字符串。

7.3 常用二进制文件

常用的二进制文件包括 Word 文件、Excel 文件、PowerPoint（PPT）文件、PDF 文件等。其中 Excel 文件内置了丰富的函数和计算工具，用户可以使用它们进行数据分析、建模和预测，以及数据存储和统计。因此，本章主要以 Excel 文件为例介绍二进制文件，并介绍 Python 中 Excel 文件的常用操作等。

7.3.1 Excel 文件

Excel 文件

Excel 文件指扩展名为.xlsx 或.xls 的电子表格文件，一般使用 Excel 软件创建（见图 7-9）。基于 97-2003 版 Excel 软件创建的 Excel 文件的扩展名为.xls；基于 2007 版及以后版本的 Excel 软件创建的 Excel 文件的扩展名一般为.xlsx。当然基于 2007 版及以后版本的 Excel 软件亦可读取和创建扩展名为.xls 的 Excel 文件，以兼容使用 97-2003 版 Excel 软件创建的文件。本节基于 Windows 11 系统的 Excel 2021 程序介绍 Excel 文件。

Excel 软件创建于 1985 年，负责为苹果（Apple）公司的 Macintosh 个人计算机提供电子表格处理功能；1987 年，第一款适用于 Windows 系统的 Excel 软件诞生；如今 Excel 软件成为全球用户在电子表格处理方面使用最为广泛的软件之一。

图 7-9 展示了 Excel 文件示例“scores_all.xlsx”，对比图 7-7（b）展示的用 Excel 软件打开的“scores.csv”纯文本文件可以看出，Excel 文件除包含 CSV 文件中的字符信息，还包含字体、颜色、表格边框、字体等额外的格式信息。

Excel 文件主要涉及以下基本名词。

工作簿：Excel 软件打开的整个 Excel 文件被称为工作簿（workbook）。

工作表：每个工作簿可以包含一个或以上的表格，这些表格被称为工作表（worksheet），图 7-9 中，“一班”“二班”“三班”是“scores_all.xlsx”中的 3 个工作表。其中，在当前窗口显示（或在关闭前最后显示）的工作表被称为激活表格（active sheet）。

列：工作表中纵向的表格被称为列（column），索引（名称）为由 A 起始的英文字母。

行：工作表中横向的表格被称为行，索引（名称）为由 1 起始的数字。

单元格：工作表中任一行、列交会的格子被称为单元格（cell），索引由交会列、行的索引组合而成。例如，图 7-9 中“姓名”单元格的索引为“A1”。

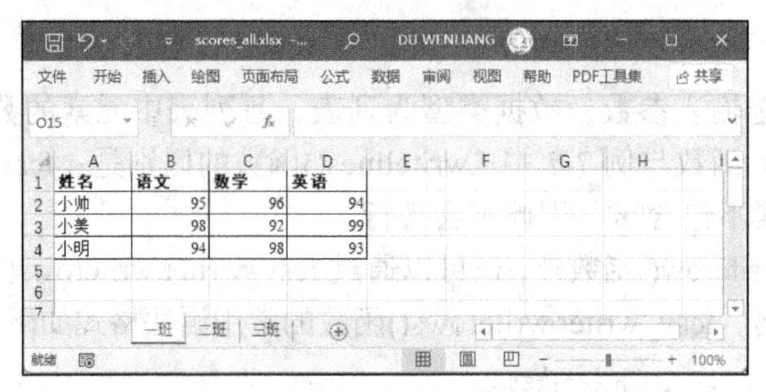

图 7-9　Excel 文件示例“scores_all.xlsx”

7.3.2　openpyxl 库安装

使用 Python 处理 Excel 文件时需要调用第三方库 openpyxl，因此需在当前环境中安装 openpyxl 库。openpyxl 库主要有以下两种安装方式。

通过 conda 安装，如下：

```
conda install openpyxl
```

通过 pip 安装，如下：

```
pip install openpyxl
```

7.3.3　Excel 文件常用操作

Excel 文件的一般操作步骤如下。

① **导入**：导入 openpyxl 库，即 import openpyxl。

② **读取/创建工作簿**：调用 openpyxl.load_workbook()函数，读取文件路径中的一个工作簿；调用函数创建一个工作簿。

③ **获取工作表数据**：通过工作表名或 wb.active()函数，将待处理的工作表数据赋给某一变量。

④ **单元格赋值**：通过单元格索引，对单元格进行赋值，赋值内容可以是字符串、数值、Excel()函数。

⑤ **设置单元格中文字、表格的样式**：使用 openpyxl.styles 包中的模块，设置单元格中文字、表格的样式。

⑥ **存储工作簿**：调用 wb.save()函数，将工作簿存储到自定义文件路径。

本节通过例 7-5 介绍 Excel 文件**导入**、**读取**、**写入**、**存储**的一般方法，以及 Excel 文件与 CSV 文件的区别。

【例 7-5】 设计程序实现如下功能。当前工作目录下有“scores_all.xlsx”文件（见图 7-9），存储了 3 个班级的同学语文、数学和英语的考试成绩。设计程序“SumScores.py”在英语成绩后一列新建“总分”列，用于**统计“一班”所有同学 3 门课程的总分**，并保证“总分”列与 3 门课程成绩列的**样式统一**。最后将新增了“一班”总分的工作簿存储为“scores_all_sum.xlsx”

文件（见图 7-10）。

【程序代码】

7-5SumScores.py

```
1   import openpyxl
2   from openpyxl.styles import Font, Side, Border
3   # 打开工作表“一班”
4   scores_Excel = openpyxl.load_workbook(r'scores_all.xlsx')
5   scores_Excel_sheet = scores_Excel['一班']
6   # 设置边框样式
7   side = Side(border_style='thin')
8   # 设置标题栏内容、样式
9   scores_Excel_sheet['E1'] = '总分'
10  scores_Excel_sheet['E1'].font = Font(bold=True)
11  scores_Excel_sheet['E1'].border = Border(top=side, bottom=side,
                                  left=side, right=side)
12  # 设置内容栏内容、样式
13  for row in range(2, scores_Excel_sheet.max_row + 1):
14      row_str = str(row)
15      scores_Excel_sheet['E' + row_str] = '=SUM(B' + row_str + ':D'
                                          + row_str + ')'
16      scores_Excel_sheet['E'+ row_str].font = Font(name='Times New
                                                      Roman')
17      scores_Excel_sheet['E'+ row_str].border = Border(top=side,
                               bottom=side, left=side, right=side)
18  # 存储工作簿
19  scores_Excel.save(r'scores_all_sum.xlsx')
```

【运行结果】

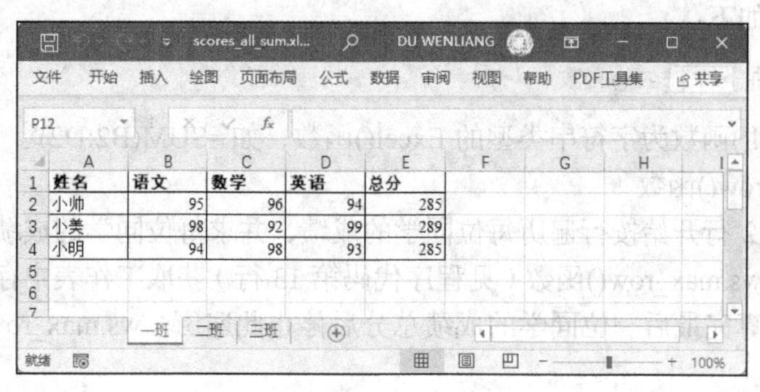

	A	B	C	D	E
1	姓名	语文	数学	英语	总分
2	小帅	95	96	94	285
3	小美	98	92	99	289
4	小明	94	98	93	285

图 7-10 “scores_all_sum.xlsx”文件

【程序解析】

① openpyxl.load_workbook()函数

程序代码第 4 行中的 openpyxl.load_workbook()函数用于读取工作簿，其常用语法格式如下：

```
wb = openpyxl.load_workbook(文件路径)
```

文件路径属于必选输入参数，读取的是文件路径中的 Excel 文件，并返回一个数据类型为“openpyxl.workbook.workbook.Workbook”的工作簿数据。

② 获取工作表数据

由于一个工作簿中可包含若干个工作表，因此需获取待处理的工作表数据。如本例“scores_all.xlsx”工作簿中包含“一班”“二班”“三班”3 个工作表，但本例仅需处理“一班”工作表中的数据。

程序代码第 5 行中，展示了获取“一班”工作表的方法，其语法格式如下：

```
ws = wb(工作表名)
```

工作表名属于必选输入参数，为字符串格式的待处理工作表名，返回数据类型为“openpyxl.worksheet.worksheet.Worksheet”的工作表数据。

由于本例待处理的“一班”工作表同时是激活表格，因此其获取方式也可以是：

```
ws = wb.active
```

③ 单元格赋值

对单元格可以赋值数据，也可以赋值 Excel()函数。

- 赋值数据。

程序代码第 9 行实现了将字符串'总分'赋给工作表“scores_Excel_sheet”中的 E1 单元格，即第 E 列第 1 行。为单元格赋值数据的语法格式如下：

```
ws[单元格索引] = 数据
```

单元格索引为由单元格所在列、行组成的字符串；数据为任意待赋值数据，数据类型一般为数值或字符串。

- 赋值 Excel()函数。

可通过赋值 Excel()函数来实现表格数据的科学计算。例如，在本例中可使用 Excel 中的 SUM()函数（见程序代码第 15 行），统计每位同学各科的总分。为单元格赋值 Excel()函数的语法格式如下：

```
ws[单元格索引] = Excel()函数
```

赋值的 Excel()函数为字符串类型的 Excel()函数，如'=SUM(B2:D2)'。

④ ws.max_row()函数

本例需从第 2 行开始按行遍历每位同学的成绩，并求每位同学的成绩总分。为确定遍历范围，可通过 ws.max_row()函数（见程序代码第 13 行）获取工作表中存放数据的最大行数，来实现在计算完最后一位同学的成绩总分后停止此遍历。ws.max_row()函数返回值的数据类型为整数。

此外，通过 ws.max_column()函数可获取工作表中存放数据的最大列数。

⑤ wb.save()函数

程序代码第 19 行中的 wb.save()函数的运行结果如图 7-10 所示。wb.save()函数用于将工作表中的 Excel 文件数据存储至指定文件路径。与 TXT 文件和 CSV 文件需先打开文件再写入数据的存储方式不同，存储 Excel 文件时无须打开和关闭文件，内存空间中的工作簿数据可直接存储至指定文件路径。存储工作簿的语法格式如下：

```
wb.save(文件路径)
```

文件路径属于必选输入参数，指定存储工作簿 wb 的文件路径。

⑥ 设置单元格中文字、表格的样式

● 导入样式设置模块。

```
from openpyxl.styles import Font, Side, Border
```

程序代码第 2 行，从 openpyxl.styles 包中导入 Font、Side、Border 模块，用于修改表格中字体、边、边框的样式。

● 设置边框样式。

单元格有上、下、左、右 4 个边框，为方便统一设置 4 个边框的样式，通常将设置边框样式分为两步。第一步是定义边框样式（使用 Side 模块），第二步是将定义的边框样式适配在对应边框上（使用 Border 模块）。

程序代码第 7 行定义边框样式，即使用 Side 模块定义一种边框类型为'thin'的边框样式并保存到变量 side。Side 模块的语法格式如下：

```
side = Side(border_style=边框类型, color=边框颜色)
```

边框类型和边框颜色都不是必选输入参数，数据类型都为字符串。边框类型有以下参数可供选择，其中'None'（无边框）为默认值。

'thin'：细线边框。

'medium'：中等线边框。

'thick'：粗线边框。

'double'：双线边框。

'hair'：虚线边框。

'dotted'：点状边框。

'dashDot'：点划线边框。

'dashDotDot'：双点划线边框。

'slantDashDot'：斜线点划线边框。

'None'：无边框。

边框颜色参数为颜色编码，数据类型为字符串，如图 7-11 所示，默认值为 None，即使用当前 Excel 程序默认的边框颜色，本例中的默认边框颜色为“00000000”（黑色）。

Index					
0~4	00000000	00FFFFFF	00FF0000	0000FF00	000000FF
5~9	00FFFF00	00FF00FF	0000FFFF	00000000	00FFFFFF
10~14	00FF0000	0000FF00	000000FF	00FFFF00	00FF00FF
15~19	0000FFFF	00800000	00008000	00000080	00808000
20~24	00800080	00008080	00C0C0C0	00808080	009999FF
25~29	00993366	00FFFFCC	00CCFFFF	00660066	00FF8080
30~34	000066CC	00CCCCFF	00000080	00FF00FF	00FFFF00
35~39	0000FFFF	00800080	00800000	00008080	000000FF
40~44	0000CCFF	00CCFFFF	00CCFFCC	00FFFF99	0099CCFF
45~49	00FF99CC	00CC99FF	00FFCC99	003366FF	0033CCCC
50~54	0099CC00	00FFCC00	00FF9900	00FF6600	00666699
55~59	00969696	00003366	00339966	00003300	00333300
60~63	00993300	00993366	00333399	00333333	

图 7-11 颜色编码示意

程序代码第 11 行和第 17 行为将定义的边框样式适配在对应边框上，使用 Border 模块，将变量 side 中定义的边框样式，适配到新加入的标题栏和内容栏的上、下、左、右边框上。Border 模块的语法格式如下：

```
ws[单元格索引].border = Border(top = 边框样式 1, bottom = 边框样式 2, left = 边框样式 3,
right= 边框样式 4)
```

边框样式 1、边框样式 2、边框样式 3 和边框样式 4 都不是必选输入参数，默认值为 None。

● 设置字体样式。

程序代码第 10 行和第 16 行，使用 Font 模块，将新加入的标题栏字体“加粗”，将新建的内容栏字体设置为 Times New Roman。Font 模块的常用语法格式如下：

```
ws[单元格索引].font = Font(bold = 是否加粗, italic = 是否为斜体, strike = 是否有删除线, name = 字体名称, size = 字体大小, color = 字体颜色)
```

其中所有的参数都不是必选输入参数。其中，是否加粗、是否为斜体和是否有删除线的数据类型为布尔值，即 True 或 False，默认值为 False；输入的字体名称应为当前系统已安装的任意字体名称，数据类型为字符串，默认值为 None，即使用当前 Excel 软件默认的字体，本例中默认字体名称为等线；字体大小为以磅为单位的数字，数据类型为整数，默认值为 None，即使用当前 Excel 软件默认的字体大小，本例中默认字体大小为 11 磅；输入的字体颜色应为颜色编码，数据类型为字符串，选择如图 7-11 所示，默认值为 None，即使用当前 Excel 软件默认的字体颜色，本例中默认字体颜色为“00000000”（黑色）。

7.4 网页文件

网页文件

网页文件一般以超文本标记语言（hypertext markup language，HTML）格式存储在远程服务器中，服务器通过统一资源定位符（uniform resource locator，URL）标识出网页文件在互联网中的访问地址，用户通过在浏览器中输入特定的网址以浏览互联网中特定的网页文件。

用户也可基于 Python 设计出自动浏览（抓取）网页文件的程序，从海量的网页文件中筛选出有用的信息。由于这种自动化浏览网页文件的方式很像虫子在网页之间爬，因此自动化浏览、抓取网页文件内容的自动化程序又叫作网络爬虫或网络机器人。

基于 Python 的网络爬虫程序主要使用 requests 第三方库，向目标网址所在的服务器发送访问请求（request）数据，若服务器允许访问便向提出请求的用户发送包含网页文件信息的响应（response）数据。网络爬虫程序可从响应数据中解析出网页文件信息，并对网页文件信息进行分析、存储（见图 7-12）。本节将简单介绍 requests 库及其安装方法、基于 requests 库的网页爬取，以及网页数据提取与分析。

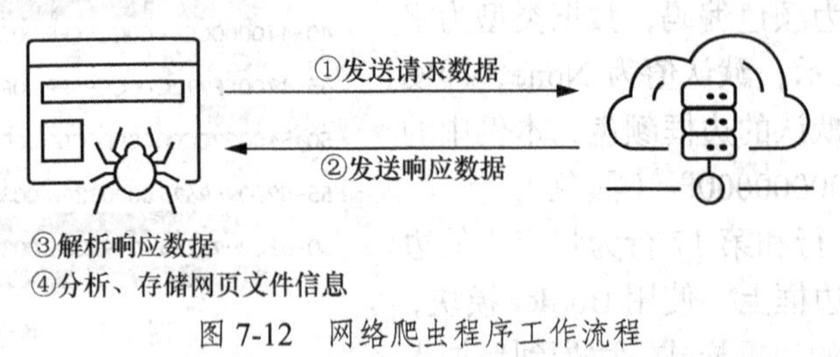

图 7-12　网络爬虫程序工作流程

7.4.1 requests 库及其安装方法

requests 库为 Python 的第三方库，因此导入前需在当前环境中安装 requests 库。requests 库可在其官方网站下载。

Anaconda 为每个虚拟环境预装了 requests 库，因此在 Anaconda 虚拟环境中无须额外安装 requests 库。但对于未安装 Anaconda 的 Python 环境，可以使用 pip 安装 requests 库，安装方式如下：

```
pip install requests
```

7.4.2 基于 requests 库的网页爬取

本节通过例 7-6 介绍基于 requests 库的网页文件爬取与存储的一般方法。

【例 7-6】 设计程序实现如下功能。爬取华为公司简介网页（见图 7-13）中的文本信息，并存储到当前工作目录的“Response.txt”文本文件中（见图 7-14）。

图 7-13 华为公司简介网页

【程序代码】

7-6RequestsAndResponse.py

```
1   import requests
2   url = 'https://www.huawei.com/cn/corporate-information'
3   headers = {'user-agent':'Mozilla/5.0'}
4   try:
5         r = requests.get(url, headers = headers, timeout = 10)
6         if  r.status_code == requests.codes.ok:
7               if  r.encoding == 'ISO-8859-1':
8                     r.encoding = r.apparent_encoding
9               with open(r'Response.txt', 'w', encoding = 'utf-8')
                                                          as file:
10                    file.write(r.text)
```

```
11        else:
12              print('该网页不允许爬取')
13  except requests.exceptions.RequestException as Errors:
14        print(str(Errors))
```

【运行结果】

图 7-14 “Response.txt”文本文件

【程序解析】

① try…except 语句

基于 requests 库爬取网页时，有时会遇到异常，常见异常及其说明如表 7-3 所示。为了发生异常时，不终止程序运行并报告异常名称（详见 3.5.2 节），常使用 try…except 语句来构建网页爬取程序。

表 7-3 常见异常及其说明

异常名称	说明
requests.ConnectionError	网络连接错误异常
requests.HTTPError	HTTP 错误异常
requests.URLRequired	URL 缺失异常
requests.TooManyRedirects	超过最大重定向次数，产生重定向异常
requests.ConnectTimeout	连接远程服务器超时异常
requests.Timeout	请求 URL 超时异常

② requests.get()函数——以 HTTP 的 GET 请求方式向服务器发送请求，并返回一个 Response 对象

超文本传送协议（hypertext transfer protocol，HTTP）定义了 9 种向服务器发送请求的方式，requests 库支持其中常用的 7 种请求方式：GET、OPTIONS、HEAD、POST、PUT、PATCH 和 DELETE。其中，GET 和 POST 是十分常用的请求方式。

程序代码第 6 行 r=requests.get(url, headers = headers, timeout = 10)，表示以 HTTP 中的 GET 请求方式向变量 url 中的网址发送请求。请求的 headers 参数为已定义的 headers 变量。若发送请求后等待时间超过 10s（timeout=10），则立即停止此请求。若请求成功，返回一个 Response 对象并赋给变量 r。图 7-14 展示了本例通过 requests.get()函数获取的华为公司简介网页中的内容。requests.get()函数的常用语法格式如下：

```
r=requests.get(统一资源定位符, headers = HTTP头部信息, timeout = 请求最长时间)
```

统一资源定位符为必选输入参数，其余参数为非必选输入参数。

统一资源定位符是数据类型为字符串的待请求 URL 信息。URL 俗称网址，指计算机网络中用于定位和检索网络资源（如网页、图片、视频等）的字符串。

HTTP 可自定义请求的头部信息，以向服务器说明发送请求客户端的用户代理（user-agent）参数、能够接收的响应内容类型等信息，数据类型为字典，默认值为 None。多数服务器为防止恶意网页爬取行为，设置了 user-agent 为必选输入参数，服务器亦可通过 user-agent 参数获取客户端的浏览器（Mozilla 浏览器、Edge 浏览器、Chrome 浏览器等）兼容、系统（Windows 系统、安卓手机系统等）等信息。若客户端发送请求的 HTTP 头部信息中不包含 user-agent 参数，这些服务器会拒绝该客户端的请求。因此，为保证发送请求尽可能被服务器接收，本例将 HTTP 头部信息中的 user-agent 参数设置为 Mozilla/5.0。Mozilla/5.0 是一个表示客户端（浏览器）与 Mozilla 浏览器（火狐浏览器）兼容的通用令牌。出于历史原因，现在几乎所有浏览器的 user-agent 参数都会包含 Mozilla/5.0。

用户也可根据自己使用浏览器的用户代理信息来设置 HTTP 头部信息的 user-agent 参数。例如，在 Edge 浏览器的导航栏里输入 edge://version/，即可获取当前 Edge 浏览器的用户代理信息（见图 7-15）。

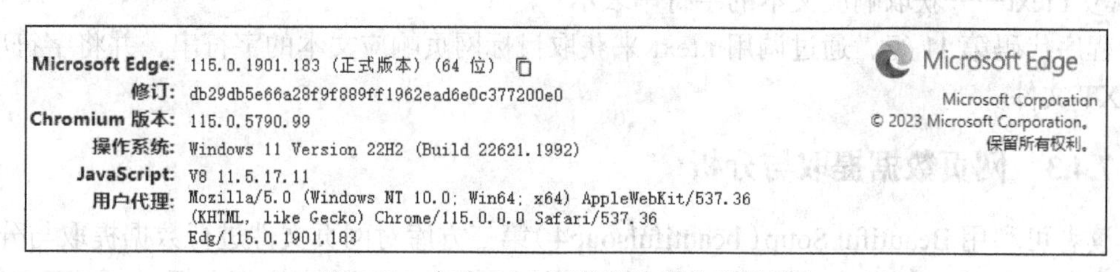

图 7-15　查看 Edge 浏览器的用户代理信息

程序代码第 3 行亦可修改为 headers = {'user-agent':'Mozilla/5.0 (Windows NT 10.0; Win64; x64) AppleWebKit/537.36 (KHTML, like Gecko) Chrome/115.0.0.0 Safari/537.36 Edg/115.0.1901.183'}。

请求最长时间指定了发送请求后等待响应的最长时间，数据类型为浮点数或元组，单位为 s，默认值为 None。若发送请求之后等待时间超过了预设的请求最长时间，该请求将被中止，并返回一个 ConnectTimeoutError，表示等待时间超过了请求最长时间。requests 库官方建议每个请求都应设置该参数，否则当发送请求到无法响应的 URL 时，程序将因为一直处于等待相应状态而被无限期挂起。

③ r.status_code 与 requests.codes.ok——HTTP 状态整数代码

r.status_code 返回 Response 对象 r 的 HTTP 状态（responsed HTTP status）整数代码（integer code），如 404 或 200。requests.codes.ok 返回请求成功时响应的 HTTP 状态整数代码，如 200。因此，程序代码第 7 行可解释为，若 r 的 HTTP 状态整数代码与请求成功时响应的 HTTP 状态整数代码相同，表示请求成功，即运行 if 语句内的程序代码。程序代码第 7 行也可改写为 if r.status_code == 200:。

若 r.status_code 的返回值为 404，意味着服务器无法找到请求的资源。因此，HTTP 状态整数代码 404 表示"Not Found"，即"未找到"。

④ r.encoding 与 r.apparent_encoding——推测响应文本的编码方式

r.encoding 与 r.apparent_encoding 推测响应文本的编码方式对照如表 7-4 所示。

表 7-4　r.encoding 与 r.apparent_encoding 推测响应文本的编码方式对照

编码方式	r.encoding	r.apparent_encoding
推测方式	根据服务器响应的 HTTP 头部信息（r.headers）指定编码方式（'Content-Type'字段的 charset 参数赋值），推测响应文本的编码方式	基于 chardet 库对响应内容（r.content）进行分析，从而推测响应文本最可能的编码方式
默认编码方式	ISO-8859-1	无
使用场景	当服务器响应的 HTTP 头部信息指定了编码方式时使用	当服务器响应的 HTTP 头部信息未指定编码方式时使用

当服务器响应的 HTTP 头部信息（r.headers）中指定编码方式（'Content-Type'字段的 charset 参数赋值）时，使用 r.encoding 推测的响应文本的编码方式更准确；否则使用 r.apparent_encoding 推测的响应文本的编码方式更准确。

本例程序代码第 8 行首先判断网站服务器是否给出了 charset 参数赋值，若网站服务器没给出 charset 参数赋值，本例程序代码第 9 行将 r.apparent_encoding 推测的编码方式赋给 r.encoding，并以此对响应文本进行解码。

⑤ r.text——获取响应文本的字符串表示

程序代码第 11 行，通过调用 r.text 来获取目标网页响应文本的字符串，并将字符串写入 TXT 文件。

7.4.3　网页数据提取与分析

读者可利用 Beautiful Soup（beautifulsoup4）第三方库对网页文件进行数据提取与分析，Beautiful Soup 官方网站中对网页文件进行数据提取与分析方法有详细介绍，本书不进行过多介绍。

课后习题

一、选择题

1. 以下文件中（　　）被记事本打开不能正常显示。

A. 二进制文件　　B. TXT 文件　　C. CSV 文件　　D. JSON 文件

2. open()的默认文件打开方式是（　　）。

A. r　　B. r+　　C. w　　D. w+

3. 下列文件打开方式中，（　　）不能用于对打开的文件进行写入操作。

A. w　　B. wt　　C. r　　D. a

4. 下列方法中，（　　）不是 Python 对文件的读取/写入操作方法。

A. read()　　B. writelines()　　C. readtext()　　D. readlines()

5. 下列 Python 的第三方库中，用于网页数据提取与分析的库是（　　）。

A. requests　　B. jieba

C. Beautiful Soup　　D. NumPy

二、填空题

补全下列程序代码，实现以下功能。用户输入文件路径，以文本文件的格式读入文件内容并逐行输出。例如，C 盘根目录下有一个文本文件 data.txt，则用户输入“c:\in.txt”。

```
fname=input("请输入要打开的文件：")
fo=open(___(1)___,'r',encoding=___(2)___)
folines=___(3)___
for line in ___(4)___:
    print(___(5)___)
fo.close()
```

三、编程题

1. 设计程序实现如下功能：D 盘目录下的 data1.txt 文件存有某班同学的语文、数学和英语考试成绩，以逗号隔开，读取文件，计算每位同学的平均分，并将平均分与原始数据合并存储在 data1.txt 文件中。

2. 设计程序实现如下功能：D 盘根目录下的 data.csv 文件存储了某公司的产品销售情况，如图 7-16 所示，计算每个产品的销售均价，将销售均价填补在最后一列中。

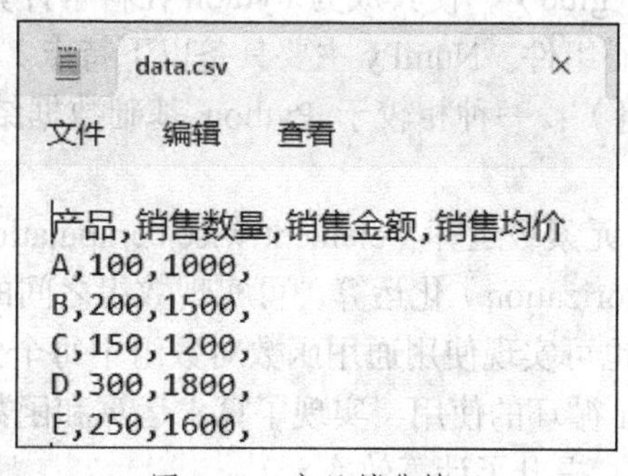

图 7-16　产品销售情况

第 8 章 数据分析与可视化

学习目标

- 掌握 NumPy 的使用方法。
- 了解 pandas 和 Matplotlib 的使用方法。
- 了解 ndarray 的基本特性。
- 了解 series 和 dataframe 的基本特性。

Python 的流行离不开 Python 社区开发和开源的免费、好用的数据分析与可视化第三方库。本章将主要介绍用于科学计算的 NumPy、用于数据分析与处理的 pandas 以及用于数据可视化的 Matplotlib。

8.1 NumPy——科学计算

NumPy

NumPy 是 Numerical Python，即数值化 Python 的缩写。NumPy 为 Python 提供了高效的数据结构、高性能的函数运算（high-performing functions）以及优秀的库连接性（library glue），使其成为 Python 在科学计算方面的基础库，以及很多其他 Python 第三方库的核心组件。NumPy 主要具备以下特点。

- ndarray（*N* 维数组）：一种相较于 Python 基础数据结构更快速、更高效的数据结构。
- 元素级运算机制：元素级运算（element-wise computation）又称为向量化（array-based）/矢量（vectorization）化运算，可实现数组之间的算术运算在彼此的逐个元素之间依次进行；也可实现使用通用函数对数组中每个元素进行逐个运算。元素级运算机制减少了 for 循环的使用，实现了算术运算和函数运算的批量化运行，大大降低了计算复杂度，提升了计算效率。
- 集成 C、C++、Fortran 等语言：为 NumPy 提供了更高效的运算和数据存储方式，提升了 NumPy 的可扩展性、复用性和兼容性。

NumPy 主要有以下两种安装方式。

① 通过 conda 安装，如下：

```
conda install numpy
```

② 通过 pip 安装，如下：

```
pip install numpy
```

8.1.1 ndarray——*N* 维数组的基本特性

ndarray 是 NumPy 用于存储 *N* 维数组的数据结构，也是 NumPy 存储数据的对象类型，更是 NumPy 的核心特征。

ndarray 有以下两个基本特性。

- ndarray 的元素数（size）是固定的，即确定之后不能像列表数据那样随意更改。
- ndarray 每个元素的数据类型必须是相同的。

因此，可以用尺寸（shape）和数据类型（dtype）来定义 ndarray 中的 *N* 维数组。

从图 8-1 中可以看出，ndarray 中 *N* 维数组由包含 *N* 个正整数的元组构成，每个正整数指定了对应维度的长度，*N* 个正整数相乘可得到数组的元素数。数组的每个维度对应一个轴（axis），轴的数量被称为秩（rank）。与线性代数中矩阵秩的概念不同，ndarray 对象中的秩指的是维度或轴的数量。

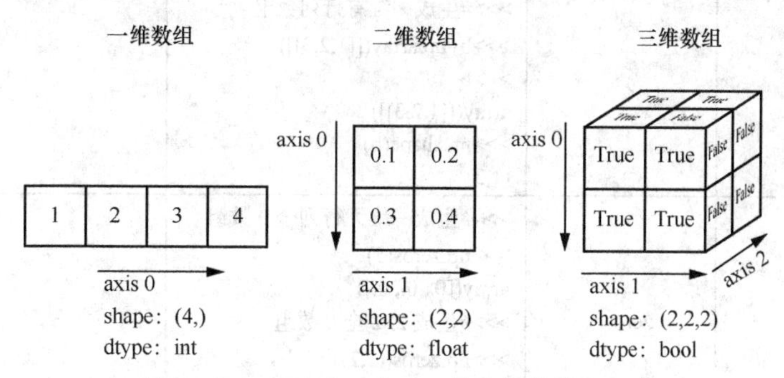

图 8-1　ndarray 中一维、二维和三维数组示意

NumPy 支持的数据类型如表 8-1 所示。

表 8-1　NumPy 支持的数据类型

数据类型	描述
bool	布尔值（True 或者 False）
int	默认的带符号整数（int32 的缩写形式，与 C 语言的 long 相同）
uint8	无符号整数（0～255）
float	双精度浮点数（float64 的缩写形式，与 C 语言的 double 相同）
complex	复数（complex128 的缩写形式），由两个（实部和虚部）64 位的浮点数组成

通过以下方法可以查看 *N* 维数组的维度、元素数、尺寸和数据类型。

```
>>> import numpy as np
>>> my_arr = np.array([1,2,3,4])
>>> my_arr.ndim
1
>>> my_arr.size
3
>>> my_arr.shape
(3,)
>>> my_arr.dtype
dtype('int32')
```

8.1.2 ndarray——*N* 维数组的基本操作

1. ndarray 的创建

表 8-2 展示了 ndarray 的常用创建方法。

表 8-2 ndarray 的常用创建方法

分类	函数	示例	说明
从 Python 的类似 array 的数据类型转换而来的函数	array()	>>>#生成一维无行列数组 >>>a=np.array([1,2,3]) >>>a array([1,2,3]) >>>np.shape() (3,) >>>#生成一维有行列数组 >>>b=np.array([[1,2,3]]) >>>b array([[1,2,3]]) >>>np.shape(b) (1,3)	无行列数组的转置仍然为原数组
NumPy 用来创建 ndarray 的内部函数	zeros()	>>>#生成一维无行列全 0 数组 >>>np.zeros(3) array([0., 0., 0.]) >>>#生成 2×2 全 0 数组 >>>np.zeros((2,2)) array([[0., 0.], [0., 0.]])	生成多维数组的全 0 全 1 时，需将行列以元组形式输入，因此有两个小括号
	ones()	>>>#生成一维无行列全 1 数组 >>>np.zeros(3) array([1., 1., 1.]) >>>#生成 2×2 全 1 数组 >>>np.zeros((2,2)) array([[1., 1.], [1., 1.]])	
	arange()	>>>np.arange(1,3,0.5) array([1. , 1.5, 2. , 2.5])	三个输入依次为起始数值、截止数值与间隔数值，左闭右开
	linspace()	>>np.linspace(1,3,5) array([1. , 1.5, 2. , 2.5, 3.])	三个输入依次为起始数值、截止数值与间隔个数，左闭右闭
特殊的库函数	random()	>>>np.random.rand(1,2) array([[0.69066284, 0.10530144]])	根据输入行列生成数值为 0～1 随机浮点数的数组

2. ndarray 的索引与切片

ndarray 的索引与切片和列表的索引与切片类似，可以对每个元素进行索引的切片。不同的是 ndarray 可以对数组任意行、列实现简单切片操作，而列表不可以。同时需注意遵循切片的左闭右开原则。图 8-2 所示为 ndarray 中一维数组的元素索引与二维数组的元素索引和轴切片示意。

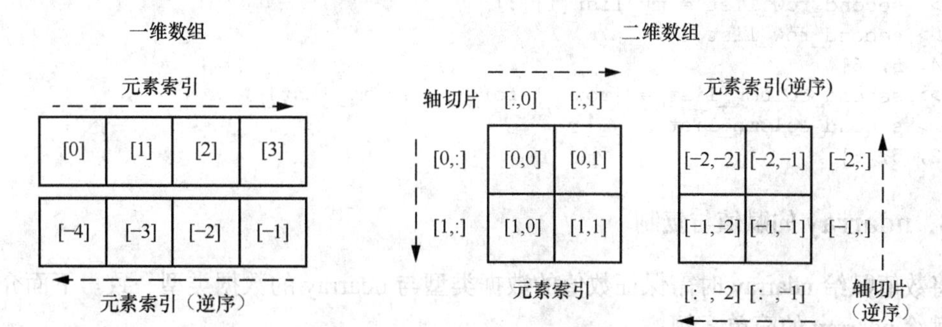

图 8-2 ndarray 中一维数组的元素索引与二维数组的元素索引和轴切片示意

下面介绍 ndarray 索引与切片的简单案例：

```
>>> import numpy as np
>>> my_arr = np.array([[1, 2, 3, 4], [5, 6, 7, 8]])
>>> # 索引
>>> my_arr[0,1]
2
>>> my_arr[0,-1]
4
>>> my_arr[-1,2]
7
>>> my_arr[0,-1]
2
>>> # 切片
>>> my_arr[0,:]
array([1, 2, 3, 4])
>>> my_arr[:,-1]
array([4, 8])
>>> my_arr[1,0:3]
array([5, 6, 7])
>>> my_arr[1,0:3:2] # 起始索引:结束索引+1:步长
array([5, 7])
```

以下代码能够说明 ndarray 相较于列表在切片方面的优势。在本例中 ndarray 可以直接切片矩阵的第二列，而列表需要借助 for 循环语句。

```
>>> import numpy as np
>>> my_arr = np.array([[1,2,3],
                       [4,5,6],
                       [7,8,9]])
>>> my_list = [[1, 2, 3],
               [4, 5, 6],
               [7, 8, 9]]
>>> # 基于ndarray分别获取矩阵第二行和第二列
>>> second_row_arr = my_arr[1,:]
>>> second_row_arr
array([4, 5, 6])
>>> second_column_arr = my_arr[:,1]
>>> second_column_arr
array([2, 5, 8])
>>> # 基于列表分别获取矩阵第二行和第二列
```

```
>>> second_row_list = my_list[1][:]
>>> second_row_list
[4, 5, 6]
>>> second_column_list = [row[1] for row in my_list]
>>> second_column_list
[2, 5, 8]
```

3．ndarray 的赋值与复制

将数值赋给 ndarray 时需保证数值的数据类型与 ndarray 的数据类型一致。下面介绍将数值赋给 ndarray 的简单案例：

```
>>> import numpy as np
>>> my_arr = np.zeros([3,3])
>>> # 索引赋值
>>> my_arr[0,1] = 1
>>> my_arr
array([[0., 1., 0.],
       [0., 0., 0.],
       [0., 0., 0.]])
>>> # 切片赋值
>>> my_arr[1,0:2] = 1
>>> my_arr
array([[0., 1., 0.],
       [1., 1., 0.],
       [0., 0., 0.]])
>>> my_arr[2,0:2] = [1, 2]
>>> my_arr
array([[0., 1., 0.],
       [1., 1., 0.],
       [1., 2., 0.]])
```

当需将 ndarray 或其切片的数值赋给其他 ndarray 时，必须使用 copy()函数，而不能直接使用等号。因为在 Python 中，变量存储的是对象在内存中的地址，也就是指针。当使用等号将变量 a 赋给变量 b 时，即 b=a，仅是将变量 a 中的指针赋给变量 b。因此，变量 a 和变量 b 都指向内存中的同一个地址，改变变量 a 值的同时，变量 b 的值也会随之改变。

使用 copy()函数会为变量创建一个新的副本，该副本会将变量中的数值存储在内存中新的地址，并创建一个新的指针。下面介绍 ndarray 使用 copy()函数和使用等号直接赋值的简单案例：

```
>>> import numpy as np
>>> # 分别使用等号和 copy()函数将 arr_a 赋给 arr_b 和 arr_c
>>> arr_a = np.array([1,2,3,4])
>>> arr_b = arr_a
>>> arr_c = arr_a.copy()
>>> arr_d = arr_a[0:2]
>>> arr_e = arr_a[0:2].copy()
>>> # 改变 arr_a，观察 arr_b、arr_c、arr_d 和 arr_e 是否随之改变
>>> arr_a[0] = 0
>>> arr_b
array([0, 2, 3, 4])
>>> arr_c
```

```
array([1, 2, 3, 4])
>>> arr_d
array([0, 2])
>>> arr_e
array([1, 2])
>>> # 改变arr_b和arr_c，观察arr_a、arr_d和arr_e是否随之改变
>>> arr_b[0] = -1
>>> arr_c[0] = -2
>>> arr_a
array([-1, 2, 3, 4])
>>> arr_d
array([-1, 2])
>>> arr_e
array([1, 2])
```

4．ndarray的基本运算

（1）算术运算

ndarray对象的元素级运算机制，令Python能够以更快的速度处理维度更大的数据。图8-3所示为ndarray中一维数组的加法运算和乘法运算示意，可以看到仅需1行代码，即可直观地实现ndarray对象之间的算术运算。

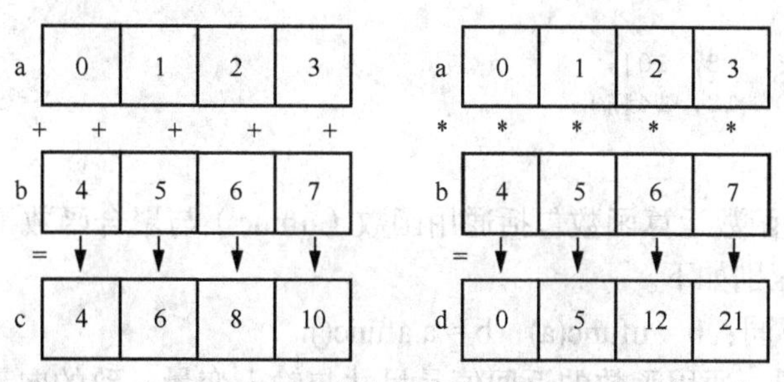

图8-3　ndarray中一维数组的加法运算和乘法运算示意

下面介绍ndarray算术运算的简单案例：

```
>>> import numpy as np
>>> arr_a = np.array([0,1,2,3])
>>> arr_b = np.array([4,5,6,7])
>>> arr_c = arr_a - arr_b # 减法运算
>>> arr_c
array([-4, -4, -4, -4])
>>> arr_d = arr_a / arr_b # 除法运算
>>> arr_d
array([0. , 0.2 , 0.33333333, 0.42857143])
```

ndarray对象的元素级运算机制具有广播特性，用于处理不同尺寸数组之间的元素级运算，如图8-4所示。广播特性可以简化扩展数组形状相关代码，并提高计算效率。使用广播特性的数组需满足以下两个条件：

- 其中1个数组存在至少1个维度或轴的尺寸为1；
- 两数组只在2以上维度之间存在尺寸差异。

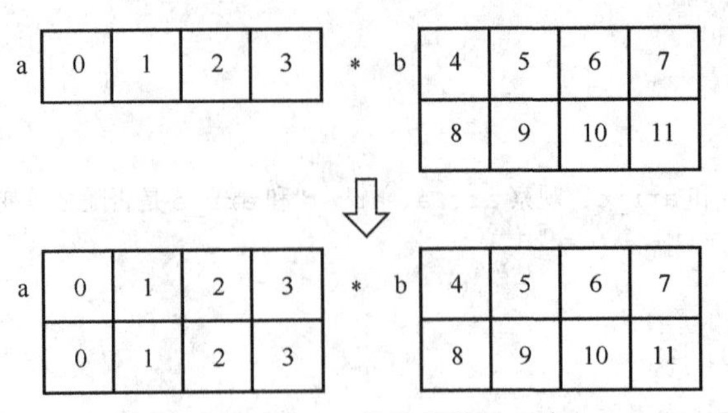

图 8-4　ndarray 的广播特性示意

下面介绍 ndarray 广播特性的简单案例：

```
>>> import numpy as np
>>> arr_a = np.array([0,1,2,3])
>>> arr_b = np.array([[4,5,6,7],
                      [8,9,10,11]])
>>> arr_c = arr_a * 2 # 标量 2 广播成与向量 arr_a 尺寸一致为(4,1)的向量
>>> arr_c
array([0, 2, 4, 6])
>>> arr_d = arr_a + arr_b # 向量 arr_a 广播成与向量 arr_b 尺寸一致为(4,2)的向量
>>> arr_d
array([[ 4,  6,  8, 10],
       [ 8, 10, 12, 14]])
```

（2）函数运算

ndarray 对象的函数运算函数包括通用函数（ufunc）与聚合函数（afunc）。通用函数与聚合函数的主要区别如下。

- 调用方式不同：b = ufunc(a)；b = a.afunc()。
- 返回值不同：通用函数的返回值是尺寸与输入变量一致的向量；聚合函数的返回值是标量。

① 通用函数

通用函数也可实现对 ndarray 的元素级运算，返回每一个元素关于该通用函数的运算结果。根据输入变量数量的不同，通用函数又可分为一元通用函数和二元通用函数。

表 8-3 和表 8-4 分别展示了常用的一元通用函数和二元通用函数。

表 8-3　常用的一元通用函数

一元通用函数	功能描述	示例
abs()	计算绝对值	np.abs([−1, 2, −3]) -> [1, 2, 3]
sqrt()	计算平方根	np.sqrt([4, 9, 16]) -> [2, 3, 4]
exp()	计算指数函数	np.exp([1, 2, 3]) -> [2.71828183, 7.3890561, 20.08553692]
log()	计算对数	np.log([1, 10, 100]) -> [0, 2.30258509, 4.60517019]
sin()	计算正弦值	np.sin([0, np.pi/2, np.pi]) -> [0, 1, 0]
cos()	计算余弦值	np.cos([0, np.pi/2, np.pi]) -> [1, 0, −1]
tan()	计算正切值	np.tan([0, np.pi/4, np.pi/2]) -> [0, 1, inf]

续表

一元通用函数	功能描述	示例
ceil()	向上取整	np.ceil([1.2, 2.7, 3.1]) -> [2, 3, 4]
floor()	向下取整	np.floor([1.2, 2.7, 3.1]) -> [1, 2, 3]
round()	四舍五入	np.round([1.2, 2.7, 3.1]) -> [1, 3, 3]

表 8-4　常用的二元通用函数

二元通用函数	功能描述	示例
add()	元素级相加	np.add([1, 2, 3], [4, 5, 6]) -> [5, 7, 9]
subtract()	元素级相减	np.subtract([4, 5, 6], [1, 2, 3]) -> [3, 3, 3]
multiply()	元素级相乘	np.multiply([1, 2, 3], [4, 5, 6]) -> [4, 10, 18]
divide()	元素级相除	np.divide([4, 5, 6], [1, 2, 3]) -> [4, 2.5, 2]
power()	元素级求幂	np.power([2, 3, 4], [2, 3, 4]) -> [4, 27, 256]
maximum()	元素级取最大值	np.maximum([1, 2, 3], [2, 1, 4]) -> [2, 2, 4]
minimum()	元素级取最小值	np.minimum([1, 2, 3], [2, 1, 4]) -> [1, 1, 3]
greater()	元素级比较是否大于	np.greater([1, 2, 3], [2, 1, 4]) -> [False, True, False]
less()	元素级比较是否小于	np.less([1, 2, 3], [2, 1, 4]) -> [True, False, True]
equal()	元素级比较是否相等	np.equal([1, 2, 3], [2, 1, 4]) -> [False, False, False]

② 聚合函数

聚合函数通常用于获取 ndarray 的统计运算结果，如最大值、最小值、方差等。表 8-5 所示为常用的聚合函数。

表 8-5　常用的聚合函数

聚合函数	功能描述
a.sum()	按指定轴返回数组 a 元素的和
a.mean()	按指定轴返回数组 a 元素的平均值
a.max()	按指定轴返回数组 a 元素的最大值
a.min()	按指定轴返回数组 a 元素的最小值
a.var()	按指定轴返回数组 a 元素的方差
a.std()	按指定轴返回数组 a 元素的标准差
a.argmin()	按指定轴返回数组 a 元素的最小值索引
a.argmax()	按指定轴返回数组 a 元素的最大值索引

下面介绍聚合函数的简单案例：

```
>>> import numpy as np
>>> arr_a = np.array([0,1,2,3])
>>> arr_a.sum()
6
>>> arr_a.std()
1.118033988749895
```

（3）矩阵运算

NumPy 提供了丰富的线性代数函数，可进行矩阵运算、线性方程组求解、特征值和特征向量计算、奇异值分解等操作。ndarry 的矩阵运算示意如图 8-5 所示。表 8-6 所示为常用的线性代数函数。

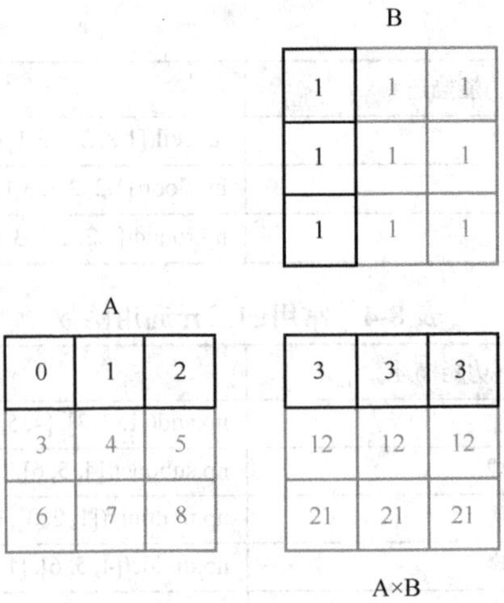

图 8-5　ndarray 的矩阵运算示意

表 8-6　常用的线性代数函数

聚合函数	功能描述
numpy.dot(A, B)	计算矩阵 A 乘以矩阵 B
numpy.transpose(A)	返回矩阵 A 的转置矩阵
numpy.linalg.inv(A)	计算矩阵 A 的逆矩阵
numpy.linalg.solve(A, B)	解线性方程组 AX = B
numpy.linalg.eig(A)	计算矩阵 A 的特征值和特征向量
numpy.linalg.svd(A)	进行矩阵 A 的奇异值分解
numpy.linalg.matrix_rank(A)	计算矩阵 A 的秩

【例 8-1】 设计程序实现如下功能。目前线上购物推出了两种优惠活动，一种是消费满 200 元减 50 元，另一种是消费满 300 元享 8 折优惠。已知购物车中已选购了 5 个商品，价格分别为 50 元、60 元、70 元、80 元和 90 元。现还想挑选一款商品，该商品不同品牌的价格介于 51 元和 249 元之间。设计程序，求该款商品在什么价格区间内购买适合参加第一个活动，在什么价格区间内购买适合参加第一个活动。

【程序代码】

8-1Sale.py

```
1  import numpy as np
2  prices = np.array([50, 60, 70, 80, 90])
3  total_price = np.sum(prices)
4  threshold_price = np.linalg.solve(np.array([[0.2]]), np.array([[100]]))
5  threshold_price = threshold_price[0,0]
6  print("当该类商品价格大于",np.array(51.0),"元且小于",threshold_price-total_
   price,"时，适合参加第一个活动。")
7  print("当该类商品价格大于",threshold_price-total_price,"元且小于",np.array
   (249.0),"元时，适合参加第二个活动。")
```

【运行结果】

```
当该类商品价格大于 51.0 元且小于 150.0 时，适合参加第一个活动。
当该类商品价格大于 150.0 元且小于 249.0 元时，适合参加第二个活动。
```

【程序解析】

本例关键在于求得两活动优惠相同时的阈值价格，当新加入商品价格小于这个阈值价格时合适参加第一个活动，大于这个阈值价格时合适参加第二个活动。

求取阈值价格的公式可设为：阈值价格×0.8 –（阈值价格 – 100）=0。减 100 的原因是，新购买商品的价格区间为 51 元到 249 元，购物总价区间为 401 元到 599 元，参加第二个活动获得的优惠金额为 100 元。

将以上公式化简为 $AX=B$ 的形式，即：0.2×阈值价格=100。

根据表 8-6 中 np.linalg.solve(A, B)函数的使用方法，在程序代码第 4 行求得阈值价格。需要注意的是，np.linalg.solve(A, B) 函数中的输入变量 A 和 B 须是矩阵形式。因此，代码第 5 行将求得的向量阈值价格转化为标量。

8.2 pandas——数据分析与处理

pandas

pandas 通过 series（序列、单列表格）和 dataframe（数据帧、多列表格）两种数据结构，以及多种数据操作工具，令基于 Python 实现数据清洗和分析操作非常高效、方便。

dataframe 是一种可自定义行、列索引的电子表格结构，其中的每一列都是一个 series，如图 8-6 所示。

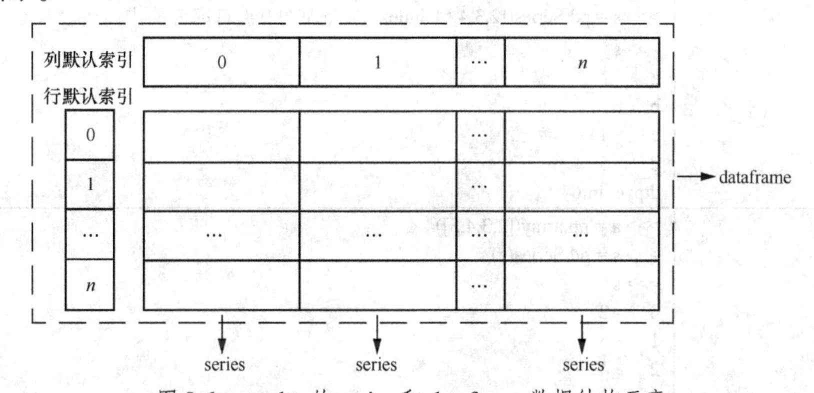

图 8-6 pandas 的 series 和 dataframe 数据结构示意

pandas 的 series 和 dataframe 数据结构与 NumPy 的 ndarray 数据结构主要有以下不同：

- series 和 dataframe 的索引可以使用自定义字符串，而 ndarray 不可以；
- ndarray 可以直接使用负整数实现反向索引，而 series 和 dataframe 不可以；
- series 和 dataframe 各元素之间的数据类型可以不同，而 ndarray 各元素之间的数据类型必须一致。

因此，pandas 可用于处理二维异构数据，NumPy 可用于处理多维同构数据。

本节将主要介绍 series 和 dataframe 两种数据结构的基本操作和基本运算方式。

pandas 主要有以下两种安装方式。

① 通过 conda 安装，如下：

```
conda install pandas
```

② 通过 pip 安装，如下：

```
pip install pandas
```

8.2.1 series——单列表格的基本操作

series 可看作可自定义索引且可存储异构数据的一维 ndarray，默认索引为 0 到 *n* 的正整数，series 数据结构示意如图 8-7 所示。

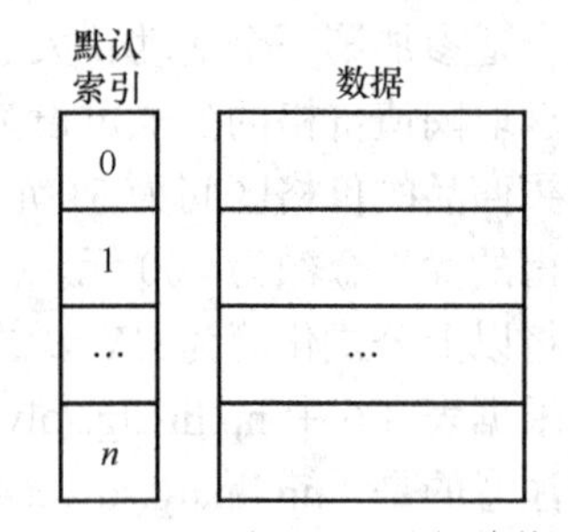

图 8-7 pandas 的 series 数据结构示意

1．series 的创建

表 8-7 所示为 series 常用的创建方法，默认已输入“import numpy as np”与“import pandas as pd”命令。

表 8-7 series 常用的创建方法

分类	示例

直接创建	>>> s = pd.Series([2,3,4,5])
	>>> s
	0 2
	1 3
	2 4
	3 5
	dtpye: int64

	>>> s = pd.Series([2,3,4,5], index=['a','b','c','d']) # 自定义索引
	>>> s
	a 2
	b 3
	c 4
	d 5
	dtpye: int64

基于 ndarray 创建	>>> a = np.array([2,3,4,5])
	>>> s = pd.Series(a)
	>>> s
	0 2
	1 3
	2 4
	3 5
	dtpye: int32

	>>> a = np.array([2,3,4,5])
	>>> s = pd.Series(a, index=['a','b','c','d']) # 自定义索引
	>>> s
	a 2
	b 3
	c 4
	d 5
	dtpye: int32

基于字典创建	>>> dict = {'a':2, 'b':3, 'c':4, 'd':5}
	>>> s = pd.Series(dict)
	>>> s
	a 2
	b 3
	c 4
	d 5
	dtpye: int64

2．series 的索引、切片与筛选

在索引方面，series 与 ndarray 都可以使用正整数对元素实现正向索引。与 ndarray 不同的是，series 不能直接使用负整数实现反向索引，series 可以使用自定义字符串实现索引。series 还可以方便地实现数据筛选操作。

下面介绍 series 的索引、切片与筛选基本操作：

```
>>> import pandas as pd
>>> s = pd.Series([2,3,4,5], index=['a','b','c','d'])
>>> # 索引
>>> s[0]
2
>>> s['c']
4
>>> # 切片
>>> s[0:2]
a    2
b    3
dtype: int64
>>> s[['b','d']]
b    3
d    5
dtype: int64
>>> # 筛选
>>> s[s>2]
b    3
c    4
d    5
dtype: int64
```

3．series 的赋值与复制

将数值赋给 series，无须保证数值的数据类型与 series 的数据类型一致。下面介绍将数值赋给 series 的简单案例：

```
>>> import pandas as pd
>>> s = pd.Series([2,3,4,5], index=['a','b','c','d'])
>>> # 索引赋值
>>> s['c'] = 'color'
>>> s
a        2
b        3
c    color
d        5
dtype: object
>>> type(s['c'])
str
>>> # 切片赋值
>>> s[0:2] = 2.5
>>> s
a      2.5
b      2.5
```

```
c     color
d         5
dtype: object
>>> type(s[0])
float
```

与 ndarray 一样，当需将 series 或其切片的数值赋给其他 series 时，必须使用 copy()函数，而不能直接使用等号。

下面介绍基于 ndarray 直接构建 series 和使用 copy()函数构建 series 的简单案例：

```
>>> import pandas as pd
>>> import numpy as np
>>> a = np.array([2,3,4,5])
>>> # 分别使用ndarray和copy()函数构建series
>>> s = pd.Series(a, index=['a','b','c','d'])
>>> s1 = pd.Series(a.copy(), index=['a','b','c','d'])
>>> # 改变ndarray元素的值，观察series相应元素的值是否会随之改变
>>> a[0] = 1
>>> s
a    1
b    3
c    4
d    5
dtype: int32
>>> s1
a    2
b    3
c    4
d    5
dtype: int32
```

下面介绍对 series 使用等号和 copy()函数复制元素值的简单案例：

```
>>> import pandas as pd
>>> import numpy as np
>>> a = np.array([2,3,4,5])
>>> s = pd.Series(a, index=['a','b','c','d'])
>>> # 分别使用等号和copy()函数将s赋给s1equal和s1copy
>>> s1equal = s
>>> s1copy = s.copy()
>>> # 改变s某一元素的值，观察s1equal和s1copy是否随之改变
>>> s['d'] = 'dog'
>>> s1equal
a      2
b      3
c      4
d    dog
dtype: object
>>> s1copy
a    2
b    3
c    4
d    5
dtype: int32
```

8.2.2 series——单列表格的基本运算

series 的运算可分为单个 series 的运算和多个 series 的运算。

1．单个 series 的运算

下面介绍单个 series 运算的简单案例：

```
>>> import pandas as pd
>>> import numpy as np
>>> s = pd.Series([2,3,4,5], index=['a','b','c','d'])
>>> s / 2
a    1.0
b    1.5
c    2.0
d    2.5
dtype: float64
>>> np.log(s)
a    0.693147
b    1.098612
c    1.386294
d    1.609438
dtype: float64
```

2．多个 series 的运算

下面介绍多个 series 运算的简单案例：

```
>>> import pandas as pd
>>> dict1 = {'a':2, 'b':3, 'c':4, 'd':5} # 基于字典构建 series
>>> dict2 = {'a':3, 'b':4, 'c':5, 'e':6}
>>> s1 = pd.Series(dict1)
>>> s2 = pd.Series(dict2)
>>> s1 + s2
a    5.0
b    7.0
c    9.0
d    NaN
e    NaN
dtpye: float64
```

通过以上案例可以看出，对于 series 之间的运算，当两个 series 在某一索引内都有与之对应的元素时，该索引内的元素会进行算术运算，并返回运算结果；当两个 series 在某一索引内不是都有与之对应的元素时，即一个 series 有，而另一个没有，该索引内的元素不会进行算术运算，返回 NaN（Not a Number）。

8.2.3 dataframe——多列表格的基本操作

dataframe 可看作可自定义行、列索引且可存储异构数据的二维 ndarray，行、列默认的索引为 0 到 *n* 的正整数（见图 8-6）。dataframe 的每一列对应一个 series。

1．dataframe 的创建

表 8-8 所示为 dataframe 常用的创建方法，默认已输入“import numpy as np”与“import pandas as pd”命令。

表 8-8　dataframe 常用的创建方法

分类	示例

基于 ndarray 创建	>>> a = np.array([[2,3],[6,7]])
	>>> df = pd.DataFrame(a, index=['a','b'], columns=['c','d']) # 自定义行、列的索引
	>>> df
	　c　d
	a　2　3
	b　6　7

基于字典创建	>>> dict = {'color': ['green', 'red', 'yellow'],
	'object': ['paper', 'pencil', 'pen']}
	>>> df = pd.DataFrame(dict)
	>>> df
	　color　object
	0　green paper
	1　red　pencil
	2　yellow　pen

基于 series 创建	>>> index = ['a', 'b', 'c']
	>>> s1 = pd.Series([1,2,3], index=index)
	>>> s2 = pd.Series(['apple', 'banana', 'cherry'], index=index)
	>>> df = pd.DataFrame({'amount': s1, 'fruit': s2})
	>>> df
	　amount fruit
	a　1　apple
	b　2　banana
	c　3　cherry

2．dataframe 的索引、切片与筛选

与 series 一样，dataframe 可以使用正整数对元素进行索引，也可以使用行、列自定义的字符串进行索引。dataframe 也可以方便地实现数据筛选操作。

使用 pandas 也可方便地读取电子表格文件：Excel 文件和 CSV 文件。本节介绍 dataframe 的索引、切片与筛选。

```
>>> import pandas as pd
>>> scores_df = pd.read_csv('scores_all.csv')
>>> print(scores_df)
  姓名  语文  数学  英语
0  小帅   95    96    94
1  小美   98    92    99
2  小明   94    98    93
>>> # 获取索引与数值
>>> scores_df.index
RangeIndex(start=0, stop=3, step=1)
>>> scores_df.column
Index(['姓名', '语文', '数学', '英语'], dtype='object')
>>> scores_df.values
array([['小帅', 95, 96, 94],
```

```
        ['小美', 98, 92, 99],
        ['小明', 94, 98, 93]], dtype=object)
>>> # 索引
>>> scores_df['姓名'][0] # df[列索引][行索引]
'小帅'
>>> scores_df.loc[0,'姓名'] # loc[行索引,列索引]
'小帅'
>>> scores_df['数学'] # 使用索引指定列，自定义列索引后，无法直接使用正整数对列进行索引
0    96
1    92
2    98
Name: 数学, dtype: int64
>>> scores_df.loc[1,:] # 使用 loc 函数索引指定行
姓名    小美
语文    98
数学    92
英语    99
Name: 1, dtype: object
>>> # 切片
>>> scores_df[0:2] # 行切片，左闭右开
   姓名  语文  数学  英语
0  小帅  95   96   94
1  小美  98   92   99
>>> scores_df.loc[0:2,:] # 使用 loc 函数实现行切片，左闭右闭
   姓名  语文  数学  英语
0  小帅  95   96   94
1  小美  98   92   99
2  小明  94   98   93
>>> scores_df.loc[:,'语文':'英语'] # 使用 loc 函数实现列切片
   语文  数学  英语
0  95   96   94
1  98   92   99
2  94   98   93
>>> scores_df.loc[[0,2],:] # 使用 loc 函数切片指定行
   姓名  语文  数学  英语
0  小帅  95   96   94
2  小明  94   98   93
>>> scores_df.loc[:,['姓名','英语']] # 使用 loc 函数切片指定列
   姓名  英语
0  小帅  94
1  小美  99
2  小明  93
>>> scores_df.loc[[0,2],['姓名','语文']] # 使用 loc 函数切片指定行和列
   姓名  英语
0  小帅  94
2  小明  93
>>> # 筛选
```

```
>>> scores_df[scores_df['语文']>94]
   姓名  语文  数学   英语
0  小帅  95    96     94
1  小美  98    92     99
```

3．dataframe 的赋值与复制

与 series 一样，将数值赋给 dataframe 无须保证数值的数据类型与 dataframe 的数据类型一致。下面介绍将数值赋给 dataframe 的简单案例：

```
>>> import pandas as pd
>>> index = ['apple', 'banana', 'cherry']
>>> s1 = pd.Series([1,2,3], index=index)
>>> s2 = pd.Series([2,1,3], index=index)
>>> df = pd.DataFrame({'amount': s1, 'price': s2})
>>> # 索引赋值
>>> df['amount']['banana'] = 10
>>> df
        amount    price
apple     1       2
banana    10      1
cherry    3       3
>>> # 按列赋值
>>> df['amount'] = 3
>>> df
        amount    price
apple     3       2
banana    3       1
cherry    3       3
>>> # 索引赋值，不同数据类型
>>> type(df['price']['apple'])
numpy.int64
>>> df['price']['apple'] = 10.5
>>> type(df['price']['apple'])
numpy.float64
>>> # 切片赋值
>>> df.loc[['apple','banana'],'price'] = '20'
>>> df
        amount    price
apple     3       20
banana    3       20
cherry    3       3.0
>>> type(df['price']['banana'])
str
```

与 ndarray 和 series 一样，当需要将 dataframe 或其切片的数值赋给其他 dataframe 时，必须使用 copy()函数，而不能直接使用等号。

下面介绍基于 ndarray 和 series 直接构建 dataframe 和使用 copy()函数构建 dataframe 的简单案例：

```
>>> import pandas as pd
>>> # 基于ndarray构建dataframe
>>> index = ['apple', 'banana', 'cherry']
```

```
>>> column = ['amount', 'price']
>>> a = np.array([[1,2],[2,1],[3,3]])
>>> df = pd.DataFrame(a, index=index, columns=column)
>>> df
        amount    price
apple     1       2
banana    2       1
cherry    3       3
>>># 改变ndarray元素的值，观察dataframe相应元素的值是否会随之改变
>>> a[0,0] = 10
        amount    price
apple     10      2
banana    2       1
cherry    3       3
>>> # 基于series构建dataframe
>>> index = ['apple', 'banana', 'cherry']
>>> s1 = pd.Series([1,2,3], index=index)
>>> s2 = pd.Series([2,1,3], index=index)
>>> # 分别使用series和copy()函数构建dataframe中的不同列
>>> df = pd.DataFrame({'amount': s1, 'price': s2.copy()})
>>> df
        amount    price
apple     1       2
banana    2       1
cherry    3       3
>>># 改变series元素的值，观察dataframe相应元素的值是否会随之改变
>>> s1['apple'] = 'apple'
>>> s2['apple'] = 'apple'
>>> df
        amount    price
apple     1       2
banana    2       1
cherry    3       3
```

下面介绍dataframe使用等号和copy()函数复制元素值的简单案例：

```
>>> import pandas as pd
>>> df = pd.DataFrame(np.zeros([2,2]),index=['a','b'],columns=['c','d'])
>>> df
    c       d
a   0.0     0.0
b   0.0     0.0
>>> # 分别使用等号和copy()函数将df赋给df1equal和df1copy
>>> df1equal = df
>>> df1copy = df.copy()
>>> # 改变df某一元素的值，观察df1equal和df1copy是否随之改变
>>> s1['d'] = 'dog'
>>> df1equal
    c       d
a   1.0     0.0
b   0.0     0.0
>>> df1copy
    c       d
a   0.0     0.0
b   0.0     0.0
```

8.2.4 dataframe——多列表格的基本运算

由于 pandas 借用了大量的 NumPy 代码，pandas 的 dataframe 可以方便地使用基于 NumPy 的函数。回顾例 7-5，统计同学语文、数学和英语考试的总分时需要使用 for 循环。下面介绍基于 dataframe 数据结构，将例 7-5 的程序代码简化如下（不包括 Excel 样式的修改）：

```
>>> import pandas as pd
>>> scores_df = pd.read_Excel('scores_all.xlsx')
>>> scores_df
   姓名  语文  数学  英语
0  小帅  95    96    94
1  小美  98    92    99
2  小明  94    98    93
>>> # 使用 NumPy 的聚合函数 sum() 获取每位同学的总分，并把结果存储在新的一列
>>> scores_df['总分'] = scores_df[['语文','数学','英语']].sum(axis=1) # axis=1
表示按行相加
>>> scores_df
   姓名  语文  数学  英语  总分
0  小帅  95    96    94    285
1  小美  98    92    99    289
2  小明  94    98    93    285
>>> scores_df.to_Excel('scores_all_new_pd.xlsx') # 将修改后的 scores_df 存储到当
前工作目录新的 Excel 文件 scores_all_new_pd.xlsx 中
```

除此之外，dataframe 还有一些常用函数如表 8-9 所示。

表 8-9　dataframe 常用函数

函数	功能描述
df.head(n)	返回 df 的前 n 行数据
df.tail(n)	返回 df 的后 n 行数据
df.shape	返回 df 的行数和列数
df.info()	显示 df 的基本信息，包括列名、数据类型和非空值数量
df.describe()	对 df 的数值列进行描述性统计，包括计数和计算平均值、标准差、最小值、25%分位数、中位数、75%分位数和最大值
df.columns	返回 df 的列名
df.index	返回 df 的索引
df.values	返回 df 的值，以二维数组形式展示
df.sort_values(列，顺序)	按照指定列的值进行排序，默认按升序排列
df.dropna()	删除包含缺失值的行或列
df.fillna(值)	用指定的值填充缺失值
df.groupby(列)	按照指定列进行分组
df.apply(函数)	对 df 的每个元素应用指定的函数
pd.merge(df1,df2,列)	将 df1 和 df2 按照指定的列进行合并
df.loc[行标签，列标签]	通过标签对 df 进行索引和切片
df.iloc[行索引，列索引]	通过索引对 df 进行索引和切片

【例 8-2】 设计程序实现如下功能。“total.csv”文件中存储了六个班同学的学号和成绩，“class1.csv”中存储了其中一个班同学的学号，如图 8-8 所示。设计程序“Merge.py”，根据“total.csv”文件中学生的学号和成绩的对应关系，填补“class1.csv”文件中学号对应的成绩，如图 8-9 所示。

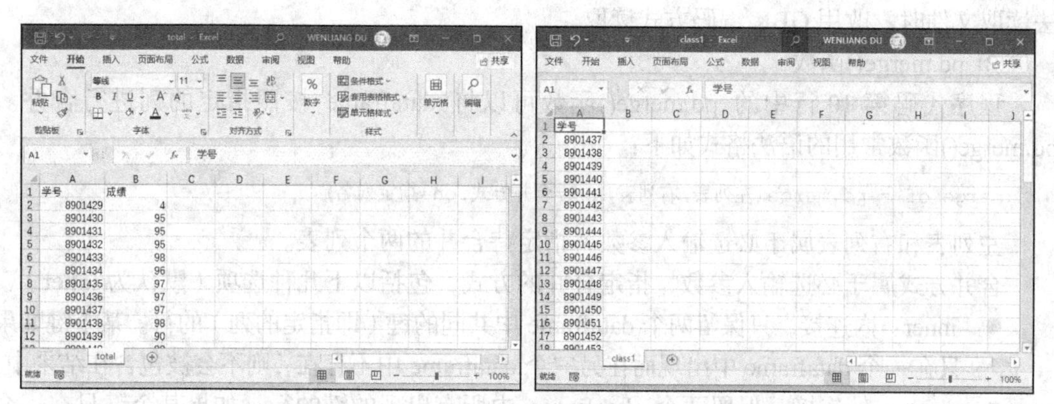

图 8-8 “total.csv”和“class1.csv”文件示意图

【程序代码】

8-2Merge.py

```
1   import pandas as pd
2   try:
3       total_df = pd.read_csv('total.csv', encoding='utf-8')
4   except UnicodeDecodeError:
5       total_df = pd.read_csv('total.csv', encoding='gbk')
6   try:
7       class1_df = pd.read_csv('class1.csv', encoding='utf-8')
8   except UnicodeDecodeError:
9       class1_df = pd.read_csv('class1.csv', encoding='gbk')
10  result_df = pd.merge(class1_df, total_df, on='学号', how='left')
11  result_df.to_csv('class1.csv', index=False, encoding='gbk')
```

【运行结果】

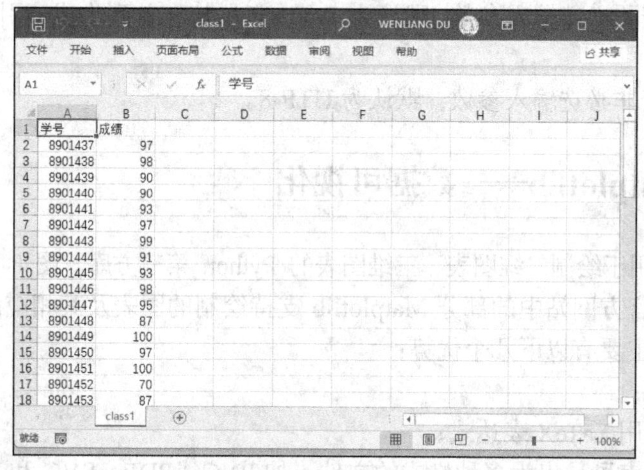

图 8-9 填补成绩的“class1.csv”文件示意图

【程序解析】

① UnicodeDecodeError

由于“total.csv”和“class1.csv”文件中包含中文，文件的编码方式可能是 UTF-8 也可能是 GBK，因此，程序代码第 2～9 行使用 try…except 语句，使得当以 UTF-8 编码方式无法读取文件时，改用 GBK 编码方式读取。

② pd.merge()函数

程序代码第 10 行中的 pd.merge()函数可以将 dataframe 按照指定的列进行合并。pd.merge()函数常用的语法格式如下：

```
merge_df = pd.merge(左列表,右列表,how=合并方式,on=指定列名)
```

左列表和右列表属于必选输入参数，指定待合并的两个列表。

合并方式属于必选输入参数，指定合并的方式，包括以下几种选项（默认为 inner）。

- inner：内连接，只保留两个 dataframe 中共同的键（即指定的列）的行。某个键如果只在一个 dataframe 中出现而在另一个 dataframe 中不存在，则不会被包含在结果中。
- outer：外连接，保留两个 dataframe 中所有出现的键的行。如果某个键只在一个 dataframe 中出现而在另一个 dataframe 中不存在，则用 NaN 值填充缺失的部分。
- left：左连接，以左边的 dataframe 为基础，保留左边 dataframe 中出现的所有键的行，并将右边 dataframe 中与左边 dataframe 中的键相匹配的行加到结果中。
- right：右连接，以右边的 dataframe 为基础，保留右边 dataframe 中出现的所有键的行，并将左边 dataframe 中与右边 dataframe 中的键相匹配的行加到结果中。

指定列名属于非必选输入参数，指定用于合并的列名。若没有指定用于合并的列名，程序将会尝试自动寻找两个 dataframe 中相同的列名作为合并的键，通常是两个 dataframe 中名称相同的列。

③ df.to_csv()函数

程序代码第 11 行中的 df.to_csv()函数用于将 dataframe 对象保存为 CSV 文件。df.to_csv()函数常用的语法格式如下：

```
df.to_csv(文件路径, index=是否索引, encoding=编码方式)
```

文件路径属于必选输入参数。

是否索引属于非必选输入参数，默认为 True，表示将在首列生成索引。若设置为 False，表示去除索引。

编码方式属于非必选输入参数，默认为 UTF-8。

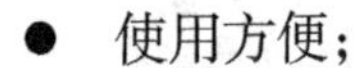

8.3 Matplotlib——数据可视化

Matplotlib 是用于绘制二维图表、三维图表的 Python 第三方库。图 8-10 所示为 Matplotlib 官方网站中的部分 Matplotlib 支持绘制的图表及其相应的函数。Matplotlib 主要有以下几个优势：

Matplotlib

- 使用方便；
- 文本可使用 LaTeX 表达式；
- 绘制的图表可导出为多种格式的文件，如 PNG、PDF、SVG 和 EPS 文件。

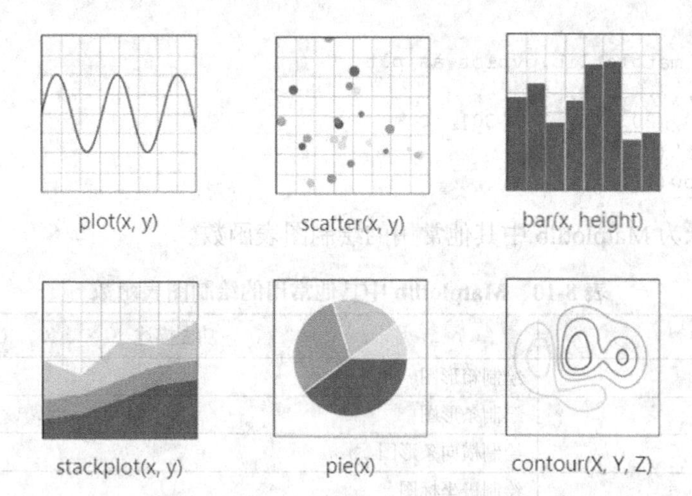

图 8-10　Matplotlib 官方网站中的部分 Matplotlib 支持绘制的图表及其相应的函数

本节将主要介绍 Matplotlib 中的折线图的绘制方法（使用 plot()函数）。关于 Matplotlib 更详细的介绍与操作，可参考 Matplotlib 的官方网站。

Matplotlib 主要有以下两种安装方式。

① 通过 conda 安装，如下：

```
conda install matplotlib
```

② 通过 pip 安装，如下：

```
pip install matplotlib
```

8.3.1　常用图表绘制——以折线图为例

折线图是 Matplotlib 中最基础的绘制图表之一，绘制折线图使用的是 Matplotlib 的 pyplot 模块中十分基本的函数 plot()。plot()函数常用的语法格式如下：

```
plot(x, y, fmt)
```

其中，x 表示构成折线的点的横坐标的取值，为可选参数，省略时默认用 y 数据集的索引作为 x；y 表示与 x 相对应的纵坐标的取值；fmt 是控制线型样式的可选参数，可以通过设定格式字符串来控制点、线的颜色和风格样式。

下面介绍绘制折线图的简单案例，使用 plot()函数绘制的折线图如图 8-11 所示。

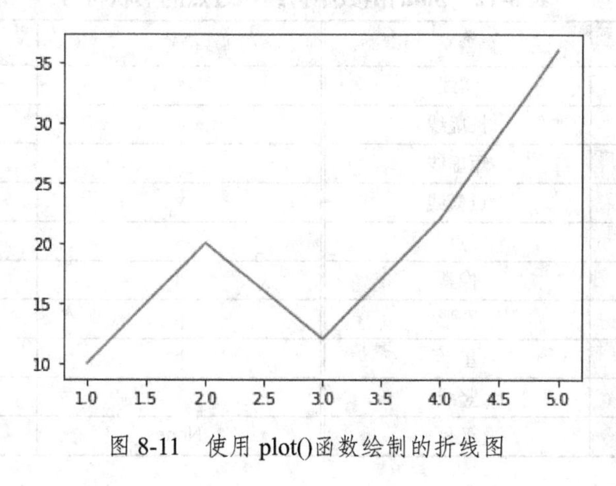

图 8-11　使用 plot()函数绘制的折线图

```
>>> import matplotlib.pyplot as plt
>>> x = [1, 2, 3, 4, 5]
>>> y = [10, 20, 15, 25, 30]
>>> plt.plot(x, y)
>>> plt.show()
```

表 8-10 所示为 Matplotlib 中其他常用的绘制图表函数。

表 8-10　Matplotlib 中其他常用的绘制图表函数

函数	功能描述
boxplot()	绘制箱形图
bar()	绘制条形图
barh()	绘制横向条形图
polar()	绘制极坐标图
pie()	绘制饼图
psd()	绘制功率谱密度图
scatter()	绘制散点图
step()	绘制步阶图
stem()	绘制火柴杆图
hist()	绘制直方图
contour()	绘制等值线图
vlines()	绘制垂直线图

8.3.2　图表样式的控制方法——以折线图为例

对 plot()函数来说，可以控制的图表样式包括折线和过点的颜色、折线和过点的形状。表 8-11 和表 8-12 分别列出了 plot()函数中折线和过点的颜色符号、折线和过点的形状符号。

表 8-11　plot()函数中折线和过点的颜色符号

颜色符号	含义	颜色符号	含义
r	红色（red）	y	黄色（yellow）
g	绿色（green）	k	黑色（black）
b	蓝色（blue）	w	白色（white）

表 8-12　plot()函数中折线和过点的形状符号

符号	含义	符号	含义
-	实线	<	左三角
--	长虚线	>	右三角
:	短虚线	^	上三角
-.	点横线	v	倒三角
.	点	s	正方形
,	像素	d	菱形
o	圆形	p	正五边形
*	星形	h	正六边形
|	竖线	+	十字形
x	叉号	None	空

另外，也可以使用 Matplotlib 控制图表坐标轴的属性，表 8-13 罗列了常用坐标轴属性控制的函数。

表 8-13　常用坐标轴属性控制的函数

函数	功能说明
axis()	设置坐标轴属性
xlabel()、ylabel()	设置 x 轴和 y 轴的标签
title()	设置绘图区的标题
grid()	设置网格线是否出现
text()	在绘图区中指定位置显示文字
legend()	设置绘图区的图例

下面介绍一个使用 plot()绘制折线图并设置样式的简单案例。

【例 8-3】 我国高铁的高速、高质量发展，大大缩短了城市之间的交通时间，促进了城市间的人员流动、物流运输和旅游业发展，为落实党的“二十大”提出的发展目标和战略提供了重要支撑。根据国家统计局数据，2008—2022 年营业里程（万千米）依次为 0.0672、0.2699、0.5133、0.6601、0.9356、1.1028、1.6456、1.9838、2.2980、2.5164、2.9904、3.5388、3.7929、4.0000、4.2000。设计程序，基于 Matplotlib 中 pyplot 包里的 plot()，绘制 2008—2022 年我国高铁历年营业里程折线图。曲线样式为蓝色曲线与圆点组合。图形标题为“中国高铁历年营业里程（2008—2022 年）”，字体为“SimHei”，字号为 20 磅；横轴（*x* 轴）标签为“年份”，字体为“SimHei”，字号为 20 磅；纵轴（*y* 轴）标签为“营业里程（万千米）”，字体为“SimHei”，字号为 20 磅。在折线附近标注出对应年份的具体营业里程，字号为 12 磅，显示坐标网格，如图 8-12 所示。

【程序代码】

8-3Train.py

```
1   import numpy as np
2   import matplotlib.pyplot as plt
3   import pandas as pd
4   # 创建年份和高铁总里程的数据
5   years = np.arange(2008, 2023)
6   total_KMage = [0.0672, 0.2699, 0.5133, 0.6601, 0.9356, 1.1028, 1.6456,
    1.9838, 2.2980, 2.5164, 2.9904, 3.5388, 3.7929, 4.0000, 4.2000]
7   # 创建 pandas 数据
8   data = pd.DataFrame({'Year': years, 'Total KMage': total_KMage})
9   # 创建图表
10  plt.figure(figsize=(20, 6)) # 创建一个宽为 20 英寸，高为 6 英寸的图像画布
11  plt.plot(data['Year'], data['Total KMage'], 'b-o')
12  # 设置横坐标和纵坐标的样式
13  plt.xticks(data['Year'], fontsize=15) # 横坐标数据用 data['Year']
    表示，字号为 15 磅
14  plt.yticks(fontsize=15) # 纵坐标数据字号为 15 磅
15  plt.ylim(0,4.5) # 纵坐标数据范围限定为 0~4.5
16  # 添加标题和横轴、纵轴的标签
17  plt.title('中国高铁历年营业里程（2008-2022 年）',
    fontproperties='SimHei', fontsize = 20) # 设置图像标题，字号为 20 磅,
    显示中文需将 fontproperties 设置为中文字体
```

```
18  plt.xlabel('年份', fontproperties='SimHei', fontsize = 20) # 设置
    横轴标签，字号为 20 磅
19  plt.ylabel('营业里程（万千米）', fontproperties='SimHei', fontsize =
    20) # 设置纵轴标签，字号为 20 磅
20  # 在折线附近标注出对应年份的具体营业里程
21  for i in range(len(total_KMage)):
22      plt.text(data['Year'][i], data['Total KMage'][i]+0.1,
    str(data['Total KMage'][i]), ha='center', fontsize=12) # 在图像的
    (data['Year'][i], data['Total KMage'][i]+0.1)坐标处显示数据
    "str(data['Total KMage'][i])"，居中对齐，字号为 12 磅
23  # 添加网格线
24  plt.grid(True)
25  # 显示图表
26  plt.show()
```

【运行结果】

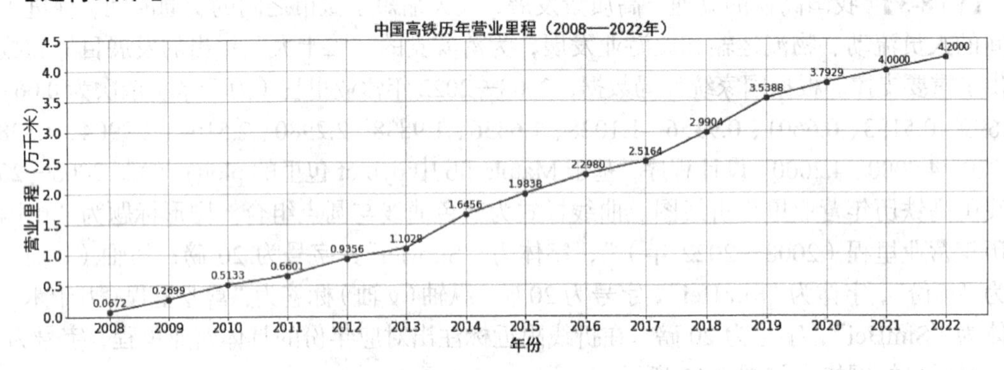

图 8-12　中国高铁历年营业里程（2008—2022 年）折线图

【程序解析】

① plt.figure()函数

程序代码第 10 行中的 plt.figure()函数用于创建一个新的图像画布，其常用语法格式如下：

```
plt.figure(figsize=(图像画布宽度,图像画布高度), dpi=图像分辨率, edgecolor=图像边框颜色)
```

输入参数都是非必选输入参数，其中图像画布宽度与图像画布高度的单位是英寸。

② plt.plot()函数

程序代码第 11 行中的 plt.plot()函数用于绘制曲线，其常用语法格式如下：

```
plt.plot(横坐标数据, 纵坐标数据, 曲线样式)
```

输入参数横坐标数据和纵坐标数据是必选输入参数，用于定义绘制曲线某点的横坐标和纵坐标，其中纵坐标数据可以是关于横坐标数据的函数；曲线样式是非必选输入参数，用于指定曲线的颜色、线型和标记类型。

8.3.3　绘制子图

多个子图可绘制在同一幅图里，以便于子图之间进行比较。下面通过例 8-4 介绍绘制子图的一般方法。

【例 8-4】 使用 Matplotlib 中 pyplot 包里的 subplots()绘制 4 个子图，各子图尺寸是 10 英寸×8 英寸。在第一个子图中绘制蓝色正弦曲线，标题为"Sine"；在第二个子图中绘制

红色余弦曲线，标题为“Cosine”；在第三个子图中绘制绿色正切曲线，标题为“Tangent”；在第四个子图中绘制黑色指数曲线，标题为“Exponential”，如图 8-13 所示。

【程序代码】

8-4ExOfSubplot.py

```
1   import matplotlib.pyplot as plt
2   import numpy as np
3   # 创建数据
4   x = np.linspace(0, 2*np.pi, 100)
5   y1 = np.sin(x)
6   y2 = np.cos(x)
7   y3 = np.tan(x)
8   y4 = np.exp(x)
9   # 创建图像窗口和子图
10  fig, axes = plt.subplots(nrows=2, ncols=2, figsize=(10, 8))
11  # 在第一个子图中绘制正弦曲线
12  axes[0, 0].plot(x, y1, 'b')                # 绘制子图图表
13  axes[0, 0].set_title('Sine')               # 设置子图标题
14  # 在第二个子图中绘制余弦曲线
15  axes[0, 1].plot(x, y2, 'r')                # 绘制子图图表
16  axes[0, 1].set_title('Cosine')             # 设置子图标题
17  # 在第三个子图中绘制正切曲线
18  axes[1, 0].plot(x, y3, 'g')                # 绘制子图图表
19  axes[1, 0].set_title('Tangent')            # 设置子图标题
20  # 在第四个子图中绘制指数曲线
21  axes[1, 1].plot(x, y4, 'k')                # 绘制子图图表
22  axes[1, 1].set_title('Exponential') # 设置子图标题
23  # 显示图像
24  plt.show()
```

【运行结果】

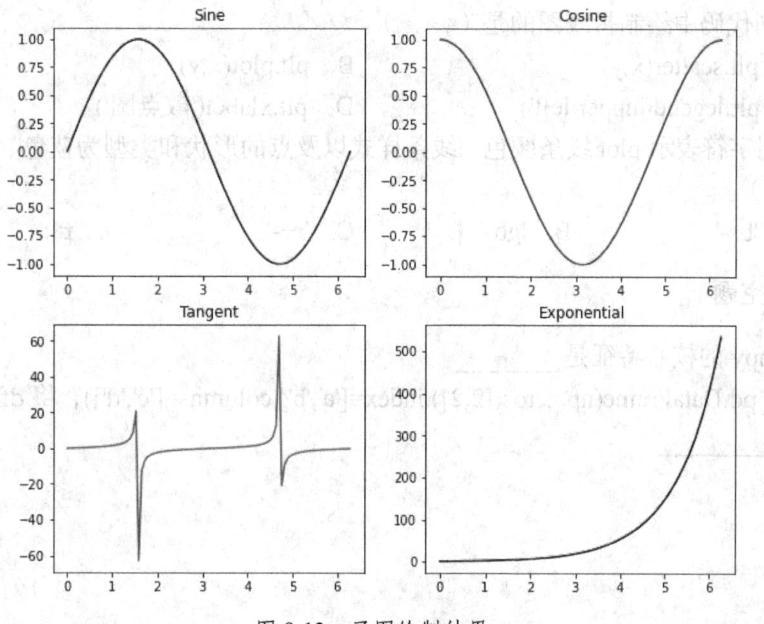

图 8-13　子图绘制结果

【程序解析】

程序代码第 10 行中的 plt.subplots()函数用于在一幅图中绘制多个子图，其常用语法格式如下：

```
fig, axes = plt.subplots(子图行数, 子图列数, 其他参数)
```

函数输出参数 fig 是图像窗口对象，axes 是包含子图对象的二维数组。函数输入参数中子图行数是必选输入参数，表示子图的行数，数据类型是整数；子图列数是必选输入参数，表示子图的列数，数据类型是整数；其他参数是非必选输入参数，用于配置图像窗口的其他属性。本例中其他参数设置为 figsize=(10, 8)，表示绘制图像的长度为 10 英寸、宽度为 8 英寸。图 8-14 所示为 4 个子图（两行两列）绘制区域示意。

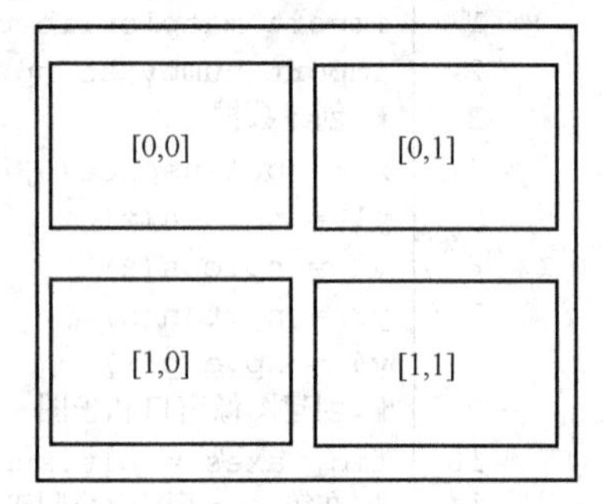

图 8-14　4 个子图（两行两列）绘制区域示意

课后习题

一、选择题

1. 下列用于科学计算的 Python 第三方库是（　　）。

   A. Pandas　　B. Matplotlib　　C. NumPy　　D. Time

2. 以下描述错误的是（　　）。

   A. ndarray 可以将索引自定义为任意字符串

   B. series 可以将索引自定义为任意字符串

   C. dataframe 可以将索引自定义为任意字符串

   D. dataframe 中元素的数据类型可以不同

3. 下列代码中绘制折线图的是（　　）。

   A. plt.scatter(x,y)　　B. plt.plot(x,y)

   C. plt.legend('upper left')　　D. plt.xlabel('散点图')

4. 下列字符表示 plot 线条颜色、线条样式以及点的形状和类型为蓝色、实线、正方形的是（　　）。

   A. 'bs-'　　B. 'go-'　　C. 'r+-'　　D. 'r*:'

二、填空题

1. numpy 的核心特征是________。

2. df = pd.DataFrame(np.zeros([2,2]),index=['a','b'],columns=['c','d'])，将 df 赋值给 df2 的正确语句是________。

第9章 图形用户界面设计

学习目标

- 掌握图形用户界面与命令行界面的基本概念与区别。
- 掌握图形用户界面的优势。
- 了解基于 Python 图形用户界面库的种类与名称。
- 了解图形用户界面的布局方法。
- 了解图形用户界面的用户交互方法。

图形用户界面设计

在个人计算机普及之初，用户只能通过命令行界面（command-line interface，CLI）与计算机进行交互，即使用键盘通过命令提示符输入命令和参数，与计算机进行交互，这使得计算机操作门槛较高。MS-DOS 的 CLI 如图 9-1（a）所示。1983 年 1 月，苹果公司发布了第一台搭载了图形用户界面（graphical user interface，GUI）操作系统（Lisa OS）的个人计算机，开创了个人计算机 GUI “用户交互时代”，Lisa OS 的 GUI 如图 9-1（b）所示。在 GUI 中，用户可以使用鼠标、键盘或触摸屏等输入设备，通过图形和可视化的方式与计算机进行交互。GUI 因其“所见即所得”的特性，以及操作的便利性与较低的学习成本，大大加快了个人计算机普及千家万户的速度。

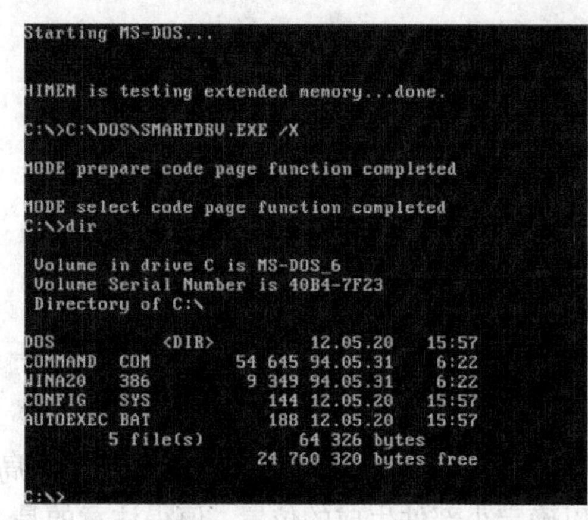

（a）MS-DOS 的 CLI

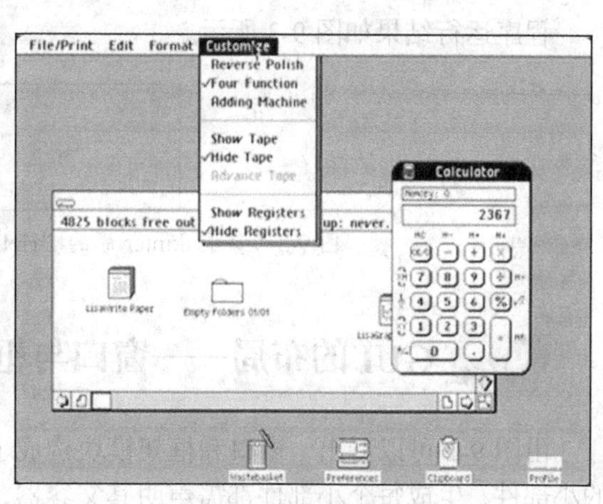

（b）Lisa OS 的 GUI

图 9-1 MSD-DOS 的 CLI 与 Lisa OS 的 GUI 对比示意

Python 开源社区开发了很多 GUI 库，使得用户可以方便地为自己的 Python 程序写出易于交互的GUI。常见的GUI库包括tkinter、PyQt、wxPython以及PySide等。

为方便Python程序跨平台运行，Python开源社区开发了更易于上手的基于Web的GUI库，如Streamlit和Dash等。

本书基于Python内建的tkinter库，介绍基于Python的GUI的开发与设计方法。图9-2所示为基于tkinter库构建GUI的示意。可以看出基于tkinter库构建的GUI主要包括窗口和小部件两个部分。其中窗口决定了GUI的整体布局，如窗口大小、位置属性等；小部件决定了GUI的内部布局，以及用户交互功能。接下来，在9.1节介绍GUI的布局，在9.2节介绍GUI的用户交互。

图9-2　基于tkinter库构建GUI的示意

下面介绍基于tkinter库的一个“Hello World!”GUI案例，它集合了GUI布局、用户交互的基本操作。

```
>>> import tkinter as tk
>>> window = tk.Tk()              # 生成窗口
>>> window.geometry("200x50") # 定义窗口的尺寸为200像素×50像素
>>> frame = tk.Frame(window)  # 在容器窗口中生成框架
>>> frame.pack() # 在窗口中居中放置框架
>>> label = tk.Label(frame, text="Hello World!") # 在框架中生成标签小部件，并居中放置
>>> label.pack() # 在框架中居中放置标签
>>> button = tk.Button(frame, text="Quit", command=window.destroy) # 在容器框架中生成按钮小部件，并居中放置；按键触发的事件是“关闭窗口”
>>> button.pack()       # 在框架中居中放置按钮
>>> window.mainloop()   # 监听用户的操作（如点击按钮、输入文本等）并触发相应的事件处理程序
```

程序运行结果如图9-3所示。

图9-3　基于tkinter库的“Hello World”GUI案例示意图

9.1 GUI的布局——窗口与框架模块

由图9-2可以看出，窗口和框架模块构成了对GUI进行布局的容器。框架是用于布局的小部件，生成每个小部件都需声明其父容器，以确定小部件生成的位置。值得注意的是，小部件的布局不一定需要依赖框架（即生成框架作为其父容器），但更具规范性的布局方案一般是为小部件生成一个框架。

下面介绍使用窗口和框架模块对GUI进行布局的简单案例。

```
>>> import tkinter as tk
>>> window = tk.Tk()            # 生成窗口
>>> window.geometry("400x350") # 定义窗口的尺寸为 400 像素×350 像素
>>> window.title('My GUI')     # 定义窗口的标题
>>> frame1 = tk.Frame(window, bg='red') # 在容器窗口中生成框架 frame1，并设定背景颜色
>>> frame1.place(x=100, y=50, width=200, height=100) # 定义frame1左上角在父容器窗口中的坐标，以及 frame1 的尺寸
>>> frame2 = tk.Frame(window, bg='orange')
>>> frame2.place(x=100, y=200, width=200, height=100)
>>> window.mainloop() # 监听用户的操作（如点击按钮、输入文本等）并触发相应的事件处理程序
```

程序运行结果如图 9-4 所示。

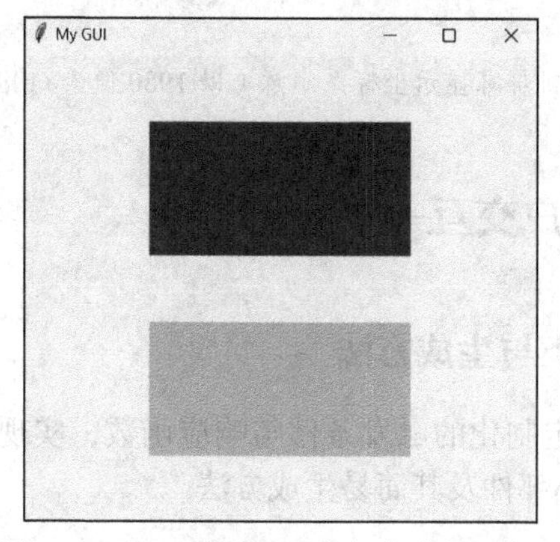

图 9-4 tkinter 库的窗口与框架布局示意图

以上案例中设计了窗口属性的控制和框架属性的控制。窗口属性控制的常用函数如表 9-1 所示。由于框架属于小部件，框架的生成与基本操作在 9.2.1 节中具体介绍。

表 9-1 窗口属性控制的常用函数

函数	功能说明
window.title(string)	设置窗口的标题
window.geometry(string)	设置窗口的大小和位置
window.iconbitmap(bitmap)	设置窗口的图标（位图）
window.iconphoto(True, photo)	设置窗口的图标（图片）
window.resizable(width, height)	设置窗口是否可调整大小
window.withdraw()	隐藏窗口
window.deiconify()	显示窗口
window.maxsize(width, height)	设置窗口的最大尺寸
window.minsize(width, height)	设置窗口的最小尺寸
window.state(newstate)	设置窗口的状态（最小化、最大化等）
window.update()	更新窗口的内容
window.destroy()	销毁窗口
window.mainloop()	启动窗口的事件循环

此外，与常见纵坐标是上大下小的直角坐标系不同，计算机屏幕显示坐标系的纵坐标

是上小下大，其坐标原点在屏幕的左上角（见图 9-5）。

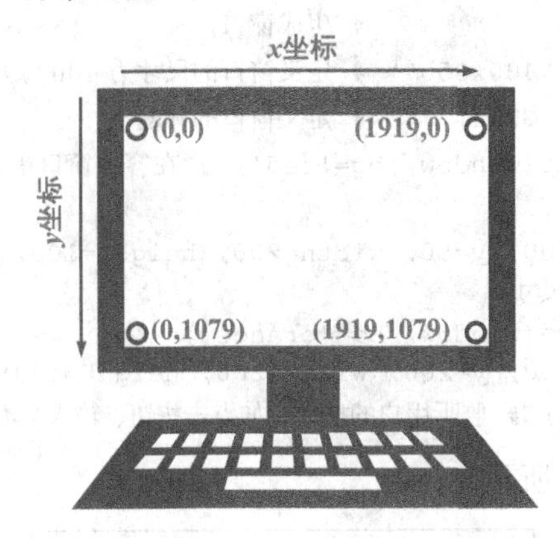

图 9-5　计算机屏幕显示坐标系示意（以 1980 像素×1080 像素为例）

9.2 GUI 的用户交互——小部件

9.2.1　小部件的分类与生成方法

丰富的小部件以及可定制化的触发条件与响应函数，实现了 GUI 丰富的人机交互功能。表 9-2 所示为常用的小部件及其简易生成方法。

表 9-2　常用的小部件及其简易生成方法

小部件函数	功能说明	简易生成方法
Button()	按钮小部件，用于鼠标单击触发事件或执行操作	button = tk.Button(父容器, text=) button.pack()
Label()	标签小部件，用于显示文本或图像	label = tk.Label(父容器, text=) label.pack()
Entry()	文本输入小部件，用于接收用户的文本输入	entry = tk.Entry(父容器).pack()
Text()	文本框小部件，用于显示和编辑多行文本	text = tk.Text(父容器) text.pack()
Checkbutton()	复选框小部件，用于选择一个或多个选项	checkbutton = tk.Checkbutton(父容器, text=) checkbutton.pack()
Radiobutton()	单选按钮小部件，用于从多个选项中选择一个	radiobutton = tk.Radiobutton(父容器, text=, value=) radiobutton.pack()
Listbox()	列表框小部件，用于显示一个列表，并允许选择一个或多个选项	listbox = tk.Listbox(父容器) listbox.pack()
Scrollbar()	滚动条小部件，用于在可滚动区域中导航内容	scrollbar = tk.Scrollbar(父容器) scrollbar.pack()
Canvas()	画布小部件，用于绘制图形、图像和其他可视化元素	canvas = tk.Canvas(父容器, width=, height=) canvas.pack()
Menu()	菜单小部件，用于创建菜单和上下文菜单	menu = tk.Menu(父容器) menu.pack()
Frame()	框架小部件，用于组织和布局其他小部件	frame = tk.Frame(父容器) frame.pack()

续表

小部件函数	功能说明	简易生成方法
LabelFrame()	标签框架小部件，类似于框架，但带有标题	labelframe = tk.LabelFrame(父容器, text=) labelframe.pack()
Scale()	滑块小部件，用于选择一个范围内的值	scale = tk.Scale(父容器, from_=, to=) scale.pack()

通过以上内容可以看出，小部件的一般生成方法如下：

```
widget = tk.Widget(父容器)
widget.位置管理函数()
```

其中，父容器表明了小部件在哪个容器中生成，位置管理函数确定了小部件在父容器中放置的方法和位置。小部件有 3 种位置管理函数，如表 9-3 所示。

表 9-3　位置管理函数及其使用方法

位置管理函数	描述	简单案例与注意事项
pack()	将小部件按照垂直或水平方向进行自动布局	widget.pack(side="left") # 输入参数可为默认值，默认值为 side="top"，即在父容器中依次居中显示
grid()	使用网格布局，将小部件放置在一个二维网格中的指定位置	widget.grid(row=0, column=0) # 输入参数可为默认值，默认按照表格列方向依次显示 # 若父容器为框架，使用前需令框架使用网格布局，即使用 frame.grid()
place()	允许直接指定小部件的绝对位置和大小	widget.place(x=, y=, width=, height=) # 输入参数不可为默认值，单位为像素

小部件生成后，还可以使用表 9-4 中的函数对小部件进行进一步操作。

表 9-4　小部件操作的常用函数

函数	功能说明
widget.config()	配置小部件的属性，如文本颜色（fg="red"）、背景颜色（bg="yellow"）、字体字号（font=("Arial", 12)）等
widget.destroy()	销毁小部件
widget.update()	更新小部件中的内容
widget.get()	获取小部件中的内容

下面介绍小部件生成与位置管理的简单案例。

【例 9-1】 基于 tkinter 库生成一个窗口。在窗口的 x=0、y=0 处构建一个宽 200 像素、高 50 像素，背景为蓝色的框架，在此框架中生成 3 个宽 50 像素、高 50 像素的按钮小部件，将三个按钮依照绝对位置布局方式从左到右依次排列；将三个按钮的文本设置为“Red”“Green”“Blue”，文本颜色设置为红色、绿色、蓝色。在窗口的 x=0、y=50 处构建一个宽 200 像素、高 50 像素的框架，并在框架中生成一个自动布局的标签小部件，将标签小部件的文本设置为“Black”，文本颜色设置为黑色。

【程序代码】

9-1Wiget1.py

```
1  import tkinter as tk
2  window = tk.Tk() # 生成窗口
```

```
3   # 在窗口的 x=0、y=0 处构建一个宽 200、高 50 的框架，并在框架中生成 3 个按钮小部件
4   frame = tk.Frame(window)
5   frame.place(x=0,y=0,width=200,height=50)
6   frame.config(bg='blue')
7   redbutton = tk.Button(frame, text="Red", fg="red")
8   redbutton.place(x=0,y=0,width=50,height=50)
9   greenbutton = tk.Button(frame, text="Green", fg="green")
10  greenbutton.place(x=50,y=0,width=50,height=50)
11  bluebutton = tk.Button(frame, text="Blue", fg="blue")
12  bluebutton.place(x=100,y=0,width=50,height=50)
13  # 在窗口的 x=0、y=50 处构建一个宽 200、高 50 的框架，并在框架中生成一个标签小部件
14  bottomframe = tk.Frame(window)
15  bottomframe.place(x=0,y=50,width=200,height=50)
16  bottomframe.config(bg='red')
17  label = tk.Label(bottomframe, text="Black", fg="black")
18  label.pack()
19  window.mainloop() # 监听用户的操作（如点击按钮、输入文本等）并触发相应的事件处理
    程序
```

【运行结果】

程序运行结果如图 9-6 所示。

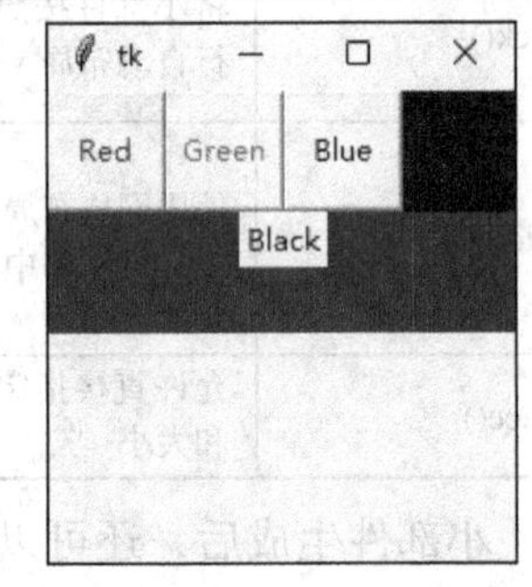

图 9-6　小部件生成与位置管理的简单案例示意图

9.2.2　小部件的触发事件与响应函数

小部件的人机交互功能由小部件的触发事件（event）和响应函数（function）实现（见图 9-7）。bind()函数和 command 参数都可为小部件设置触发事件和响应函数，但 command 参数只能为个别小部件（如按钮）设置触发事件和响应函数，且只能触发鼠标左键单击事件。而 bind()函数可以为所有小部件设置触发函数和响应函数，且可以设置多种触发事件。

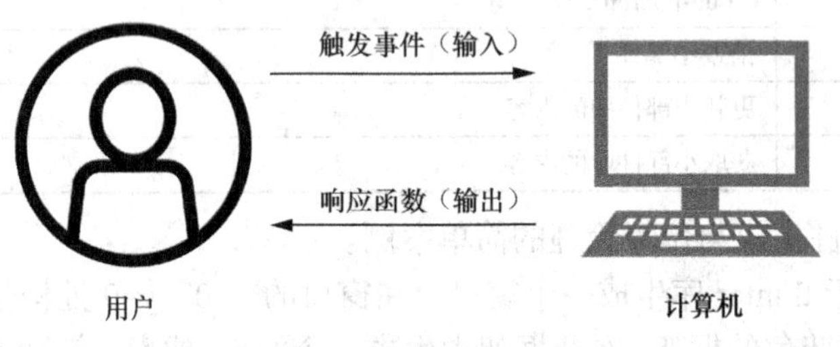

图 9-7　小部件人机交互示意

下面通过例 9-2 介绍使用 bind()函数和 command 参数为 Button 设置触发事件和响应函数的方法。

【例 9-2】 基于 tkinter 库生成一个窗口。在窗口里生成两个按钮小部件和一个标签小部件，居中放置，标签小部件的初始文本设置为“Label”。第一个按钮小部件显示“Click Button 1”，触发事件为单击鼠标左键，响应函数令标签小部件显示“Button 1 clicked!”；第二个按钮小部件显示“Double-click Button 2”，触发事件为双击鼠标左键，响应函数令标签小部件显示“Button 2 double-clicked!”。

【程序代码】

9-2Wiget2.py

```
1  import tkinter as tk
2  def update_label():
3      label.config(text="Button 1 clicked!")
4  def double_update_label(envent):
5      label.config(text="Button 2 double-clicked!")
6  window = tk.Tk() # 生成 window
7  # 设置第一个按钮小部件及其触发函数
8  button = tk.Button(window, text="Click Button 1", command=update_label)
9  button.pack()
10 # 设置第二个按钮小部件及其触发函数
11 button2 = tk.Button(window, text="Double-click Button 2")
12 button2.bind("<Double-Button-1>", double_update_label)
13 # "<Double-Button-1>"触发条件为双击鼠标左键
14 button2.pack()
15 # 设置标签小部件
16 label = tk.Label(window, text="Label")
17 label.pack()
18 window.mainloop() # 监听用户的操作（如点击按钮、输入文本等）并触发相应的事件处理
   程序
```

【运行结果】

程序运行结果如图 9-8 所示。

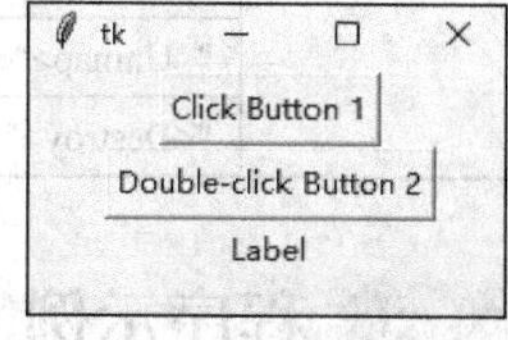

图 9-8 使用 bind()函数和 command 参数为 Button 设置触发事件和响应函数的案例示意图

【程序解析】

① command 参数设置

利用 command 参数设置小部件的触发事件和响应函数的步骤与小部件生成同时发生，其常用语法格式如下：

```
tk.Widget(父容器,command=响应函数)
```

由于不用设置触发事件,小部件默认的触发事件为鼠标左键单击。

② bind()函数设置

利用 bind()函数设置小部件的触发事件和响应函数的步骤在小部件生成之后，其常用语法格式如下：

```
widget.bind("触发事件", 响应函数)
```

图 9-8 所示为本例程序的运行结果，表 9-5 展示了 bind()函数的触发事件类型及其描述。

表 9-5 触发事件类型及其描述

触发类型	触发事件	触发描述
鼠标触发	"<Button-1>"	鼠标左键单击
	"<Button-2>"	鼠标中键单击
	"<Button-3>"	鼠标右键单击
	"<Double-Button-1>"	鼠标左键双击
	"<Double-Button-2>"	鼠标中键双击
	"<Double-Button-3>"	鼠标右键双击

续表

触发类型	触发事件	触发描述
鼠标触发	"<B1-Motion>"	鼠标左键移动
	"<B2-Motion>"	鼠标中键移动
	"<B3-Motion>"	鼠标右键移动
	"<Enter>"	鼠标指针进入小部件
	"<Leave>"	鼠标指针离开小部件
键盘触发	"<KeyPress>"	按任意键
	"<KeyRelease>"	释放任意键
	"<KeyPress-A>"	按 A 键
	"<KeyRelease-A>"	释放 A 键
	"<Control-KeyPress>"	按 Ctrl 键
	"<Control-KeyRelease>"	释放 Ctrl 键
	"<Shift-KeyPress>"	按 Shift 键
	"<Shift-KeyRelease>"	释放 Shift 键
窗口触发	"<Configure>"	窗口大小改变
	"<FocusIn>"	小部件获得焦点
	"<FocusOut>"	小部件失去焦点
	"<Map>"	窗口被映射（显示）
	"<Unmap>"	窗口被取消映射（隐藏）
	"<Destroy>"	窗口被销毁

9.3 程序示例

【例 9-3】 基于 tkinter 库，基于例 4-12 编写一个带 GUI 的进制转换程序。

【程序代码】

9-3ConvertGUI.py

```
1   import tkinter as tk
2   def tranDec(): # 根据例 4-12 构建进制转换函数
3       m = int(decimal_entry.get())
4       n = int(convert_entry.get())
5       if m>0 and 2<=n<=16:
6           base=['0','1','2','3','4','5','6','7','8','9',
    'A','B','C','D','E','F']
7           trans=""
8           Originalm = m
9           while m!=0:
10              r = m % n
11              trans = base[r] + trans    # trans = trans + base[r]
12              m = m // n
13          result_label.config(text="十进制数"+ str(Originalm) + "转换
    成" + str(n) + "进制数是" + str(trans))
14      else:
15          result_label.config(text="输入的数不符合要求！")
```

```
16  # 创建主窗口
17  window = tk.Tk()
18  window.title("进制转换")
19  window.geometry("300x150")
20  # 创建原始数值标签和输入框
21  decimal_label = tk.Label(window, text="请输入一个十进制的正整数: ")
22  decimal_label.pack()
23  decimal_entry = tk.Entry(window)
24  decimal_entry.pack()
25  # 创建进制标签和输入框
26  convert_label = tk.Label(window, text="请输入一个 2 到 16 的整数: ")
27  convert_label.pack()
28  convert_entry = tk.Entry(window)
29  convert_entry.pack()
30  # 创建转换按钮，通过单击鼠标左键触发 tranDec()函数
31  convert_button = tk.Button(window, text="转换", command=tranDec)
32  convert_button.pack()
33  # 创建结果标签，用于显示进制转换结果
34  result_label = tk.Label(window)
35  result_label.pack()
36  window.mainloop() # 监听用户的操作（如单击按钮、输入文本等）并触发相应的事件处理
    程序
```

【运行结果】

程序运行结果如图 9-9 所示。

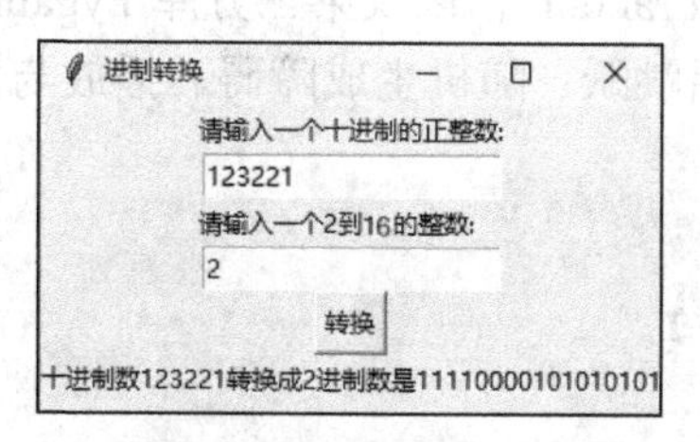

图 9-9 带 GUI 面的进制转换程序示意图

课后习题

一、选择题

1. 以下用于创建 GUI 的标准库是（　　）。

   A. tkinter　　B. NumPy　　C. pandas　　D. Matplotlib

2. 在使用 tkinter 库创建 GUI 应用程序时，（　　）方法用于创建一个窗口对象。

   A. Tk()　　B. Window()　　C. Frame()　　D. GUI()

3. 在 tkinter 库中，用于在窗口中放置组件的主要布局的小部件是（　　）。

   A. button　　B. window　　C. frame　　D. label

二、填空题

使用 tkinter 库创建一个复选框组件的代码是________。

第10章 程序设计综合案例

学习目标

- 理解项目开发的一般流程。
- 熟悉 Python 第三方库的使用方法。

学习编程不能一蹴而就，而是在培养创新能力、计算思维和逻辑推理能力等的基础上积累经验。本章介绍程序设计综合案例，将前面 9 章的知识在微型项目进行实践，希望读者学会分析程序、解决问题的基本思路和方法。

我们小时候玩过很多经典的游戏，《超级玛丽》是我们非常熟悉的一个。本案例使用 Python 的内置模块 itertools 和 random，以及第三方库 Pygame 实现一个简单的玛丽冒险小游戏。该游戏的基本功能包括跳跃、随机生成障碍、播放与停止背景音乐、碰撞和显示积分 5 个。

10.1 程序源代码

为了方便读者阅读，我们先给出程序源代码，然后在后文分别介绍游戏的各个功能等。

```
1     import pygame                          # 将 Pygame 库导入 Python 程序
2     from pygame.locals import *            # 导入 Pygame 中的常量
3     import sys                             # 导入系统模块
4     SCREENWIDTH = 822                      # 设置窗口宽度
5     SCREENHEIGHT = 199                     # 设置窗口高度
6     FPS = 30                               # 设置更新画面的时间
7
8     # 定义 MarieMap 类
9     class MarieMap():
10        def __init__(self, x, y):
11            # 加载地图的图片
12            self.bg = pygame.image.load("image/bg.png").convert_alpha()
13            self.x = x
14            self.y = y
15
16        def map_rolling(self):
17            if self.x < -790:  # 小于-790 说明地图已经移动完毕
18                self.x = 800   # 给地图一个新的坐标
```

```
19            else:
20                self.x -= 5  # 向左移动 5 个像素
21        # 更新地图
22        def map_update(self):
23            SCREEN.blit(self.bg, (self.x, self.y))
24
25    # 背景音乐按钮
26    class Music_Button():
27        is_open = True          # 背景音乐的标记
28        def __init__(self):
29            self.open_img = pygame.image.load('image/btn_open.png')
    .convert_alpha()
30            self.close_img = pygame.image.load('image/btn_close.png')
    .convert_alpha()
31            self.bg_music = pygame.mixer.Sound('audio/bg_music.wav') # 加载
    背景音乐
32        # 判断鼠标指针是否在按钮的范围内
33        def is_select(self):
34            # 获取鼠标指针的坐标
35            point_x, point_y = pygame.mouse.get_pos()
36            w, h = self.open_img.get_size()          # 获取按钮图片的大小
37            # 判断鼠标指针是否在按钮范围内
38            in_x = point_x > 20 and point_x < 20 + w
39            in_y = point_y > 20 and point_y < 20 + h
40            return in_x and in_y
41    from itertools import cycle  # 导入迭代工具
42
43    # 定义 Marie 类
44    class Marie():
45        def __init__(self):
46            # 初始化玛丽矩形
47            self.rect = pygame.Rect(0, 0, 0, 0)
48            self.jumpState = False   # 跳跃的状态
49            self.jumpHeight = 130    # 跳跃的高度
50            self.lowest_y = 140      # 最低坐标
51            self.jumpValue = 0       # 跳跃增变量
52            # 玛丽动图索引
53            self.marieIndex = 0
54            self.marieIndexGen = cycle([0, 1, 2])
55            # 加载玛丽图片
56            self.adventure_img = (
57                pygame.image.load("image/jump1.png").convert_alpha(),
58                pygame.image.load("image/jump2.png").convert_alpha(),
59                pygame.image.load("image/jump3.png").convert_alpha(),
60            )
61            self.jump_audio = pygame.mixer.Sound('audio/jump.wav')#跳跃音乐
62            self.rect.size = self.adventure_img[0].get_size()
63            self.x = 50;              # 绘制玛丽的 x 坐标
64            self.y = self.lowest_y;   # 绘制玛丽的 y 坐标
65            self.rect.topleft = (self.x, self.y)
66
```

```
67        # 跳跃功能
68        def jump(self):
69            self.jumpState = True
70
71        # 玛丽上、下移动
72        def move(self):
73            if self.jumpState:                              # 如果玛丽在跳跃
74                if self.rect.y >= self.lowest_y:            # 如果站在地上
75                    self.jumpValue = -5                     # 向上移动 5 个像素
76                if self.rect.y <= self.lowest_y - self.jumpHeight:  # 玛丽
到达顶部回落
77                    self.jumpValue = 5                      # 向下移动 5 个像素
78                self.rect.y += self.jumpValue               # 通过循环改变玛丽的 y 坐标
79                if self.rect.y >= self.lowest_y:            # 如果玛丽回到或在地面
80                    self.jumpState = False                  # 停止跳跃
81
82        # 调整玛丽跑步图片
83        def run(self):
84            # 匹配玛丽跑步动图
85            marieIndex = next(self.marieIndexGen)
86            # 调整玛丽跑步动图
87            SCREEN.blit(self.adventure_img[marieIndex], (self.x, self.rect.y))
88
89    import random  # 随机数
90    # Obstacle 类
91    class Obstacle():
92        score = 1   # 分数
93        move = 5    # 移动距离
94        obstacle_y = 150  # 障碍物的 y 坐标
95        def __init__(self):
96            # 初始化障碍物矩形
97            self.rect = pygame.Rect(0, 0, 0, 0)
98            # 加载障碍物图片
99            self.bullet = pygame.image.load("image/bullet.png")
.convert_alpha()
100           self.roadblock = pygame.image.load("image/roadblock.png")
.convert_alpha()
101           # 加载分数图片
102           self.numbers = (pygame.image.load('image/0.png').convert_alpha(),
103                           pygame.image.load('image/1.png').convert_alpha(),
104                           pygame.image.load('image/2.png').convert_alpha(),
105                           pygame.image.load('image/3.png').convert_alpha(),
106                           pygame.image.load('image/4.png').convert_alpha(),
107                           pygame.image.load('image/5.png').convert_alpha(),
108                           pygame.image.load('image/6.png').convert_alpha(),
109                           pygame.image.load('image/7.png').convert_alpha(),
110                           pygame.image.load('image/8.png').convert_alpha(),
111                           pygame.image.load('image/9.png').convert_alpha())
112           # 加分音乐
113           self.score_audio = pygame.mixer.Sound('audio/score.wav')
114           # 随机数 0 和 1
```

```
115         r = random.randint(0, 1)
116         if r == 0:  # 随机数为 0 显示炮弹，为 1 显示路障
117             self.image = self.bullet              # 显示炮弹
118             self.move = 15                        # 移动速度加快
119             self.obstacle_y = 100                 # 炮弹坐标在天上
120         else:
121             self.image = self.roadblock           # 显示路障
122         # 根据障碍物位图的宽度、高度来设置矩形
123         self.rect.size = self.image.get_size()
124         # 获取位图宽度、高度
125         self.width, self.height = self.rect.size
126         # 绘制障碍物坐标
127         self.x = 800
128         self.y = self.obstacle_y
129         self.rect.center = (self.x, self.y)
130
131     # 移动障碍物
132     def obstacle_move(self):
133         self.rect.x -= self.move
134
135     # 绘制障碍物
136     def draw_obstacle(self):
137         SCREEN.blit(self.image, (self.rect.x, self.rect.y))
138
139     # 获取积分
140     def getScore(self):
141         self.score
142         tmp = self.score;
143         if tmp == 1:
144             self.score_audio.play()  # 播放加分音乐
145         self.score = 0;
146         return tmp;
147
148     # 显示积分
149     def showScore(self, score):
150         # 获取得分数字
151         self.scoreDigits = [int(x) for x in list(str(score))]
152         totalWidth = 0  # 要显示的所有数字的总宽度
153         for digit in self.scoreDigits:
154             # 获取积分图片的宽度
155             totalWidth += self.numbers[digit].get_width()
156         # 积分横向位置
157         Xoffset = (SCREENWIDTH - (totalWidth+30))
158         for digit in self.scoreDigits:
159             # 绘制积分
160             SCREEN.blit(self.numbers[digit], (Xoffset, SCREENHEIGHT * 0.1))
161             # 随着积分增加改变位置
162             Xoffset += self.numbers[digit].get_width()
163
164 # 游戏结束的方法
165 def game_over():
```

```
166      bump_audio = pygame.mixer.Sound('audio/bump.wav')  # 撞击
167      bump_audio.play()  # 播放撞击音乐
168      # 获取窗体宽度、高度
169      screen_w = pygame.display.Info().current_w
170      screen_h = pygame.display.Info().current_h
171      # 加载游戏结束的图片
172      over_img = pygame.image.load('image/gameover.png').convert_alpha()
173      # 将游戏结束的图片绘制在窗体的中间位置
174      SCREEN.blit(over_img, ((screen_w - over_img.get_width()) / 2,
175                             (screen_h - over_img.get_height()) / 2))
176  def mainGame():
177      score = 0       # 得分
178      over = False    # 游戏结束标记
179      global SCREEN, FPSCLOCK
180      pygame.init()   # 初始化 Pygame
181
182      # 使用 Pygame 时钟之前，必须创建 Clock 对象的一个实例
183      # 控制每个循环多长时间运行一次
184      FPSCLOCK = pygame.time.Clock()
185      SCREEN = pygame.display.set_mode((SCREENWIDTH, SCREENHEIGHT))
186      pygame.display.set_caption('玛丽冒险小游戏')  # 设置窗口标题
187
188      # 创建地图对象
189      bg1 = MarieMap(0, 0)
190      bg2 = MarieMap(800, 0)
191
192      # 创建玛丽对象
193      marie = Marie()
194
195      addObstacleTimer = 0   # 添加障碍物的时间
196      list = []              # 障碍物对象列表
197
198      music_button = Music_Button()        # 创建背景音乐按钮对象
199      btn_img  = music_button.open_img     # 设置背景音乐按钮图片
200      music_button.bg_music.play(-1)       # 循环播放背景音乐
201
202      while True:
203          # 获取鼠标单击事件
204          for event in pygame.event.get():
205              if event.type == pygame.MOUSEBUTTONUP:  # 判断鼠标单击事件
206                  if music_button.is_select():  # 判断鼠标指针是否在静音
按钮范围内
207                      if music_button.is_open:  # 判断背景音乐状态
208                          btn_img = music_button.close_img # 显示关闭音乐图片
209                          music_button.is_open = False   # 关闭背景音乐
210                          music_button.bg_music.stop()   # 停止播放背景音乐
211                      else:
212                          btn_img = music_button.open_img
213                          music_button.is_open = True
214                          music_button.bg_music.play(-1)
215              # 如果单击关闭窗口，窗口关闭
```

```
216            if event.type == QUIT:
217                pygame.quit()  # 退出窗口
218                sys.exit()     # 关闭窗口
219            # 按 Space 键，玛丽开始跳跃
220            if event.type == KEYDOWN and event.key == K_SPACE:
221                if marie.rect.y >= marie.lowest_y: # 如果玛丽在地面上
222                    marie.jump_audio.play()        # 播放玛丽跳跃音乐
223                    marie.jump()                   # 玛丽开始跳跃
224
225                if over == True: # 判断游戏结束的开关是否开启
226                    mainGame()   # 调用 mainGame()方法重新启动游戏
227        if over == False:
228            # 绘制地图，起到更新地图的作用
229            bg1.map_update()
230            # 地图移动
231            bg1.map_rolling()
232            bg2.map_update()
233            bg2.map_rolling()
234            # 玛丽上、下移动
235            marie.move()
236            # 玛丽跑步
237            marie.run()
238            # 计算障碍物出现的时间间隔
239            if addObstacleTimer >= 1300:
240                r = random.randint(0, 100)
241                if r > 40:
242                    # 创建障碍物对象
243                    obstacle = Obstacle()
244                    # 将障碍物对象添加到列表中
245                    list.append(obstacle)
246                # 重置添加障碍物时间
247                addObstacleTimer = 0
248            # 循环遍历障碍物
249            for i in range(len(list)):
250                list[i].obstacle_move()  # 障碍物移动
251                list[i].draw_obstacle()  # 障碍物绘制
252                # 判断玛丽与障碍物是否碰撞
253                if pygame.sprite.collide_rect(marie, list[i]):
254                    over = True  # 碰撞后开启游戏结束开关
255                    game_over()  # 调用游戏结束的方法
256                    music_button.bg_music.stop()
257                else:
258                    # 判断玛丽是否跃过障碍物
259                    if (list[i].rect.x + list[i].rect.width)
    < marie.rect.x:
260                        # 加分
261                        score += list[i].getScore()
262                # 显示积分
263                list[i].showScore(score)
264        addObstacleTimer += 20          # 增加障碍物时间
265        SCREEN.blit(btn_img, (20, 20)) # 绘制背景音乐按钮
```

```
266            pygame.display.update()   # 更新整个窗口
267            FPSCLOCK.tick(FPS)        # 设置循环时间间隔
268    if __name__ == '__main__':
269        mainGame()
```

10.2 游戏窗体实现

通过 Pygame 库实现玛丽冒险小游戏主窗体的具体步骤如下。

① 创建游戏文件夹。创建名为“例 10-1Marie”的项目文件夹。创建 MarieMain.py 文件，在该文件中编写实现玛丽冒险小游戏的代码。在“例 10-1Marie”项目文件夹下创建一个名为 audio 的文件夹，用于保存游戏中的音乐文件；创建一个名为 image 的文件夹，用于保存游戏中的图片文件。

② 导入 Pygame 库和 Pygame 中的常量，设置窗体尺寸。

【程序段 A】

```
1    import pygame                        # 将 Pygame 库导入 Python 程序
2    from pygame.locals import *          # 导入 Pygame 中的常量
3    import sys                           # 导入系统模块
4
5    SCREENWIDTH = 822                    # 设置窗口宽度
6    SCREENHEIGHT = 199                   # 设置窗口高度
7    FPS = 30                             # 设置更新画面的时间
```

③ 创建 mainGame()方法，实现主窗体。初始化 Pygame，然后创建时间对象，用于更新窗体中的画面，再创建窗体实例，设置窗体的标题文字，最后通过循环实现窗体的显示与刷新。

【程序段 B】

```
1    def mainGame():
2        score = 0                                  # 得分
3        over = False                               # 游戏结束标记
4        global SCREEN, FPSCLOCK
5        pygame.init()                              # 初始化 Pygame
6
7        # 创建 Clock 对象的一个实例，控制循环运行时间
8        FPSCLOCK = pygame.time.Clock()
9        # 创建一个窗口，方便程序交互
10       SCREEN = pygame.display.set_mode((SCREENWIDTH, SCREENHEIGHT))
11       pygame.display.set_caption('玛丽冒险小游戏')      # 设置窗口标题
12       while True:
13               # 获取鼠标单击事件
14               for event in pygame.event.get():
15                  # 如果鼠标单击关闭窗口，窗口关闭
16                    if event.type == QUIT:
17                        pygame.quit()             # 退出窗口
18                        sys.exit()                # 关闭窗口
19               pygame.display.update()            # 更新整个窗口
20               FPSCLOCK.tick(FPS)                 # 设置循环时间间隔
21
```

```
if __name__ == '__main__':
        mainGame()
```

主窗体运行效果如图 10-1 所示。

图 10-1　主窗体运行效果

10.3 游戏地图加载

游戏设计中需要实现无限循环移动的地图。本例需要两张地图的图片，地图 1 显示在窗体中，而地图 2 在窗体外，移动地图初始状态如图 10-2 所示。其中，黑色边框的矩形为窗体，虚线边框的矩形为地图。

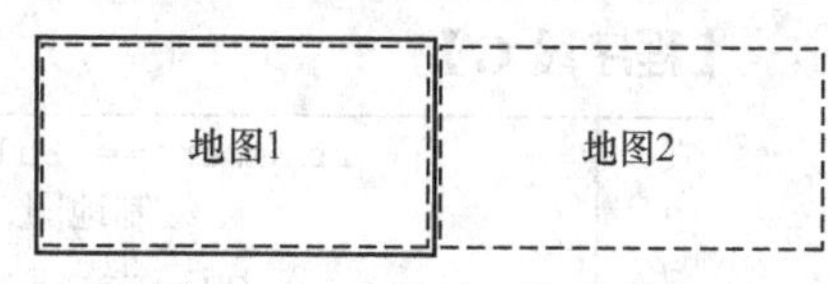

图 10-2　移动地图初始状态

随后，两张地图以相同的速度向左移动，此时窗体外的地图 2 将跟随地图 1 进入窗体，如图 10-3 所示。

当地图 1 完全离开窗体的时候，将该图片的坐标设置为准备状态的坐标，如图 10-4 所示。

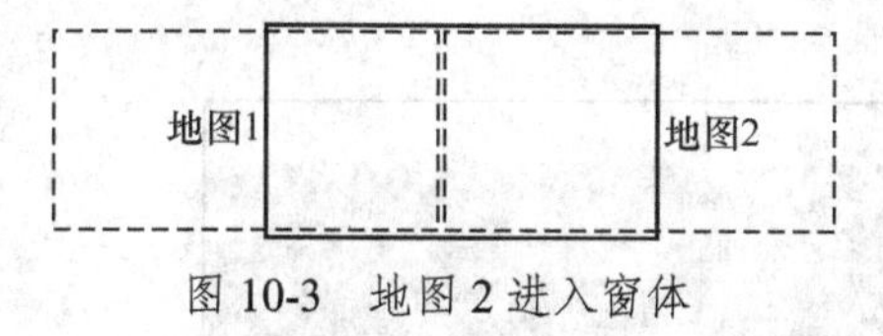

图 10-3　地图 2 进入窗体

图 10-4　地图 1 离开窗体

通过不断地转换两张图片的位置，然后平移，让游戏玩家感觉这是一张不断移动的地图。实现游戏移动地图的具体步骤如下。

① 创建 MarieMap 类，加载地图的图片，定义坐标。

【程序段 C】

```
# 定义MarieMap类
class MarieMap():
    def __init__(self, x, y):
        # 加载地图的图片
        self.bg = pygame.image.load("image/bg.png").convert_alpha()
        self.x = x
        self.y = y
```

② 在 MarieMap 类中创建 map_rolling()方法，根据地图的图片的 x 坐标判断它是否移出窗体。如果移出，给图片设置新坐标，否则按照每次 5 个像素的速度向左移动。

【程序段 D】

```
1    def map_rolling(self):
2        if self.x < -790:  # 小于-790 说明地图已经完全移动完毕
3            self.x = 800  # 给地图一个新的坐标
4        else:
5            self.x -= 5  # 向左移动 5 个像素
```

③ 在 MarieMap 类中创建 map_update()方法，实现地图无限移动的效果。

【程序段 E】

```
1    def map_update(self):
2        SCREEN.blit(self.bg, (self.x, self.y))
```

④ 在 mainGame()方法中，创建两个地图对象。

【程序段 F】

```
1    # 创建地图对象
2    bg1 = MarieMap(0, 0)
3    bg2 = MarieMap(800, 0)
```

⑤ 在 mainGame()方法的 while True:循环里面，实现无限循环移动的地图。

【程序段 G】

```
1        if over == False:
2            # 绘制地图，起到更新地图的作用
3            bg1.map_update()
4            # 地图移动
5            bg1.map_rolling()
6            bg2.map_update()
7            bg2.map_rolling()
```

移动的地图运行效果如图 10-5 所示。

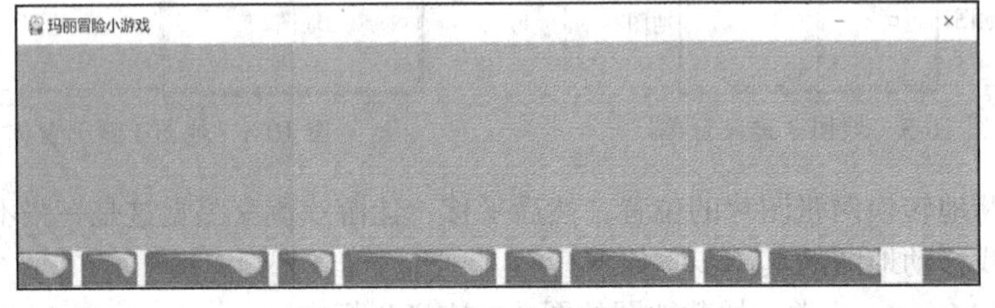

图 10-5 移动的地图运行效果

10.4 跳跃功能实现

在实现跳跃功能时，首先需要指定玛丽的固定坐标，即默认玛丽在地图上的位置的坐标。然后判断是否按 Space 键，如果按 Space 键，让玛丽以 5 个像素的距离向上移动。当玛丽到达窗体顶部时，让玛丽以 5 个像素的距离向下移动，回到地面。实现跳跃功能的具体步骤如下。

① 导入 itertools 库，创建 Marie 类。

导入迭代工具，即第三方库 itertools，创建一个名为 Marie 的类。在类的初始化方法中，

定义玛丽跳跃时所需要的变量，然后加载玛丽跳跃的 3 张图片，最后加载玛丽跳跃的音乐，设置玛丽的固定坐标。

【程序段 H】

```
1   from itertools import cycle  # 导入迭代工具
2   # 定义 Marie 类
3   class Marie():
4       def __init__(self):
5           # 初始化玛丽矩形
6           self.rect = pygame.Rect(0, 0, 0, 0)
7           self.jumpState = False                    # 跳跃的状态
8           self.jumpHeight = 130                     # 跳跃的高度
9           self.lowest_y = 140                       # 最低坐标
10          self.jumpValue = 0                        # 跳跃增变量
11          # 玛丽动图索引
12          self.marieIndex = 0
13          self.marieIndexGen = cycle([0, 1, 2])
14          # 加载玛丽图片
15          self.adventure_img = (
16              pygame.image.load("image/jump1.png").convert_alpha(),
17              pygame.image.load("image/jump2.png").convert_alpha(),
18              pygame.image.load("image/jump3.png").convert_alpha(),
19          )
20          self.jump_audio = pygame.mixer.Sound('audio/jump.wav')#跳跃音乐
21          self.rect.size = self.adventure_img[0].get_size()
22          self.x = 50;                               # 绘制玛丽的 x 坐标
23          self.y = self.lowest_y;                    # 绘制玛丽的 y 坐标
24          self.rect.topleft = (self.x, self.y)
```

② 在 Marie 类中创建 jump()方法，实现跳跃功能。

【程序段 I】

```
1   # 跳跃功能
2       def jump(self):
3           self.jumpState = True
```

③ 在 Marie 类中创建 move()方法。

先判断玛丽是否在跳跃，再判断玛丽是否在地面上，如果满足这两个条件，玛丽就以 5 个像素的距离向上移动。当玛丽到达窗体顶部时，以 5 个像素的距离向下移动，当玛丽回到地面后，跳跃结束。

【程序段 J】

```
1   # 玛丽上、下移动
2       def move(self):
3           if self.jumpState:                         # 如果玛丽在跳跃
4               if self.rect.y >= self.lowest_y:       # 如果站在地上
5                   self.jumpValue = -5                # 向上移动 5 个像素
6               if self.rect.y <= self.lowest_y - self.jumpHeight:  # 玛丽
    到达顶部回落
7                   self.jumpValue = 5                 # 向下移动 5 个像素
8               self.rect.y += self.jumpValue          # 通过循环改变玛丽的 y 坐标
```

9	`    if self.rect.y >= self.lowest_y:  # 如果玛丽回到地面`
10	`        self.jumpState = False        # 停止跳跃`

④ 在 Marie 类中创建 run()方法。

首先匹配玛丽跑步动图，然后调整玛丽跑步图片。

【程序段 K】

```
1  # 调整玛丽跑步图片
2      def run(self):
3          # 匹配玛丽跑步动图
4          marieIndex = next(self.marieIndexGen)
5          # 调整玛丽跑步动图
6          SCREEN.blit(self.adventure_img[marieIndex], (self.x, self.rect.y))
```

⑤ 在 mainGame()方法中，创建玛丽对象。

【程序段 L】

```
1  # 创建玛丽对象
2      marie = Marie()
```

⑥ 在 mainGame()方法的 while True:循环中，判断关闭窗体后是否按了 Space 键，如果按了，就让玛丽开始跳跃并播放跳跃音乐。

【程序段 M】

```
1  # 按 Space 键，玛丽开始跳跃
2      if event.type == KEYDOWN and event.key == K_SPACE:
3          if marie.rect.y >= marie.lowest_y:    # 如果玛丽在地面上
4              marie.jump_audio.play()           # 播放玛丽跳跃音乐
5              marie.jump()                      # 玛丽开始跳跃
```

⑦ 在 mainGame()方法中，在地图移动的代码下面编写实现玛丽的移动与跑步功能的代码。

【程序段 N】

```
1      # 玛丽上、下移动
2      marie.move()
3      # 玛丽跑步
4      marie.run()
```

跳跃的玛丽运行效果如图 10-6 所示。

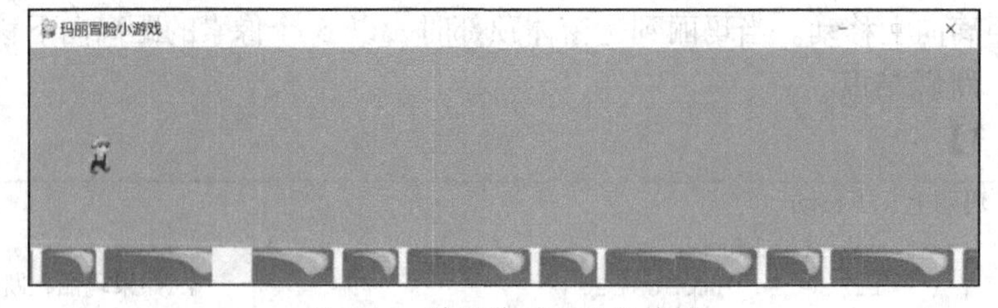

图 10-6　跳跃的玛丽运行效果

10.5 随机生成障碍功能实现

本案例加载了两个不同的障碍物图片，通过设置时间间隔，随机生成一个障碍物。实

现随机生成障碍功能的具体步骤如下。

① 导入随机数，创建 Obstacle 类。

在 Obstacle 类中定义一个分数，然后在初始化方法中加载障碍物图片、分数图片和加分音乐。生成 0～1 中的随机数，根据数字抽取一个障碍物，最后根据图片的宽度、高度设置障碍物矩形的大小并设置障碍物的绘制坐标。

【程序段 O】

```
1   import random                    # 随机数
2   class Obstacle():                # Obstacle 类
3       score = 1                    # 分数
4       move = 5                     # 移动距离
5       obstacle_y = 150             # 障碍物的 y 坐标
6       def __init__(self):
7           # 初始化障碍物矩形
8           self.rect = pygame.Rect(0, 0, 0, 0)
9           # 加载障碍物图片
10          self.bullet = pygame.image.load("image/bullet.png").convert_alpha()
11          self.roadblock = pygame.image.load("image/roadblock.png").
    convert_alpha()
12          # 加载分数图片
13          self.numbers = (pygame.image.load('image/0.png').convert_alpha(),
14                          pygame.image.load('image/1.png').convert_alpha(),
15                          pygame.image.load('image/2.png').convert_alpha(),
16                          pygame.image.load('image/3.png').convert_alpha(),
17                          pygame.image.load('image/4.png').convert_alpha(),
18                          pygame.image.load('image/5.png').convert_alpha(),
19                          pygame.image.load('image/6.png').convert_alpha(),
20                          pygame.image.load('image/7.png').convert_alpha(),
21                          pygame.image.load('image/8.png').convert_alpha(),
22                          pygame.image.load('image/9.png').convert_alpha())
23          # 加分音乐
24          self.score_audio = pygame.mixer.Sound('audio/score.wav')
25          # 随机数 0 和 1
26          r = random.randint(0, 1)
27          if r == 0:                 # 随机数为 0 显示炮弹，为 1 显示路障
28              self.image = self.bullet           # 显示炮弹
29              self.move = 15                     # 移动速度加快
30              self.obstacle_y = 100              # 炮弹坐标在天上
31          else:
32              self.image = self.roadblock        # 显示路障
33          # 根据障碍物位图的宽度、高度来设置矩形
34          self.rect.size = self.image.get_size()
35          # 获取位图宽度、高度
36          self.width, self.height = self.rect.size
37          # 绘制障碍物坐标
38          self.x = 800
39          self.y = self.obstacle_y
40          self.rect.center = (self.x, self.y)
```

② 在 Obstacle 类中创建 obstacle_move()方法，实现障碍物移动。然后创建 draw_obstacle()方法，实现障碍物绘制。

【程序段 P】

1	`    # 移动障碍物`
2	`    def obstacle_move(self):`
3	`        self.rect.x -= self.move`
4	`    # 绘制障碍物`
5	`    def draw_obstacle(self):`
6	`        SCREEN.blit(self.image, (self.rect.x, self.rect.y))`

③ 在 mainGame()方法中，创建和定义添加障碍物的时间与障碍物对象列表。

【程序段 Q】

1	`addObstacleTimer = 0  # 添加障碍物的时间`
2	`list = []  # 障碍物对象列表`

④ 在 mainGame()方法中，计算障碍物出现的时间间隔。

【程序段 R】

1	`# 计算障碍物出现的时间间隔`
2	`if addObstacleTimer >= 1300:`
3	`    r = random.randint(0, 100)`
4	`    if r > 40:`
5	`        # 创建障碍物对象`
6	`        obstacle = Obstacle()`
7	`        # 将障碍物对象添加到列表中`
8	`        list.append(obstacle)`
9	`        # 重置添加障碍物时间`
10	`        addObstacleTimer = 0`

⑤ 在 mainGame()方法中，循环遍历障碍物并进行障碍物绘制。

【程序段 S】

1	`# 循环遍历障碍物`
2	`for i in range(len(list)):`
3	`    list[i].obstacle_move()      # 障碍物移动`
4	`    list[i].draw_obstacle()      # 障碍物绘制`

⑥ 在 mainGame()方法中，增加障碍物时间。

【程序段 T】

1	`addObstacleTimer += 20        # 增加障碍物时间`

障碍物运行效果如图 10-7 所示。

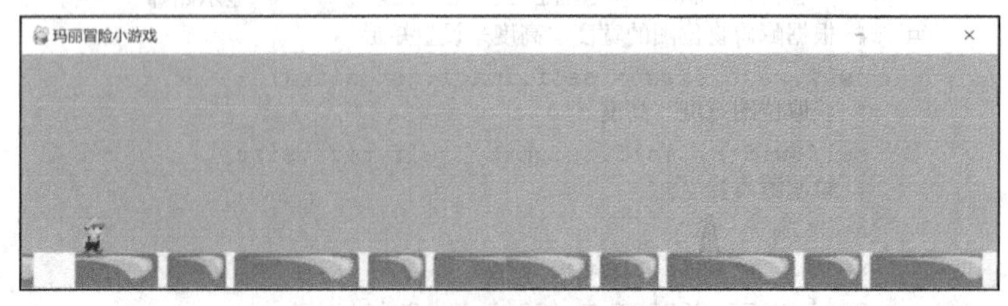

图 10-7 障碍物运行效果

10.6 播放与停止背景音乐功能实现

① 创建 Music_Button 类，添加初始化背景音乐文件与按钮图片，然后创建 is_select()方法，判断鼠标指针是否在按钮范围内。

【程序段 U】

```
1     class Music_Button():
2         is_open = True    # 背景音乐的标记
3         def __init__(self):
4             self.open_img = pygame.image.load('image/btn_open.png').
convert_alpha()
5             self.close_img = pygame.image.load('image/btn_close.png').
convert_alpha()
6             self.bg_music = pygame.mixer.Sound('audio/bg_music.wav')  # 加
载背景音乐
7         # 判断鼠标指针是否在按钮的范围内
8         def is_select(self):
9             point_x, point_y = pygame.mouse.get_pos()   # 获取鼠标指针的坐标
10            w, h = self.open_img.get_size()             # 获取按钮图片的大小
11            # 判断鼠标指针是否在按钮范围内
12            in_x = point_x > 20 and point_x < 20 + w
13            in_y = point_y > 20 and point_y < 20 + h
14            return in_x and in_y
```

② 在 mainGame()方法中，创建背景音乐按钮对象，设置按钮图片，循环播放背景音乐。

【程序段 V】

```
1      music_button = Music_Button()           # 创建背景音乐按钮对象
2      btn_img  = music_button.open_img        # 设置背景音乐按钮图片
3      music_button.bg_music.play(-1)          # 循环播放背景音乐
```

③ 在 mainGame()方法的 while True:循环中，实现单击按钮控制背景音乐的播放和停止。

【程序段 W】

```
1     if event.type == pygame.MOUSEBUTTONUP:          # 判断鼠标单击事件
2         if music_button.is_select():                # 判断鼠标指针是否在静音
按钮范围内
3             if music_button.is_open:                # 判断背景音乐状态
4                 btn_img = music_button.close_img    # 显示关闭音乐图片
5                 music_button.is_open = False        # 关闭背景音乐
6                 music_button.bg_music.stop()        # 停止播放背景音乐
7             else:
8                 btn_img = music_button.open_img
9                 music_button.is_open = True
10                    music_button.bg_music.play(-1)
```

④ 在 mainGame()方法中绘制背景音乐按钮。

【程序段 X】

```
1   SCREEN.blit(btn_img, (20, 20))   # 绘制背景音乐按钮
```

背景音乐按钮运行效果如图 10-8 所示。

（a）播放背景音乐

（b）停止背景音乐

图 10-8　背景音乐按钮运行效果

10.7 碰撞和显示积分功能实现

首先判断玛丽与障碍物的两个矩形图片是否发生碰撞，如果发生碰撞，游戏结束；否则判断玛丽是否跳过障碍物，确认跳过障碍物后进行加分，并将积分显示在窗体顶部右侧的位置。实现碰撞和显示积分功能的具体步骤如下。

① 在 Obstacle 类中，创建 getScore()方法，获取积分并播放加分音乐，然后创建 showScore()方法，显示积分。

【程序段 Y】

```
# 获取积分
 def getScore(self):
     self.score
     tmp = self.score;
     if tmp == 1:
         self.score_audio.play()   # 播放加分音乐
     self.score = 0;
     return tmp;
 # 显示积分
 def showScore(self, score):
     # 获取得分数字
     self.scoreDigits = [int(x) for x in list(str(score))]
     totalWidth = 0  # 要显示的所有数字的总宽度
     for digit in self.scoreDigits:
         # 获取积分图片的宽度
         totalWidth += self.numbers[digit].get_width()
     # 积分横向位置
     Xoffset = (SCREENWIDTH - (totalWidth+30))
     for digit in self.scoreDigits:
         # 绘制积分
         SCREEN.blit(self.numbers[digit], (Xoffset, SCREENHEIGHT * 0.1))
         # 随着积分增加改变位置
         Xoffset += self.numbers[digit].get_width()
```

② 创建 game_over()方法。首先加载与播放撞击音乐，然后获得窗体的宽度和高度，最后加载游戏结束的图片。

【程序段 Z】

```
1   # 游戏结束的方法
2   def game_over():
3       bump_audio = pygame.mixer.Sound('audio/bump.wav')   # 撞击
4       bump_audio.play()                                   # 播放撞击音乐
5       # 获取窗体的宽度、高度
6       screen_w = pygame.display.Info().current_w
7       screen_h = pygame.display.Info().current_h
8       # 加载游戏结束的图片
9       over_img = pygame.image.load('image/gameover.png').convert_alpha()
10      # 将游戏结束的图片绘制在窗体的中间位置
11      SCREEN.blit(over_img, ((screen_w - over_img.get_width()) / 2,
12                             (screen_h - over_img.get_height()) / 2))
```

③ 在 mainGame()方法中，判断玛丽与障碍物是否发生碰撞，如果发生碰撞，调用游戏结束 game_over()方法；否则判断玛丽是否跃过障碍物，跃过就增加积分并显示积分。

【程序段 AB】

```
1   # 判断玛丽与障碍物是否碰撞
2       if pygame.sprite.collide_rect(marie, list[i]):
3           over = True              # 碰撞后开启游戏结束开关
4           game_over()              # 调用游戏结束的方法
5           music_button.bg_music.stop()
6       else:
7           # 判断玛丽是否跃过障碍物
8           if (list[i].rect.x + list[i].rect.width) < marie.rect.x:
9               score += list[i].getScore()          # 加分
10      list[i].showScore(score)                     # 显示积分
```

④ 在 mainGame()方法的玛丽跳跃代码的下面判断游戏结束的开关是否开启，如果开启，将调用 mainGame()方法重新启动游戏。

【程序段 CD】

```
1   if over == True:   # 判断游戏结束的开关是否开启
2       mainGame()     # 调用 mainGame()方法重新启动游戏
```

碰撞和显示积分运行效果如图 10-9 所示。

图 10-9　碰撞和显示积分运行效果

第11章 实验

11.1 实验1 Python开发环境和编程基础

11.1.1 实验目的

（1）熟悉Python开发环境的下载和安装。

（2）熟悉IDLE的Shell交互运行方式和文件运行方式。

（3）了解Anaconda环境。

（4）熟悉使用pip命令安装第三方库和使用import导入第三方库的方法。

（5）掌握用PyInstaller库生成EXE文件的方法。

（6）了解Python的帮助。

（7）练习使用turtle库绘制图形。

11.1.2 实验准备

在Windows下，Python常用的集成开发环境有4个：IDLE、Anaconda、PyCharm和VS Code。本书推荐使用IDLE和Anaconda。

1．IDLE

IDLE是Python内置的简洁的集成开发环境。

（1）IDLE下载和安装

Python开发环境IDLE可在其官网中下载。请根据计算机上安装的操作系统，选择下载合适的版本安装包，下载完成后根据提示安装。图11-1所示是Python官网主页，将鼠标指针移动到“Downloads”上，单击“Python 3.11.1”按钮即可下载该版本的Python安装包。

下载安装包时需要考虑下面3个因素。

① 操作系统。图11-1中可以选择的有Windows、macOS和其他操作系统。

② 32位或64位。若操作系统是32位的，则只能下载32位版本的安装包。

③ 版本号。图11-1中的版本号是3.11.1。

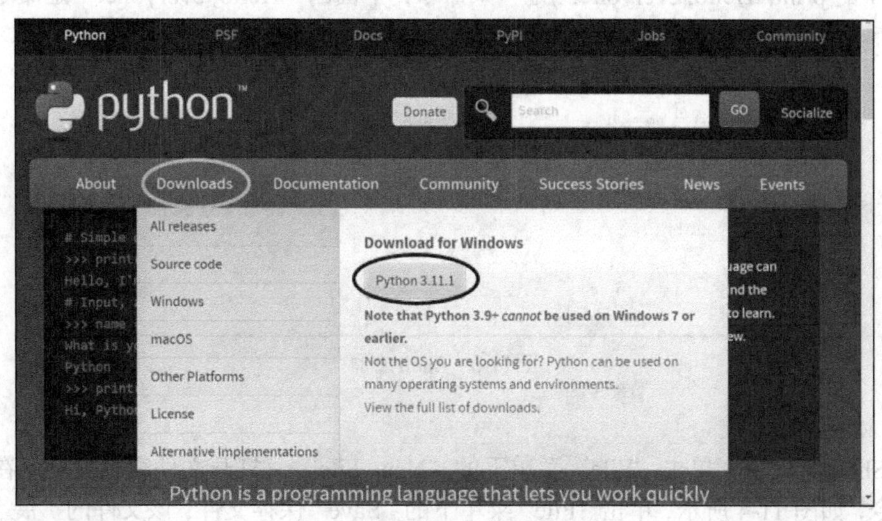

图 11-1　Python 官网主页

使用鼠标双击下载的安装包，即可打开图 11-2 所示的界面，在此需要勾选界面下方的“Add python.exe to PATH”复选框，其作用是将 Python 的安装路径添加到环境变量 PATH 中，方便以后安装第三方库。如果没有在此界面中勾选“Add python.exe to PATH”，安装成功后，可以在“系统属性”对话框中单击“高级”选项卡中的“环境变量”按钮，将 Python 的安装路径添加到 PATH 中。接下来单击“Install Now”，进行安装。

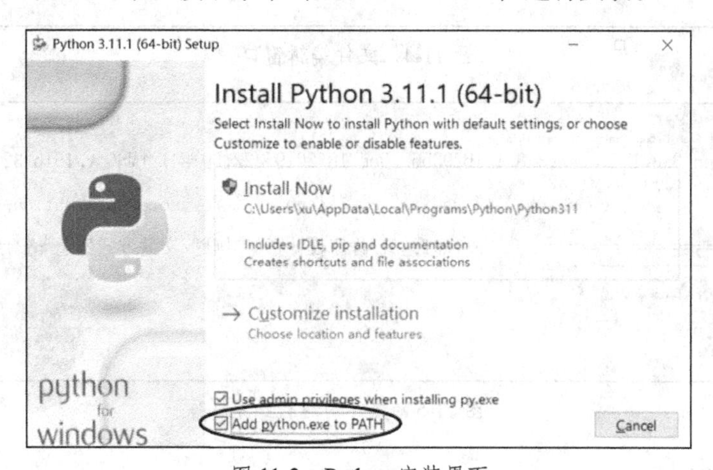

图 11-2　Python 安装界面

编者的计算机上安装的是 32 位的 Python 3.8.1，在“开始”菜单的“Python 3.8”中单击“IDLE(Python 3.8 32-bit)”即可进入开发环境。

（2）Python 的运行方式

Python 有两种运行方式，即 Shell 交互运行方式和文件运行方式。

① Shell 交互运行方式

Shell 实际上是一种交互式的命令解释器，其窗口如图 11-3 所示。其中的“>>>”是命令提示符，所有命令或程序代码都必须在“>>>”的后面输入。其执行过程是：输入一条命令后按 Enter 键，解释器解释并执行这条命令，执行结束就立刻在下面显示执行的结果。

图 11-3 中的 print("Hello, everyone!")是一条命令，下面的“Hello, everyone!”是命令的执行结果。

```
Python 3.8.1 Shell
File Edit Shell Debug Options Window Help
Python 3.8.1 (tags/v3.8.1:1b293b6, Dec 18 2019, 22:39:24) [MSC v.1916 32 bit (Intel)] on win32
Type "help", "copyright", "credits" or "license()" for more information.
>>> print("Hello, everyone!")
Hello, everyone!
>>> |
Ln: 5 Col: 4
```

图 11-3　Shell 窗口

② 文件运行方式

在 Shell 窗口中，单击“File”菜单下的“New File”，打开文件编辑窗口。在窗口中输入命令，如图 11-4 所示，单击“File”菜单下的“Save”保存文件，该文件的扩展名是.py。然后单击“Run”菜单下的“Run Module”或按快捷键 F5，运行程序，Python 解释器执行程序后将结果显示在 Shell 窗口中，如图 11-5 所示。

图 11-4　文件编辑窗口

```
Python 3.8.1 Shell
File Edit Shell Debug Options Window Help
Python 3.8.1 (tags/v3.8.1:1b293b6, Dec 18 2019, 22:39:24) [MSC v.1916 32 bit (Intel)] on win32
Type "help", "copyright", "credits" or "license()" for more information.
>>>
====================== RESTART: D:/程序设计资料/例题/文件方式例子.py =========================
Hello, everyone!
>>> |
Ln: 6 Col: 4
```

图 11-5　文件的运行结果

2. Anaconda

Anaconda 开发平台不仅包含基础的集成开发环境，还包含 Spyder 这样强大的集成开发环境，支持编辑和调试等功能，还集成了大量能完成某些任务的扩展库等，可省去安装模块等很多麻烦。Anaconda 集成了大量的科学计算包，给科学计算和分析处理带来了很大的方便。

Anaconda 可在其官网下载。下载、安装后在“开始”菜单的“Anaconda”中单击“Spyder”，即可打开图 11-6 所示的 Spyder 窗口。

Spyder 窗口右下方的“Console”窗格类似于 IDLE 的 Shell，其中“In [*n*]:”是命令提示符，“*n*”表示命令序号。

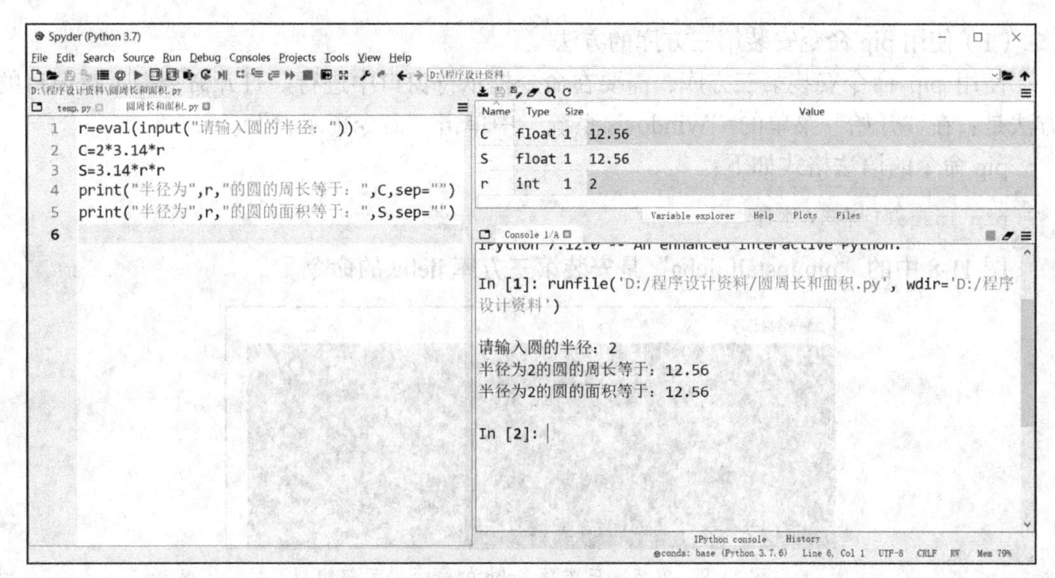

图 11-6　Spyder 窗口

Spyder 窗口左边的窗格是编辑程序的窗格，可在此窗格中输入程序，保存为文件。单击“Run”菜单下的“Run”命令（或按快捷键 F5），或单击工具栏上的 ▶ 按钮，可运行程序，运行结果会显示在“Console”窗格中。

在此窗口中可通过“Tools”菜单下的“Preferences”命令打开“Preferences”对话框，调整参数，如图 11-7 所示。在左侧列表框中选择“General”，在右侧选择“Advanced settings”选项卡，可以将“Language”由“English”改为“简体中文”。

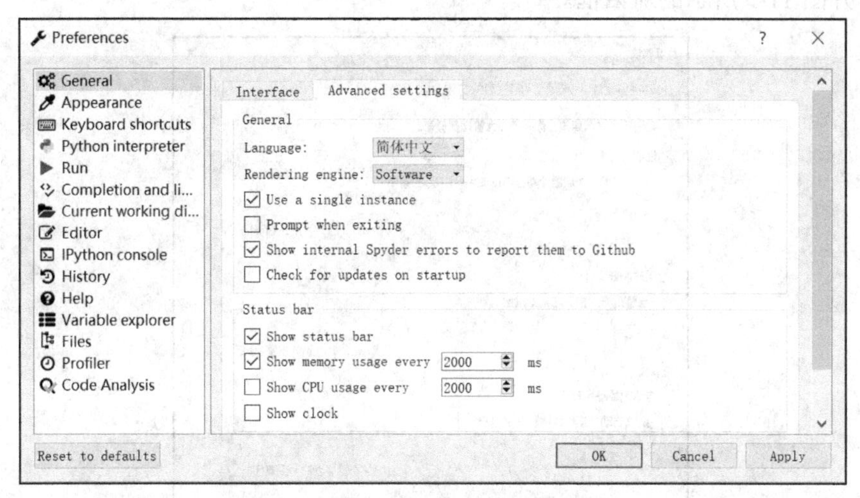

图 11-7　“Preferences”对话框

3．第三方库的安装及导入

Python 解释器 IDLE 除了拥有内置的标准库（如 turtle、math、random、datetime 等），还能使用第三方库。但第三方库在使用之前必须先安装，然后在程序中用 import 导入，这样才可以调用该库中的功能。Anaconda 已经集成了大量常用的第三方库，一般不需要安装。下面介绍使用 pip 命令安装第三方库和使用 import 导入第三方库的方法。

（1）使用 pip 命令安装第三方库的方法

使用 pip 命令安装第三方库，需要在命令提示符窗口中进行。打开命令提示符窗口的方法是：在“开始”菜单的“Windows 系统”中单击“命令提示符”。

pip 命令的语法格式如下：

```
pip install 第三方库名
```

图 11-8 中的“pip install jieba”是安装第三方库 jieba 的命令。

图 11-8　安装第三方库 jieba 的命令提示符窗口

如果在安装 Python 时勾选了图 11-2 中的“Add python.exe to PATH”复选框，则在命令提示符窗口中输入安装命令后按 Enter 键，一般能成功安装。

如果在安装 Python 时没有勾选“Add python.exe to PATH”复选框，且使用 pip 命令无法成功安装第三方库，则需要将 pip.exe 的路径（pip.exe 在安装路径的 Scripts 子目录中）添加到环境变量中。以 Windows 10 为例，具体的操作步骤如下。

① 在任务栏的搜索栏内输入“高级系统设置”进行搜索，单击搜索到的“高级系统设置”，打开图 11-9 所示的对话框。

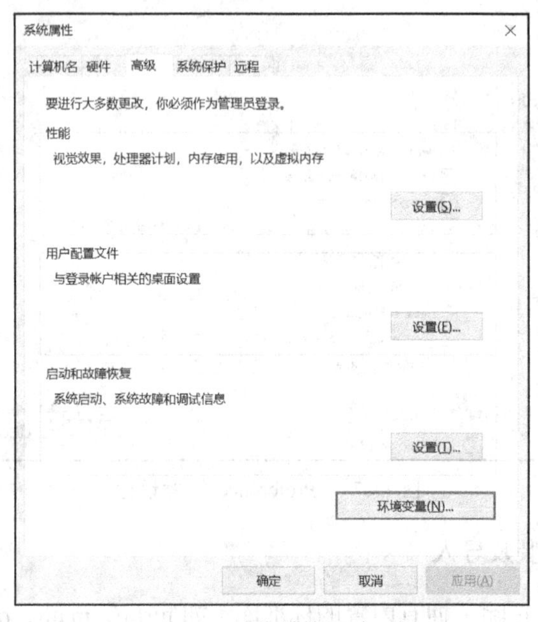

图 11-9　“系统属性”对话框

② 单击图 11-9 所示对话框中的“环境变量”按钮，打开“环境变量”对话框，如图 11-10 所示。

图 11-10 “环境变量”对话框

③ 选中图 11-10 所示对话框中的“Path”，单击该显示框下面的“编辑”按钮，打开“编辑环境变量”对话框。单击“新建”按钮，输入 pip.exe 的路径，单击“上移”按钮，改变显示的顺序，如图 11-11 所示。最后单击“确定”按钮完成环境变量的设置。

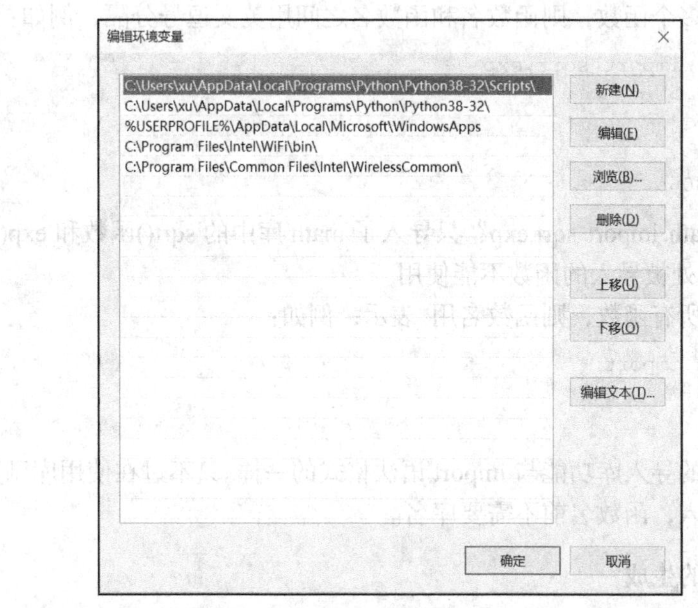

图 11-11 “编辑环境变量”对话框

至此，环境变量添加完成，再回到命令提示符窗口，使用 pip 命令安装第三方库即可。

（2）使用 import 导入第三方库的方法

在 Python 中可用关键字 import 来导入标准库和第三方库。

① import 语法格式

使用 import 可以导入整个库的函数，使用库中函数时需要在函数名前加上库名（或别名），其语法格式如下：

```
import 库名 [as 别名]
```

使用库中函数的语法格式如下：

```
库名.函数名([参数])
```

或：

```
别名.函数名([参数])
```

例如：

```
>>> import math
>>> math.sqrt(4)
2.0
>>> import math as m
>>> m.sqrt(4)
2.0
```

② from…import…语法格式

使用 from…import…可以导入库中的一个函数，也可以导入库中多个指定的函数，还可以导入库中的所有函数。但使用导入的函数时不能在函数名前加库名，这与 import 语法格式不同。其语法格式如下：

```
from 库名 import 函数名
```

若要导入库中多个函数，则函数名和函数名之间用英文逗号分隔，例如：

```
>>> from math import sqrt,exp
>>> sqrt(4)
2.0
>>> exp(2)
7.38905609893065
```

语句“from math import sqrt,exp”只导入了 math 库中的 sqrt()函数和 exp()函数，因此 math 库中没有在此处被导入的函数不能使用。

若要导入库中所有函数，则函数名用*表示，例如：

```
>>> from math import *
>>> sin(0)
0.0
```

这种语法格式的导入库功能与 import 语法格式的一样。只不过在使用库函数时要切记：这种语法格式的导入，函数名前不需要库名。

4. EXE 文件的生成

Python 文件的运行依赖于 Python 环境，如果在没有安装 Python 环境的计算机上运行 Python 文件，则需要将 Python 文件转换为可执行的 EXE 文件。在 Python 中可以使用第三方库 PyInstaller 来实现转换。该库是跨平台的，既可以在 Windows 平台上使用，也可以在 macOS 平台上使用。在不同平台上使用 PyInstaller 库的方法一样，它们支持的选项也一样。

Python 默认不包含 PyInstaller 库。下面以将 1.3 节中例 1-4 的“1-4 送朋友的花.py”转换为 EXE 文件为例，介绍其生成过程。

假设文件“1-4 送朋友的花.py”放在 D 盘的根目录下，其转换方法如下。

打开命令提示符窗口，进入 D 盘根目录，输入“pyinstaller -F 1-4 送朋友的花.py”，如图 11-12 所示，按 Enter 键即可进入创建 EXE 文件阶段。创建结束，命令提示符窗口中显示的信息如图 11-13 所示。

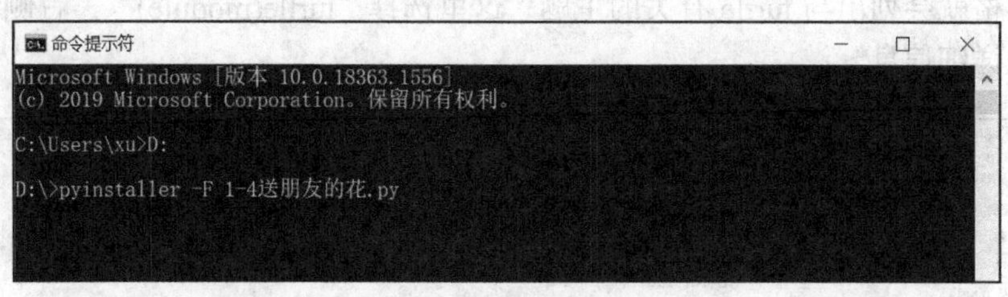

图 11-12 输入创建 EXE 文件的命令

```
选择命令提示符
112 INFO: wrote D:\1-4送朋友的花.spec
116 INFO: UPX is not available.
117 INFO: Extending PYTHONPATH with paths
['D:\\', 'D:\\']
118 INFO: checking Analysis
305 INFO: checking PYZ
346 INFO: checking PKG
471 INFO: Building because D:\build\1-4送朋友的花\1-4送朋友的花.exe.manifest changed
472 INFO: Building PKG (CArchive) PKG-00.pkg
3016 INFO: Building PKG (CArchive) PKG-00.pkg completed successfully.
3050 INFO: Bootloader c:\users\xu\appdata\local\programs\python\python38-32\lib\site-pa
ckages\PyInstaller\bootloader\Windows-32bit\run.exe
3050 INFO: checking EXE
3063 INFO: Rebuilding EXE-00.toc because pkg is more recent
3063 INFO: Building EXE from EXE-00.toc
3066 INFO: Appending archive to EXE D:\dist\1-4送朋友的花.exe
3076 INFO: Building EXE from EXE-00.toc completed successfully.

D:\>
```

图 11-13 命令提示符窗口中显示的信息

由图 11-13 中的选中部分可以看到，生成的“1-4 送朋友的花.exe”文件被放在 D 盘根目录下的 dist 文件夹中，此处的 dist 文件夹是创建过程中新建的。到 D 盘的 dist 文件夹中双击该文件，即可直接执行。

除了可以在图 11-12 所示的命令提示符窗口的 D 盘根目录后输入命令，也可以直接在命令提示符窗口的当前路径（C:\Users\xu>）输入命令，如图 11-14 所示。只不过此时的命令中需要写带路径的文件名，如“D:\1-4 送朋友的花.py”，来指明是将 D 盘上的这个文件创建为 EXE 文件，创建结束后，则在当前路径下创建保存“1-4 送朋友的花 EXE”文件的 dist 文件夹。

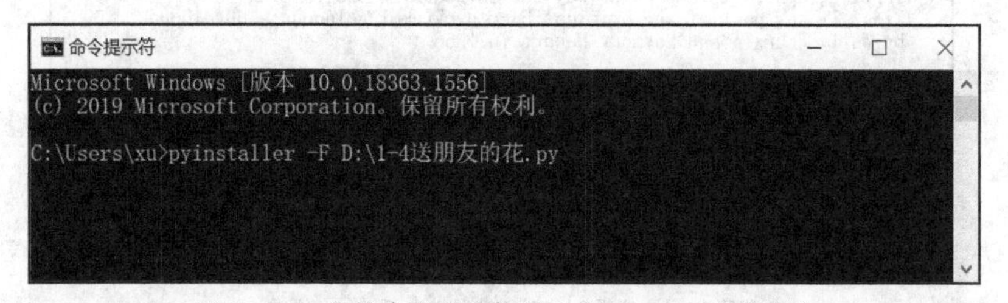

图 11-14 直接在当前路径输入创建 EXE 文件命令

至此就可以将“1-4 送朋友的花.exe”文件发送给朋友，而朋友的计算机上有无 Python 环境，都能收到你送的“花”。

5. Python 的帮助

在 Shell 窗口或文件窗口中，单击“Help”菜单下的“Python Docs”或者按快捷键 F1，打开帮助窗口。图 11-15 所示为帮助窗口，在索引框中输入 turtle 并按 Enter 键后，帮助文件的左侧窗格就会列出与 turtle 有关的主题，这里选择“turtle(module)”，右侧窗格就会显示该主题的详细信息。

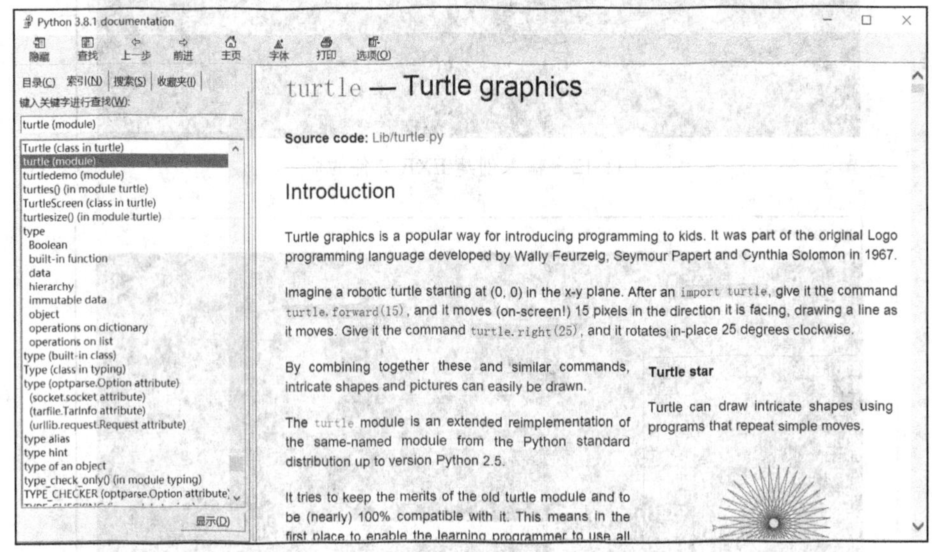

图 11-15 帮助窗口

也可以在 Shell 窗口的命令提示符“>>>”后面，输入“help(turtle)”命令并按 Enter 键，显示 turtle 的详细信息，如图 11-16 所示。这里需要先用“import turtle”命令导入 turtle 库，才能通过“help(turtle)”命令获得关于 turtle 的帮助信息。

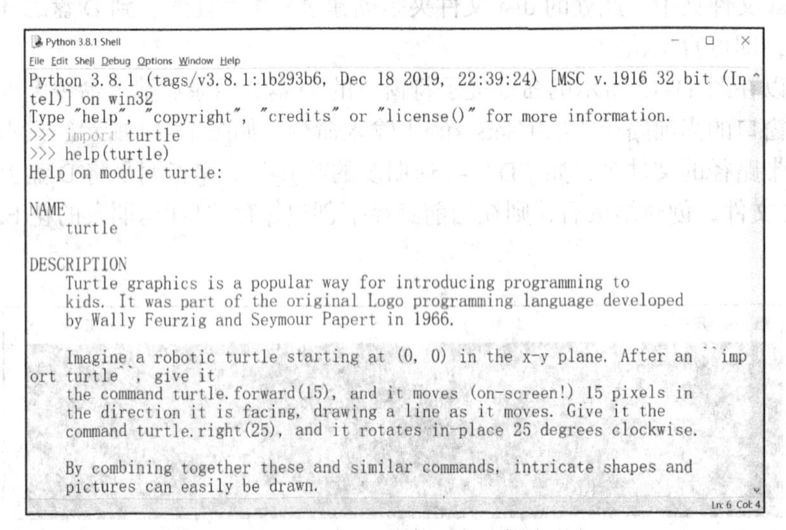

图 11-16 通过 Shell 窗口查看帮助信息

6. Python 程序的编写规则

用一门程序设计语言编写程序代码时必须遵循该门语言的一些规则或约定，否则编写出的代码不能被计算机正确识别，从而产生编译或运行错误。

（1）字母的大小写

在 Python 代码中区分字母的大小写，这非常重要，否则会出现语法错误。

（2）语句的编写

Python 的语句编写自由。一般情况下，一行编写一条语句。若一行编写多条语句，则语句与语句之间需要用英文分号“;”分隔。若一条语句比较长，也可通过在行的末尾加上续行符“\”将代码分写在多行上。

（3）缩进

缩进是 Python 程序简洁的原因之一。严格使用缩进可以体现程序结构上的层次关系，相同级别的代码必须缩进相同的量，即相同级别的代码上下是左边对齐的。如 if 结构中的语句块、循环结构中的循环体、自定义函数中的函数体等都通过缩进来体现层次。

在 Python 中可以对语句块进行批量缩进或批量取消缩进操作，其方法是：在 Python 程序编辑窗口，首先选中需要批量操作的语句块，然后选择“Format”菜单下的“Indent Region”命令，或按组合键 Ctrl+]，可以进行语句块的批量缩进；如果要取消缩进，则选择“Format”菜单下的“Dedent Region”命令，或按组合键 Ctrl+[。

编写程序时，最好按照编辑器默认的缩进量缩进，这样程序的结构和层次清晰，可读性好。在程序设计中，也可以根据需要设置语句块的缩进量，其操作方法是：在 Python 程序编辑窗口选择“Options”菜单下的“Configure IDLE”命令，打开图 11-17 所示的“Settings”对话框，其中显示的默认缩进宽度（indentation width Python Standard）是 4 个空格，拖动下面滚动条来修改缩进量。在该对话框中，还可以设置 Python 解释器的其他特性，如字体、字号、是否加粗等。

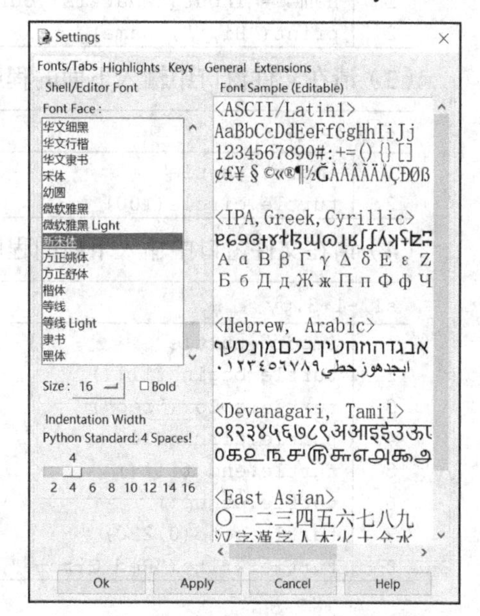

图 11-17 “Settings”对话框

（4）注释

为提高程序的可读性，编程时可以使用注释来说明自己声明某个变量、编写某个语句或定义某个函数的目的。注释部分在程序运行时不被执行。

Python 有以下两种注释。

① 单行注释。以“#”开头一直到本行结束的内容均为注释。这种注释既可以作为独立的一行，也可以直接出现在语句的后面，是最常用的注释之一。

② 多行注释。以 3 个单引号（或 3 个双引号）开始，后面是注释内容，最后以 3 个单引号（或 3 个双引号）结束。利用这样的注释形式可以非常方便地将若干行语句设置为注释。

在设计程序时添加适当的注释是一个良好的编程习惯。通常建议在以下情况下添加注释。

① 声明一个重要变量，应该描述它的含义。

② 定义函数，应该说明其功能、参数、返回值等内容。

③ 对整个应用程序的说明，一般在应用程序的开头位置给出综述性文字，说明主要数据、过程、算法、输入、输出等。

（5）空行和空格

在程序中适当地增加空行，如在不同功能代码段之间、自定义函数与主程序之间增加空行，可以提高程序的可读性。

在表达式的运算符前、后增加空格，能使表达式看上去更清晰。

11.1.3 实验内容

（1）请在 Shell 窗口中运行表 11-1 中的命令，记录运行结果。

表 11-1 交互运行命令

命令	运行结果
3+5	
365*365	
2**10	
print("I love Python!")	

（2）请在文件窗口中输入下面的程序代码并运行，观察运行结果。

s11-1-1.py

```
1  name = input("What is your name?\n")
2  print("Hi, ", name)
```

（3）请在文件窗口中输入下面的程序代码并运行，观察运行结果。

s11-1-2.py

```
1  import turtle
2  turtle.circle(100)
```

（4）请在文件窗口中输入下面的程序代码并运行，观察运行结果。

s11-1-3.py

```
1  import turtle
2  turtle.begin_fill()
3  turtle.color("red")
4  turtle.circle(100)
5  turtle.end_fill()
6  turtle.penup()
7  turtle.goto(0,220)
8  turtle.write("Red Circle",font=("Times",18,"bold"))
```

11.2 实验 2 基本程序设计

11.2.1 实验目的

（1）掌握 Python 基本语法格式。

（2）熟悉常用的数据类型（如数值、字符串、列表、元组、集合、字典等）的基本运算。

（3）掌握常用的数学运算函数和 math 库的常用函数。

11.2.2 实验内容

（1）在 Python 提示符“>>>”后，输入 print 语句，执行并输出以下指定式子的值，然后分析计算结果。

① '12345'+6789.12。

② b**2−4*a*c，其中 a=6，b=−5，c=−2。

③ math.floor(7.8)+ math.ceil(5.6)+int(1.8)。

④ (x%10)*10+x//10，其中 x=56。

⑤ $\frac{1}{3}\sqrt[3]{a^3+b^3+c^3}$，其中 a=5，b=3，c=4。

【实验要求】

① 如果给出的式子是一般数学式，请先将其转换成 Python 表达式。

② 如果语句出现错误，则分析出错原因，并给出解决办法。

【实验步骤】

步骤 1：打开 Python IDLE。

步骤 2：在 Python 提示符“>>>”后输入第 1 个式子'12345'+6789.12。

```
>>> print('12345'+6789.12)
```

输入并执行，输出提示信息。如图 11-18 所示，TypeError 提示对类型无效的操作，这个异常是类型不一样引起的。“+”的两侧一个是字符串，一个是浮点数，不是同一种数据类型。

```
>>> print('12345'+6789.12)
Traceback (most recent call last):
  File "<pyshell#1>", line 1, in <module>
    print('12345'+6789.12)
TypeError: can only concatenate str (not "float") to str
```

图 11-18 TypeError 提示信息

步骤 3：在 Python 提示符“>>>”后重新输入第 1 个式子，其中 eval()函数的作用是计算字符串中的有效 Python 表达式。运行结果如下。

```
>>> print(eval('12345')+6789.12)
19134.12
```

步骤 4：在 Python 提示符“>>>”后先定义 3 个变量 a、b 和 c，然后输入第 2 个式子 b**2−4*a*c 并执行，结果如下。

```
>>> a=6
>>> b=-5
>>> c=-2
>>> print(b**2-4*a*c)
73
```

步骤 5：在 Python 提示符“>>>”后输入第 3 个式子 math.floor(7.8)+ math.ceil(5.6)+int(1.8)

```
>>> math.floor(7.8)+ math.ceil(5.6)+int(1.8)
```

输入并执行，输出提示信息。如图 11-19 所示，NameError 提示未声明或初始化对象。

```
>>> math.floor(7.8)+ math.ceil(5.6)+int(1.8)
Traceback (most recent call last):
  File "<pyshell#7>", line 1, in <module>
    math.floor(7.8)+ math.ceil(5.6)+int(1.8)
NameError: name 'math' is not defined
```

图 11-19　NameError 提示信息

步骤 6：在 Python 提示符“>>>”后先导入 math 库，再输入第 3 个式子并执行，结果如下。

```
>>> import math
>>> print(math.floor(7.8)+ math.ceil(5.6)+int(1.8))
14
```

步骤 7：在 Python 提示符“>>>”后先定义变量 x，再输入第 4 个式子(x%10)*10+x//10 并执行，结果如下。

```
>>> x=56
>>> print((x%10)*10+x//10)
65
```

步骤 8：Python 提示符“>>>”后先定义变量 x，再将第 5 个式子转化成 Python 表达式，然后输入 Shell 窗口。

```
>>> a=5
>>> b=3
>>> c=4
>>> print(1/3*pow(pow(a,3)+pow(b,3)+pow(c,3),1/3))
1.9999999999999996
```

（2）运行给定的程序段，分析计算结果。

①
```
x=0
y=True
print(x>y and 'a'<'b', 'ab'=='a'+'b', 'ab'>='ac')
```

②
```
x={1: '1', 2: '2', 3: '3',4: '4'}
print(len(x), type(x))
```

③
```
str=['abcdefg', '1234567', '我的朋友在哪里', '在北京在上海']
print(str[-1][-1], str[0][3], str[3][4])
```

④
```
L=[1,2,3,4,5]
L.append([6,7,8,9,10])
LN=L.pop()
print(len(L),max(LN),min(L))
```

⑤
```
t1=tuple("二月春风似剪刀")
t2=t1*2
print(sorted(t1))
print('春' in t2)
```

【实验要求】使用两种方式输出指定程序段，一种是交互方式，另一种是文件方式。

（3）编写程序，输出字符'B'和'b'的 ASCII 值，输出 ASCII 值为 100 所对应的字符。

（4）编写程序，从键盘输入一个字符串，判断其是否为回文串。回文串即从左往右读入与从右往左读入一样的字符串，如 aba，stts。

（5）编写程序，从键盘输入华氏度，输出相应的摄氏度。

换算公式：

$$摄氏度=\frac{(华氏度-32)\times 5}{9}$$

（6）编写程序，从键盘输入月利率、贷款金额以及年限，按照给定的公式计算并输出月供和总还款数。

计算公式：

$$月供=\frac{贷款金额\times 月利率}{1-\frac{1}{(1+月利率)^{年限\times 12}}}$$

$$总还款数=月供\times 年限\times 12$$

（7）编写程序，从键盘输入一个 3 位数，分离出个位数、十位数、百位数上的数字并逆序输出该 3 位数。

（8）某高校举办程序设计大赛，进入程序设计大赛决赛的学生学号包括 J0806、J0723、B0605、S0901、Z0403 和 A1010。请计算共有多少个学生进入了程序设计大赛决赛。

【实验要求】 请分别使用列表和字符串存储学号，计算并输出程序设计大赛决赛人数。

【实验步骤】

步骤 1：打开 Python IDLE，新建名为 s2-8.py 的文件。

步骤 2：在文件内输入如下代码。

```
lst = ['J0806',' J0723',' B0605',' S0901',' Z0403',' A1010']
s='J0806,J0723,B0605,S0901,Z0403,A1010'
num1 = len(lst)
print(num1)
num2 = s.count(',') + 1
num3 = len(s.split(','))
print(num2, num3)
```

步骤 3：保存文件。

（9）有一句谚语“Where there is a Will, there is a way.”请统计该谚语中 w 或者 W 出现的总次数。

【实验要求】 请使用字符串存储谚语，并且使用字符串相关函数或方法统计字母出现的次数。

（10）从键盘输入一个字符串，按照字符串的 ASCII 顺序排序后输出。

【实验要求】 使用字符串的 sorted()函数完成排序，使用字符串的 join()方法将排好序的字符串连接起来并输出。测试数据和结果如下。

输入：hello world。

输出：d e h l l l o o r w。

（11）某省组织跳水比赛，每个跳水选手的得分由 10 名评委决定，得分规则是去掉 10 名评委所打分数的一个最高分和一个最低分，计算其他评委分数的平均值。某选手得到评委打出的 10 个分数分别为 8.5、9、9、10、7、8、8、9、8 和 10，请计算并输出该选手的最终得分。

【实验要求】 请使用列表存储评委打出的分数，并且使用列表相关函数或方法计算该选手的最终得分。

（12）从键盘输入一个列表，列表存放了某次考试的学生成绩，请编写程序，分别求出不及格（小于 60 分）学生和优秀（大于等于 90 分）学生的平均成绩。假设一定存在成绩为 90 分和 60 分的学生各一名，并且每位学生的成绩都不一样。

【实验要求】测试数据和结果如下。

输入：[85,60,45,33,90,95,100]。

输出：不及格学生平均分: 39.0。

优秀学生平均分: 95.0。

（13）班级干部竞选，共有 8 名候选人，编号分别为 1～8，班级同学对候选人进行投票，投票结果为 4、7、8、1、2、2、6、2、2、1、6、8、7、4、5、5、5、8、5、5、4、2、2、6、4，共 25 票。请对投票结果进行以下分析。

① 求当选班级干部的候选人编号。

② 用户输入任意一个候选人，判断其是否当选班级干部。

【实验要求】请使用列表存储候选人投票结果。

（14）Python 程序设计课程考试结束，任课教师用字典构建一个简易的学生成绩表，包含学生学号和 Python 程序设计课程分数。请根据学生成绩表查询并输出学生学号为 J06 的学生 Python 程序设计课程分数，同时输出 Python 程序设计课程所有学生的分数。

【实验要求】请使用字典存储学生学号和 Python 程序设计课程分数。

【实验步骤】

步骤 1：打开 Python IDLE，新建名为 s2-14.py 的文件。

步骤 2：在文件内输入如下代码。

```
PInfo={'J01':88,'J02':60,'J03':80,'J04':96,'J05':86,'J06':75,'J07':76,'J08':82}
print(PInfo['J06'])
print(PInfo.values())
```

步骤 3：保存文件。

（15）编写程序，提示用户从键盘输入月份，然后显示这个月的天数。不考虑闰年的特殊情况，2 月按照 28 天计算。

【实验要求】请使用字典存储月份和每个月的天数。测试数据和结果如下。

输入：请输入月份：3。

输出：天数：31。

11.2.3 难点分析

（1）实验（3）中，将字符转换为 ASCII 值可以使用 ord()函数，将 ASCII 值转换为字符可以使用 chr()函数。

（2）实验（4）中，如果字符串 s 的反序字符串为 s[::-1]，那么回文串的判断方法为 s==s[::-1]，直接输出该关系表达式的结果即可。

（3）实验（7）中，3 位数的个位数、十位数、百位数的表示可以使用“//”和“%”运算符完成。例如，3 位正整数 x，百位数用“x//100”表示，十位数用“x//10%10”，个位数用“x%10”表示。

（4）实验（9）中，首先利用字符串的 lower()函数将原字符串中的大写字母转换成小写字母，然后使用 count()函数统计字符的个数。

（5）实验（12）中，首先用列表的 sorted()函数将列表元素按从小到大排序，然后使用列表的 index()方法查询 60 和 90 在列表中的索引值,采用切片的方法分别求出小于 60 分与大于等于 90 分的列表，最后使用 sum()函数和 len()函数计算平均分。

（6）实验（13）中，建议使用集合去重。

11.3 实验 3　顺序结构和选择结构

11.3.1　实验目的

（1）掌握顺序结构的程序设计方法。

（2）掌握单分支、双分支、多分支条件语句和条件运算的使用方法。

（3）掌握选择结构的程序设计方法。

11.3.2　实验内容

1. 顺序结构

（1）在 IDLE 交互方式下，导入 math 库，输入变量的值，完成如下表达式的计算并显示计算结果。已知：x=5，y=6，z=7。

① $\dfrac{3x}{e^{-2}+\dfrac{4y}{5z}}$。

② $\sqrt[3]{x^2+\sqrt{x^2+1}}$。

③ $\ln\left|\dfrac{e^{\pi}+\sin^3 45°}{x+y}\right|$。

（2）输入下面的程序代码并运行，找出错误，分析其出错原因并改错。

```
x,y=1,2
x,y=2x+y,x
s=x+y
print('s=',s)
```

（3）编写程序，输入两个点 A 、B 的坐标 (x1,yl) 、(x2,y2)，求 AB 两点的距离（结果保留两位小数）。

程序运行的输入数据和输出结果参考如下：

```
请输入 A 点的坐标：0,0
请输入 B 点的坐标：3,4
A(0,0)与 B(3,4)两点的距离是：5.00
```

（4）编写程序，输入球的半径，计算球的表面积和体积（结果保留两位小数）。球的表面积计算公式为 $4\pi r^2$，体积计算公式为 $\dfrac{4}{3}\pi r^3$，π值取3.14 。

程序运行的输入数据和输出结果参考如下：

```
请输入球的半径 r：2
半径为 2 的球，表面积等于 50.24，体积等于 33.49
```

（5）输入自己的出生年、月、日，并按格式输出信息。输入和输出格式如下：

```
请输入您出生的年、月、日：2004,1,1
我的出生日期是2004年1月1日。
```

2．选择结构

（1）输入一个整数，若为奇数则输出其立方根，否则输出其平方根。请分别用单分支、双分支、条件语句实现。

程序2次运行的输入数据和输出结果参考如下：

```
【第1次运行】
请输入一个整数：27
y的值：3.0
【第2次运行】
请输入一个整数：16
y的值：4.0
```

（2）编写程序，计算铁路运费。已知从甲地到乙地，每张火车票托运行李不超过50千克时，按0.25元/千克收取行李托运费；行李若超过50千克，则超过部分按0.35元/千克计算托运费。输入行李重量w，计算并输出行李托运的运费y。

程序2次运行的输入数据和输出结果参考如下：

```
【第1次运行】
请输入托运行李的重量（kg）：20
行李托运的运费是：5.0元
【第2次运行】
请输入托运行李的重量（kg）：51
行李托运的运费是：12.85元
```

（3）编写程序，计算党员每月所应缴纳的党费。应缴党费f与工资salary之间的关系如以下分段函数所示。要求：输入工资，输出党费，结果保留两位小数。

$$f=\begin{cases}\text{salary}\times 0.5\% & \text{salary}\leqslant 400\\ \text{salary}\times 1\% & 400<\text{salary}\leqslant 600\\ \text{salary}\times 1.5\% & 600<\text{salary}\leqslant 800\\ \text{salary}\times 2\% & 800<\text{salary}\leqslant 1500\\ \text{salary}\times 3\% & \text{salary}>1500\end{cases}$$

程序5次运行的输入数据和输出结果参考如下：

```
【第1次运行】
请输入工资：200
工资200，应缴党费1.00元
【第2次运行】
请输入工资：500
工资500，应缴党费5.00元
【第3次运行】
请输入工资：750
```

```
工资 750，应缴党费 11.25 元
【第 4 次运行】
请输入工资：1000
工资 1000，应缴党费 20.00 元
【第 5 次运行】
请输入工资：2000
工资 2000，应缴党费 60.00 元
```

（4）输入 3 个正数，判断它们能否作为三角形的边。若能，则判断其类型并输出三角形是等边三角形、等腰非直角三角形、等腰直角三角形、非等腰直角三角形或普通三角形；若不能，则输出“输入的 3 个数，不能作为三角形的边。”。

程序 5 次运行的输入数据和输出结果参考如下：

```
【第 1 次运行】
请输入 3 个数：2,2,2
三角形是等边三角形
【第 2 次运行】
请输入 3 个数：3,4,5
三角形是非等腰直角三角形
【第 3 次运行】
请输入 3 个数：5,5,6
三角形是等腰非直角三角形
【第 4 次运行】
请输入 3 个数：5,6,7
三角形是普通三角形
【第 5 次运行】
请输入 3 个数：1,2,3
输入的 3 个数，不能作为三角形的边。
```

（5）编程解决数学问题“鸡兔同笼”，即已知在同一个笼子里有鸡和兔共 M 只，鸡和兔的总脚数为 N，求鸡和兔各有多少只。

要求： 输入的数据要满足下面两个条件。

① 输入的总脚数 N 必须是偶数，否则输出“输入的脚数为奇数，不合理！”。

② 若求出的只数是负数，则输出“求出的只数为负，输入的数据不合理！”。

提示： 设鸡有 x 只，兔有 y 只，则有方程组如下。

$$\begin{cases} x+y=M \\ 2x+4y=N \end{cases}$$

解得：$x=2M-N/2$（程序中用 x = 2*M－N//2），$y=M-x$。

程序 3 次运行的输入数据和输出结果参考如下：

```
【第 1 次运行】
请输入鸡和兔的总只数：50
请输入鸡和兔的总脚数：70
求出的只数为负，输入的数据不合理！
```

```
【第 2 次运行】
请输入鸡和兔的总只数：50
请输入鸡和兔的总脚数：120
鸡有 40 只，兔有 10 只
【第 3 次运行】
请输入鸡和兔的总只数：50
请输入鸡和兔的总脚数：121
输入的脚数为奇数，不合理！
```

（6）输入年份、月份，判断该年是否是闰年，以及该月属于哪个季度、该月有多少天。

要求： 输入的年份（必须为 1000～2100 的整数，包含 1000 和 2100）和月份（必须为 1～12 的整数，包含 1 和 12）进行校验，若输入数据不合法，应显示出错信息。

提示： 判断闰年的条件是年份能被 4 整除但不能被 100 整除，或者年份能被 400 整除；n 是否为整数的判断条件可以是“type(n)==int”、“n%1==0”或其他表达式。

程序 2 次运行的输入数据和输出结果参考如下：

```
【第 1 次运行】
请输入年份：2022
请输入月份：12
2022 年不是闰年
12 月是第四季度
12 月有 31 天
【第 2 次运行】
请输入年份：2022
请输入月份：13
输入的年份或月份不合法！
```

（7）求一元二次方程的根。输入一个一元二次方程 $ax^2+bx+c=0$ 的系数 a、b、c，计算并输出根 x_1、x_2（结果精确到小数点后两位）。

要求： 为使程序具有通用性，应全面考虑方程的根与系数的关系。

① 若 $a=0$ 且 $b=0$，则方程无意义。

② 若 $a=0$ 且 $b\neq0$，则方程只有一个根 $-\frac{c}{b}$。

③ 若 $b^2-4ac>0$，则方程有两个不等实根 $x_{1,2}=\frac{-b\pm\sqrt{b^2-4ac}}{2a}$；若 $b^2-4ac=0$，则方程有两个相等实根 $x_1=x_2=-\frac{b}{2a}$；若 $b^2-4ac<0$，则方程有两个不等虚根（复数根）$x_{1,2}=\frac{-b\pm\sqrt{4ac-b^2}\mathrm{j}}{2a}$。

提示： 对于虚根，可以先求出虚根的实部和虚部的实数，然后用 complex()函数创建。例如，求得的实部是 1，虚部的实数是 2，则 complex(1,2)的结果为(1+2j)。有关 complex()函数的使用方法请查阅 2.4.3 节中的表 2-12。

程序 5 次运行的输入数据和输出结果参考如下：

```
【第 1 次运行】
请输入一元二次方程的系数：0,0,1
方程无意义
【第 2 次运行】
请输入一元二次方程的系数：0,2,1
方程有一个根：-0.50
【第 3 次运行】
请输入一元二次方程的系数：1,4,3
方程有两个不等实根：x1=-1.00, x2=-3.00
【第 4 次运行】
请输入一元二次方程的系数：1,-2,1
方程有两个相等实根：x1=1.00, x2=1.00
【第 5 次运行】
请输入一元二次方程的系数：4,2,3
方程有两个不等虚根：x1=(-0.25+0.83j), x2=(-0.25-0.83j)
```

（8）编写程序，计算某位学生可获奖学金的级别，以 3 门功课的成绩 $M1$、$M2$、$M3$ 为评奖依据，标准如下。

一等奖学金：各门功课的平均成绩大于 95 分者；或有两门功课成绩是 100 分，且第三门功课成绩不低于 80 分者。

二等奖学金：各门功课的平均成绩大于 90 分者；或有一门功课成绩是 100 分，且其他两门功课成绩不低于 75 分者。

三等奖学金：各门功课成绩不低于 70 分者。

程序 4 次运行的输入数据和输出结果参考如下：

```
【第 1 次运行】
请输入 3 门功课成绩：100,100,90
该同学获得一等奖学金。
【第 2 次运行】
请输入 3 门功课成绩：95,90,98
该同学获得二等奖学金。
【第 3 次运行】
请输入 3 门功课成绩：80,75,70
该同学获得三等奖学金。
【第 4 次运行】
请输入 3 门功课成绩：60,88,50
该同学没有获得奖学金。
```

11.3.3 常见错误及难点分析

1．变量的声明

Python 中用赋值语句来声明变量，这与其他程序设计语言（如 C 语言、Visual Basic 语言）不同，因此在使用某变量前一定要先赋初值，否则会出现“变量未定义”的错误提示信息。

2．使用 input () 函数输入数据

input()函数的返回值类型是字符串，当输入的数据需要进行算术运算时，则需要用 int()、float()或 eval()函数对输入的数据进行转换，否则计算会出错。

当用 input()函数给多个变量同时赋值时，例如，从键盘输入 a、b、c 的值，可以使用下面的形式：

```
a,b,c=eval(input("请输入 a、b、c 的值: "))
```

使用这种形式在输入数据时要特别注意，数据与数据之间只能用英文逗号分隔。

3．使用 print () 函数输出数据

在程序中常常需要输出具有一定格式的数据，此时可以直接用 print()函数自带的语法格式输出，也可以与 format()函数结合在一起输出。如前文顺序结构第（5）题的输出可以用如下语句：

```
print("我的出生日期是",y,"年",m,"月",d,"日。",sep="")
```

或：

```
print("我的出生日期是{}年{}月{}日。".format(y,m,d))
```

4．选择结构 if 语句的编写及使用

if 语句对应分支的语句块需要缩进，且 if、else、elif 等行必须用“:”结束，在编写时要注意大小写。

在表示多个条件表达式时，应该从最小或最大的条件开始依次表示，需要考虑各条件的包含关系。

进行 if 语句的嵌套时要注意 if 与 else 等的配对，if 结构中的 if 和 else 等要上下左边对齐。

11.4 实验 4　循环结构

11.4.1　实验目的

（1）熟练掌握使用 while 语句和 for 语句实现循环的方法。
（2）掌握循环条件的设计方法，防止死循环或不循环。
（3）掌握 break 语句和 continue 语句的使用方法。
（4）掌握循环嵌套的使用方法。
（5）掌握循环结构的程序设计方法。

11.4.2　实验内容

（1）输入任意位数的正整数，利用 while 语句将输入的数反序输出。例如，输入“123456”，输出“654321”。

提示：实现的方法可以是反复求正整数除以 10 的余数，在求余过程中将余数连接起来，且正整数不断变化，变为该正整数整除 10 的结果，直到正整数变为 0，则循环结束。

（2）输入正整数 N，求满足 $1+2\times2+3\times3+\cdots+K\times K<N$ 的最大 K 值。例如，输入的正整数 N 为 10000，则求得的最大 K 值为 30。

提示：用循环求累加和 S，直到 $S\geqslant N$ 为止，结束循环，输出 $K-1$ 即可。

（3）用 print()函数并结合循环语句输出下面的图形。

```
         0
        111
       22222
      3333333
     444444444
    55555555555
   6666666666666
  777777777777777
 88888888888888888
9999999999999999999
```

提示：实现输出上面图形的程序代码如下。

```
for i in range(10):
    print("{}{}".format((10-i)*" ",str(i)*(2*i+1)))
```

代码非常简单，请读者输入运行、分析代码并理解使用方法。

（4）编写程序，产生 3 个 10～99（包含 10 和 99）中的随机整数 a、b、c，求这 3 个整数的最大公约数和最小公倍数。

提示：随机整数的产生方法请查阅 3.4 节中表 3-1 的 randint()函数。可以模仿 3.3.3 节中例 3-14 的思路求 3 个数的最大公约数和最小公倍数。

程序的运行结果参考如下：

```
产生的 3 个随机整数分别是：56 96 70
56、96 和 70 的最大公约数是 2，最小公倍数是 3360。
```

（5）编写程序，求出所有的水仙花数，输出在一行，数据间用空格分隔。水仙花数是一个 3 位数，其各位数字的立方和等于该数本身。例如，153 是水仙花数，$153=1^3+5^3+3^3$。

要求：请分别用下面的 3 种方法编写程序。

① 利用三重 for 循环，将 3 个数字连接成一个 3 位数进行判断。

② 利用一重 for 循环，将一个 3 位数逐位分离后进行判断。

③ 使用列表解析生成水仙花数列表。

程序的运行结果如下：

```
求出的所有水仙花数有：
153 370 371 407
```

（6）编写程序，求出 1～1000（包含 1 和 1000）中的所有完数。完数是指一个数恰好等于它的所有因子（包括 1 但不包括它本身）之和。例如，6 的因子为 1、2、3，6=1+2+3，所以 6 是完数。

程序的运行结果如下：

```
求出的完数有：
6=1+2+3
28=1+2+4+7+14
496=1+2+4+8+16+31+62+124+248
```

提示： 要输出上面的形式，可以先将求得的因子放在列表中，如果某个数与它的因子之和相等，则可以用下面的代码实现输出。

```
if … :                                  # 若某个数等于其因子之和
    lst1=map(str,lst)                   # 将 lst 列表中的所有因子转换为字符串
    print(s,'=',"+".join(lst1),sep='') # 将列表中的字符串用“+”连接输出
```

其中，map()函数的功能和用法请参见 4.4.1 节。

（7）编写程序，找出 1～1000（包含 1 和 1000）中的全部同构数。同构数是出现在它的平方数右端的数。例如，5 的平方数是 25，5 是 25 右端的数，5 就是同构数，25 也是一个同构数，其平方数是 625。

程序的运行结果如下：

```
1000 以内的全部同构数有：
1
5
6
25
76
376
625
```

（8）编写程序，求 100 以内（不包含 100）的所有素数之和。

程序的运行结果如下：

```
100 以内的素数之和：1060
```

（9）编程求出所有小于或等于 50 的自然数对及对数。自然数对是指两个自然数的和与差都是平方数，如 8 和 17 的和 25（8+17）与其差 9（17−8）都是平方数，则 8 和 17 称为自然数对，且 8 和 17、17 和 8 算一对（只算 8 和 17）。

提示： 正整数 N 是否是平方数，可用关系表达式 math.sqrt(N)==int(math.sqrt(N))来判断。

程序的运行结果如下：

```
50 以内的自然数对有：
4 5
6 10
8 17
10 26
12 13
12 37
```

```
14 50
16 20
20 29
24 25
24 40
30 34
36 45
40 41
自然数对共有 14 对。
```

（10）有算式 *ABCD*−*CDC*=*ABC*，其中 *A*、*B*、*C*、*D* 均为一位非负整数，编写程序，求 *A*、*B*、*C*、*D* 的值。

提示：可以用一重循环实现，也可以用四重循环实现。

程序的运行结果如下：

```
A=1, B=0, C=9, D=8
```

（11）用枚举法解决 11.3.2 节选择结构第（5）题中的"鸡兔同笼"问题（允许鸡或兔子为 0 只）。例如，鸡和兔共 19 只，总脚数 44 只，则鸡有 16 只、兔有 3 只。

（12）有一个数列，其前 3 项分别为 1、2、3，从第 4 项开始，每项均为其前 3 项之和。编写程序，求该数列从第几项开始，其数值超过 2000。

程序的运行结果如下：

```
数列从第 14 项开始，数值超过 2000。
第 14 项的值为 2632。
```

（13）利用格里高利公式求圆周率 π 的近似值：

$$\frac{\pi}{4}=1-\frac{1}{3}+\frac{1}{5}-\frac{1}{7}+\cdots$$

直到最后一项的绝对值小于 eps（如 1×10^{-6}）时，停止计算。

注意：绝对值小于 eps 的那一项不计算在结果内。

提示：该公式中无穷级数各项规律如下。

$$t_1=1 \quad t_n=\frac{(-1)^{n-1}}{2n-1} \quad n=2,3,4,\cdots$$

eps 为 1×10^{-6} 时，程序的运行结果如下：

```
π 的近似值：3.141590653589692
```

（14）利用以下公式求 sin(*x*)的近似值，直到最后一项的绝对值小于 1×10^{-6} 时，停止计算。计算公式：

$$\sin(x)=x-\frac{x^3}{3!}+\frac{x^5}{5!}-\cdots+(-1)^{n+1}\frac{x^{2n-1}}{(2n-1)!}$$

这里 *x* 的单位为弧度。

注意：绝对值小于 1×10^{-6} 的那一项不计算在结果内。

提示：递推关系为 $t_1 = x$、$t_n = t_{n-1} \times \frac{-x^2}{(2n-2)(2n-1)}$。

程序运行的输入数据和输出结果参考如下：

```
输入x（弧度）：1.57
sin(1.57)的近似值：0.9999996270418698
```

（15）输入任意实数 a（$a \geqslant 0$），用迭代法求 $x=\sqrt{a}$，要求结果精确到 1×10^{-6}，即 $|x_{n+1}-x_n|<1\times10^{-6}$ 时，x_{n+1} 为 $\sqrt{a}$ 的近似值。

令 $x_0 = a$，迭代公式：$x_{n+1}=\frac{1}{2}\left(x_n+\frac{a}{x_n}\right)$。

程序运行的输入数据和输出结果参考如下：

```
输入任意实数a(a>=0)：15
x的近似值：3.872983
```

（16）口算练习程序。要求：随机产生两个一位正整数，提示用户输入两个数的和，判断用户输入是否正确，并给出相应提示信息。继续产生新的两个一位正整数，请用户运算，直到用户输入“q”时，程序退出。程序运行的输入数据和输出结果参考如下：

```
6+8=?
请输入两个数的和，退出请输入q：14
运算正确！
5+7=?
请输入两个数的和，退出请输入q：10
5+7=12，您的运算错误，继续努力！
8+3=?
请输入两个数的和，退出请输入q：q
```

11.4.3　常见错误及难点分析

1．不循环或死循环的问题

若出现不循环或死循环的问题，主要原因有以下几个。

（1）循环条件、循环初值、循环终值、循环步长的设置有问题。

例如，以下循环语句不执行循环体：

```
for i in range(10,1):        # range(10,1)中无元素可取
    print(i)
```

或：

```
while False:                 # 循环条件永远不满足，不循环
    print(1)
```

例如，下面循环为死循环：

```
while True:                  # 循环条件永远满足，死循环
    print(1)
```

（2）循环体中没有使循环条件的逻辑值发生变化的语句，循环无法结束而形成死循环。例如，求 1 到 10 的累加和，若用下面程序段实现，则会出现死循环，因为 i 的值始终为 1，条件 i<=10 永远成立。

```
i=1
s=0
while i<=10:
    s=s+i
print(s)
```

改正方法：在循环体里加上语句“i=i+1”。

2．for 循环语句的使用问题

若循环变量在循环体内被重新赋值，对循环体的执行次数来说不会发生变化，因为 for 循环的循环次数由可迭代对象中的元素个数决定。

11.5 实验 5　函数

11.5.1　实验目的

（1）掌握函数的定义和调用方法。
（2）理解参数的表示和传递过程。
（3）熟悉 lambda 函数的定义和使用方法。
（4）掌握变量作用域的概念，全局变量和局部变量的使用方法。
（5）理解递归函数及其执行过程。
（6）熟悉 datetime 库的使用方法。

11.5.2　实验内容

（1）判断奇偶性。编写函数，参数为整数，如果参数为奇数，则返回 True，否则返回 False。在主程序中输入一个整数，调用函数判断其奇偶性并输出结果。

程序 2 次运行的输入数据和输出结果参考如下：

```
【第 1 次运行】
请输入一个整数:5
5 是奇数
【第 2 次运行】
请输入一个整数:10
10 是偶数
```

（2）成绩评定。输入学生的成绩，若成绩大于等于 0 且小于 60，则输出“该同学成绩不合格，需继续努力！”；若成绩大于等于 60 且小于等于 100，则输出“该同学成绩合格！”；若成绩大于 100 或小于 0，则输出“输入的成绩错误！”。

要求：定义函数 passed()来判断给定的成绩（百分制）是否合格，在主程序中调用 passed()函数来判断输入的成绩是否合格。

程序 3 次运行的输入数据和输出结果参考如下：

```
【第 1 次运行】
请输入一个分数：98
该同学成绩合格！
【第 2 次运行】
请输入一个分数：-85
输入的成绩错误！
【第 3 次运行】
请输入一个分数：50
该同学成绩不合格，需继续努力！
```

（3）字符串统计。编写一个函数 string_num(ch)，参数 ch 为字符串，统计此字符串中字母、数字、空格和其他字符的个数。在主程序中输入字符串，调用函数，输出统计的结果。

提示： string_num()函数可以用 return 返回统计的结果，也可以直接用 print()输出统计的结果；判断字符是字母、数字、空格，可以用字符串的方法 isalpha()、isdigit()、isspace()等实现。

程序运行的输入数据和输出结果参考如下：

```
请输入需要统计的字符串：asdf 1234 *()_+ QWER ,;
统计结果：字母有 8 个，数字有 4 个，空格有 4 个，其他字符有 7 个。
```

（4）判断互质。编写函数 coprime()判断两个整数是否互质。在主程序中使用 random 库的 randint()函数生成两个 100 以内（不包括 100）的随机正整数，调用 coprime()函数判断它们是否互质并输出结果。

提示： 两个正整数互质，就是指这两个数的最大公约数为 1。

程序的运行结果参考如下：

```
产生的随机数是：56 78
56 和 78 不互质
```

（5）斐波那契数列。编写函数 fib(n)，求斐波那契数列的前 n 个数据。在主程序中输入数列的项数，调用 fib()函数，输出调用结果。斐波那契数列的定义请参见 3.7.2 节的例 3-31。

要求： fib()函数的返回值是包含斐波那契数列前 n 个数据的列表。

程序运行的输入数据和输出结果参考如下：

```
请输入斐波那契数列的项数 n：10
[1, 1, 2, 3, 5, 8, 13, 21, 34, 55]
```

（6）找亲密数对。若正整数 A 的所有因子（包括 1 但不包括自身，下同）之和为 B，而 B 的因子之和为 A，则称 A 和 B（$A \neq B$）为亲密数对。例如，220 的因子之和为 1+2+4+5+10+11+20+22+44+55+110=284，而 284 的因子之和为 1+2+4+71+142=220，因此 220 与 284 为亲密数对。求 3000 以内（不包括 3000）的所有亲密数对。

要求：① 编写一个函数 FacSum(n)，函数的返回值是给定正整数 n 的所有因子（包括 1 但不包括自身）之和；

② 在主程序中调用已定义的函数 FacSum()，寻找并输出 3000 以内的所有亲密数对，在输出亲密数对时，要求小的数在前，大的数在后，并去掉重复的数对。

程序的运行结果参考如下：

```
亲密数对：A=220，B=284
亲密数对：A=1184，B=1210
亲密数对：A=2620，B=2924
```

（7）判断回文数。编写一个函数 huiwen()，参数是正整数，判断参数是否为回文数，若是则返回 True，否则返回 False。在主程序中输入一个正整数 M，调用函数 huiwen()对其进行判断，并输出“M 是回文数”或“M 不是回文数”。回文数是顺读和倒读数字相同的数。当只有一位数时，也认为其是回文数。

提示：判断回文数的方法很多。

① 较为简单的方法是，将正整数直接用 str()函数转换为字符串来处理，然后用字符串的切片操作进行反序排列，如 ch='1234'，则 ch[::-1]='4321'，再判断原数与反序数是否相等。

② 对于反序数的求法也可以参考 11.4.2 节第（1）题的方法，用循环逐次取出原数各位，并按反序拼接，形成反序数。

③ 也可以不求反序数，而是将输入的整数作为字符串来处理，对输入的数从两边向中间逐位比较，一旦比较到不相同，就不是回文数，程序代码如下。

```
def huiwen(ch):
    for i in range(1,len(ch)+1):
        if ch[i-1]!=ch[-i]:
            return False
    return True
```

要求：请用提示中的 3 种方法定义 huiwen()函数，并对这 3 种方法的算法思路进行分析，以便理解并掌握它们。

程序 2 次运行的输入数据和输出结果参考如下：

```
【第 1 次运行】
请输入正整数 M：12321
12321 是回文数
【第 2 次运行】
请输入正整数 M：12345
12345 不是回文数
```

（8）哥德巴赫猜想。编写一个函数 prime()，判断某个自然数是否为素数。在主程序中调用该函数验证哥德巴赫猜想：任何不小于 6 的偶数均可表示为两个素数之和。编程将 6～50（包括 6 和 50）中的偶数表示为两个素数之和的形式。例如：14=3+11 或 14=7+7 或 14=11+3，但只需输出一种，即 14=3+11 或者 14=7+7 即可。输出时每行显示一个式子。

提示： 对于给定的偶数 even，先确定一个小于它的素数 x，然后用这个偶数 even 减去已确定的素数 x，再判断其差 even $-x$ 是否也是一个素数。若是，则找到了所要的两个素数；若不是，再重新确定一个小于该偶数的素数，重复以上步骤，直到找到两个素数为止。

程序的运行结果参考如下（结果只列出到 20，其他的省略）：

```
哥德巴赫猜想：
6=3+3
8=3+5
10=3+7
12=5+7
14=3+11
16=3+13
18=5+13
20=3+17
```

（9）回文素数。回文素数是指既是素数又是回文数的数，如 2、3、5、7、11、101 等就是回文素数。编写程序，输出前 100 个回文素数，每行输出 10 个，用英文逗号分隔。

要求： 判断回文数和素数都用函数实现。

提示： 可以导入本节第（7）题的文件模块来调用判断回文数的函数，导入第（8）题的文件模块来调用判断素数的函数，实现代码重用。需要特别注意的是：第（7）题和第（8）题的主程序要放在“if __name__=="__main__":”结构中，有关“if __name__=="__main__":”的作用请参见 4.9.1 节例 4-10 中的说明。

程序的运行结果参考如下：

```
前100个回文素数分别是：
2,3,5,7,11,101,131,151,181,191,
313,353,373,383,727,757,787,797,919,929,
10301,10501,10601,11311,11411,12421,12721,12821,13331,13831,
13931,14341,14741,15451,15551,16061,16361,16561,16661,17471,
17971,18181,18481,19391,19891,19991,30103,30203,30403,30703,
30803,31013,31513,32323,32423,33533,34543,34843,35053,35153,
35353,35753,36263,36563,37273,37573,38083,38183,38783,39293,
70207,70507,70607,71317,71917,72227,72727,73037,73237,73637,
74047,74747,75557,76367,76667,77377,77477,77977,78487,78787,
78887,79397,79697,79997,90709,91019,93139,93239,93739,94049,
```

（10）矩阵判断与求和。编写程序，判断 4 阶矩阵是否对称，并求矩阵主对角线元素之和。

要求： ① 定义函数 isSymmetrical(lst)，函数功能为判断 4 阶矩阵 lst 是否对称，如果对称则返回 True，否则返回 False；

② 定义函数 matrix_sum(lst)，返回矩阵主对角线元素之和；

③ 在__main__函数中用随机函数生成 16 个两位正整数，分别赋给 4 阶矩阵中的各元素，然后输出此矩阵的各元素值，调用 isSymmetrical()函数判断矩阵是否为对称矩阵，调用 matrix_sum()函数求矩阵主对角线元素之和，并输出相应的结果。

提示： 4 阶矩阵可以用二级列表来实现，列表中有 4 个元素，每个元素又是有 4 个元素的小列表。函数 isSymmetrical(lst)和函数 matrix_sum(lst)定义的代码参考如下：

```
def isSymmetrical(lst):                      # 判断矩阵是否对称
    for i in range(3):
        for j in range(i+1,4):
            if lst[i][j]!=lst[j][i]:
                return False
    return True

def matrix_sum(lst):                         # 求矩阵主对角线元素之和
    s=0
    for i in range(4):
        s=s+lst[i][i]
    return s
```

程序的运行结果参考如下：

```
4 阶矩阵：
47 50 51 37
39 88 31 58
19 25 69 23
74 91 99 31
矩阵不是对称矩阵
矩阵对角线元素和是：235
```

（11）分别用递推法和递归法编写程序，计算下面的级数：

$$f(n)=\frac{1}{3}+\frac{2}{5}+\frac{3}{7}+\frac{4}{9}+\cdots+\frac{n}{2n+1}$$

程序的运行结果参考如下：

```
请输入级数的项数 n：5
递推法 f(5)= 2.060894660894661
递归法 f(5)= 2.060894660894661
```

（12）用递归法编写程序，计算勒让德多项式：

$$P_n(x)=\begin{cases}1 & n=0\\ x & n=1\\ \dfrac{(2n-1)x\times P_{n-1}(x)-(n-1)\times P_{n-2}(x)}{n} & n>1\end{cases}$$

程序的运行结果参考如下：

```
请输入勒让德多项式的项数 n：5
请输入 x(|x|<=1)：0.5
Legendre 多项式的值： 0.08984375
```

（13）某市随机生成车牌号的规则是：号牌字头为“某 A-”“某 B-”等（字母为 A～D 的大写字母），后面由 5 个字符组成。现规定：第 1、2、3 位可以是任意数字或不含字母“O”和“I”的大写英文字母，第 4、5 位必须是数字。编写生成车牌号的函数 Vehicle_number()，主程序调用函数 Vehicle_number()生成 10 个车牌号，供用户从中选择。

用户输入一个心仪车牌号的序号选择车牌号，并将其输出。

程序参考代码如下：

```
import random
def Vehicle_number():
    c="某"
    c=c+random.choice(['A','B','C','D'])+'-'
    lst1=list(map(str,range(10)))             # 生成包含 10 个数字字符的列表
    lst2=[chr(i) for i in range(65,91)]       # 生成包含 26 个大写字母字符的列表
    # 下面语句的作用是去掉大写字母 O 和 I 的列表
    lst2=list(filter(lambda x: x!='O' and x!='I',lst2))
    for i in random.sample(lst1+lst2,3):      # 在随机生成的 3 个字符列表中取字符
        c=c+i                                 # 字符串连接运算
    # 下面语句连接第 4 位和第 5 位随机产生的数字
    c=c+random.choice(lst1)+random.choice(lst1)
    return c                                  # 返回车牌号

if __name__=="__main__":
    mylst=[]
    for i in range(10):
        mylst.append(Vehicle_number())                 # 调用创建车牌号列表
    for i in range(len(mylst)):
        print("{:2d}: {}".format(i+1,mylst[i]))       # 输出序号和车牌号
    num=int(input("请输入心仪车牌号序号："))            # 输入选择的序号
    print("您选中的车牌号：",mylst[num-1])              # 输出序号对应的车牌号
```

程序的运行结果参考如下：

```
 1: 某A-BFT41
 2: 某C-L1N28
 3: 某D-PBX08
 4: 某B-7WR88
 5: 某A-RDZ03
 6: 某D-NMD95
 7: 某A-GST87
 8: 某D-EDB54
 9: 某A-BL050
10: 某B-MP772
请输入心仪车牌号序号:9
您选中的车牌号：某A-BL050
```

要求：① 理解程序中各个函数的功能和使用方法，理解程序的实现过程；
② 编写自己的程序。

（14）datetime 库。使用 datetime 库中的函数，输出系统的当前日期时间，至少给出 3 种不同的显示格式，并输出这一年是否是闰年、当天是这年的第多少天。

提示：求某天是这年的第多少天，可以用下面的代码实现。

```
from datetime import datetime
d=datetime.now()
t=d-datetime(2023,1,1)          # t是timedelta对象
dd=t.days+1                     # 使用t的days属性获取天数
print("{}年{}月{}日是{}年的第{}天".format(d.year,d.month,d.day,d.year,dd))
```

如系统的当前日期时间是“2023 年 10 月 14 日 12 时 46 分 57 秒”，则程序的运行结果如下：

```
第一种输出格式：2023年10月14日 12:46:57 PM
第二种输出格式：2023/10/14 12:46:57
第三种输出格式：2023-10-14 Saturday 12:46:57 PM
2023年不是闰年
2023年10月14日是2023年的第287天
```

11.5.3　常见错误及难点分析

1．程序设计及算法思路的问题

函数这部分的程序编写难度增大，主要是有些题目的算法构思有点儿困难，这也是程序设计学习中最难的阶段。但是对每一位程序设计的初学者来说，没有捷径可走，一定要多看、多练、“知难而进”。在上机实践前一定要先预习、编写好程序，仔细分析、检查，这样才能提高上机调试的效率。为此大家可以按“一读、二仿、三编、四练”的学习口诀，掌握正确的编程方法。“一读”就是在刚开始学习编程时，一定要仔细阅读别人编写的程序，即本书典型的例题，领会其编程思路；“二仿”就是模仿别人的程序，试着编写功能较为简单的程序；“三编”就是在前两个阶段的基础上过渡到自己独立编写程序；“四练”就是多练。

2．在函数中确定形参的个数和传递方式的问题

初学者在自定义函数时较难确定形参的个数和传递方式。

自定义函数中参数的作用是实现函数和主调函数的数据传递。一方面，主调函数为自定义函数提供初值，这是通过实参传递给形参实现的；另一方面，函数将结果传递（返回）给主调函数，这是通过函数体中的 return 语句实现的，若无 return 语句则返回 None。因此，形参的个数就是由上述两方面决定的。

初学者往往喜欢把函数体中用到的所有变量作为形参，这样就增加了主调函数的负担和出错概率；也有初学者全部省略了形参，因此无法实现数据的传递，也就是不能从主调函数中得到初值。

对于参数，还要注意位置参数、关键字参数、默认参数、可变长度参数的区别。

3．作用域的问题

不同函数中的变量可以同名，不同作用域中的变量可以同名。因此当出现同名变量时，要分清它们各自的作用域。要理解程序中局部变量和全局变量的概念。

11.6 实验6 面向对象程序设计

11.6.1 实验目的

（1）掌握类的定义以及实例化方法。

（2）掌握子类的创建方法、方法重载。

11.6.2 实验内容

（1）定义 BMI 类，将身高、体重作为__init__()方法的参数，在__init__()方法中计算 BMI 指数，并使用 printBMI()方法输出 BMI 指数（保留一位小数），使用本人身高、体重数据实例化对象。

（2）在第（1）题的基础上定义 ChinaBMI 子类，根据 BMI 指数的亚洲参考标准（见表 11-2），重载 printBMI()方法，在输出 BMI 指数（保留一位小数）后输出 BMI 分类和相关疾病发病的危险性信息。

表 11-2 BMI 指数的亚洲参考标准

BMI 分类	中国参考标准	相关疾病发病的危险性
偏瘦	BMI<18.5	低
正常	18.5≤BMI≤23.9	平均水平
偏胖	23.9<BMI≤26.9	增加
肥胖	26.9<BMI≤29.9	中度增加
重度肥胖	BMI>29.9	严重增加

（3）定义一个表示交通工具的类 Vehicle，属性为 speed（速度）、size（体积）、time（时间）、acceleration（加速度）。方法为移动 move()、设置速度 setSpeed()、加速 speedUp()、减速 speedDown()。实例化一个交通工具对象，调用加速、减速的方法对速度进行改变。

（4）编程实现以下功能。

① 定义一个表示平面上点的类 Point，将点的横坐标和纵坐标作为__init__()方法的参数，并使用 distance()方法计算两点之间的欧氏距离（保留两位小数）。实例化两个点，计算并输出两点之间的欧氏距离。

两点之间的欧式距离公式：$d=\sqrt{(x_1-x_2)^2+(y_1-y_2)^2}$。

② 定义一个表示平面上直线的类 Line，将直线上的两个点作为__init__()方法的参数，两个点都是类 Point 的实例化对象，定义 relationship()方法判断两条直线是否平行（斜率相等的直线平行）。实例化两条直线，判断是否平行。

直线斜率公式：$k=(y_1-y_2)/(x_1-x_2)$。

11.6.3 常见错误及难点分析

（1）对于__init__()方法名，设计代码时需要注意 init 前后都是两条下画线。

（2）在类的定义中，对于方法的定义，方法的第一个参数一定是 self，所以即便该方法在功能上不需要参数，也必须将 self 作为参数。

（3）对于 11.6.2 节中的实验 4，垂直于 x 轴的直线斜率为无穷大，斜率可以用 float("inf")表示。

11.7 实验 7 程序设计中的算法

11.7.1 实验目的

（1）掌握程序设计中算法的基本描述方法。

（2）掌握常见的算法。

11.7.2 实验内容

（1）用户输入一行字符串，其中可能包括圆括号()，请检查圆括号是否配对正确。

（2）“快乐的数字”按照如下方式确定：从一个正整数开始，用其每位数的平方之和取代该数，并重复这个过程，直到最后数字要么收敛到 1 且一直等于 1，要么无休止地循环下去且最终不会收敛到 1。能够最终收敛到 1 的数字就是快乐的数字。编写程序来确定一个数字是否“快乐”。

例如，数字 19 就是一个快乐的数字，确定过程如下：

$1^2 + 9^2 = 82$

$8^2 + 2^2 = 68$

$6^2 + 8^2 = 100$

$1^2 + 0^2 + 0^2 = 1$ （最终收敛到 1）

（3）m 个人在一条船上，超载，需要 n 个人下船。于是人们排成一队，排队的位置即他们的编号。从 1 开始报数，数到 k 的人下船。如此循环，直到船上仅剩 $m-n$ 人为止，问：有哪些编号的人下船了？

（4）给定一个整数数组 nums 和一个目标值 target，请在该数组中找出和为目标值的两个整数，并返回它们的索引。

例如，输入：

```
2, 7, 11, 15
9
```

输出：

```
[0, 1]
```

（5）蛇形矩阵是指由 1 开始的自然数依次排列成的上三角形矩阵。

例如，当输入 5 时，输出的蛇形矩阵是：

```
1 3 6 10 15
2 5 9 14
4 8 13
7 12
11
```

（6）现有 n 种砝码，重量互不相等，分别为 m_1、m_2、$m_3 \cdots m_n$；每种砝码对应的数量为 x_1、x_2、$x_3 \cdots x_n$。现在要用这些砝码去称物体的重量（放在同一侧），问能称出多少种不同的重量。

对于每组测试数据的输入描述如下。

第一行：n——砝码的种数（范围为[1,10]）。

第二行：$m_1\ m_2\ m_3 \cdots m_n$——每种砝码的重量（范围为[1,2000]），以空格间隔。

第三行：$x_1\ x_2\ x_3 \cdots x_n$——每种砝码对应的数量（范围为[1,10]），以空格间隔。

利用给定的砝码可以称出的不同的重量。

例如，3 种砝码，分别重 1、2、5，重 1 的有 1 个，重 2 的有 1 个，重 5 的有 1 个，共能称出 8 种不同的重量：0、1、2、3、5、6、7、8。

例如，程序运行结果如下。

输入：

```
3
1 2 5
1 1 1
```

输出：

```
8
```

11.7.3 常见错误及难点分析

（1）第（5）题，一种供参考的算法：首先生成矩阵的第一行；再从第一行第二个元素开始到最后一个元素结束，每个元素都减 1，就是第二行的元素，以此类推，直到新的一行只有一个元素结束。

（2）第（6）题，一种供参考的算法：穷举出所有砝码的重量，存放到一个列表中，如重 1、2、5 的砝码各有 2 个，则该列表为[1, 1, 2, 2, 5, 5]；再次穷举出该列表若干元素累加的可能性，可以使用集合记录重量的可能性，避免出现重复重量问题。

11.8 实验 8 文件

11.8.1 实验目的

（1）掌握文件打开、读写和关闭方法。

（2）掌握 CSV 文件的读写方法。

（3）掌握 Python 的 jieba 库的使用方法。

11.8.2 实验内容

（1）文件 sy8-1a.txt 存储了数据 76、12、45、98、23、87、34、56、9、71，求数据的最大值、最小值和平均值并写入文件 sy8-1b.txt。

（2）文件 sy8-2.csv 中存储了 3 位同学的语文、数学和英语成绩。设计程序，为 sy8-2.csv 中的数据加入表头“姓名,班级,语文,数学,英语”。sy8-2.csv 中的原始数据为：

```
王二,三年级二班,67,66,78
张三,二年级一班,88,76,93
李四,一年级三班,85,97,76
```

（3）设计程序，将 2～100 中所有的质数写入文本文件 sy8-3.txt 中，并以逗号间隔。

程序的运行结果如图 11-20 所示。

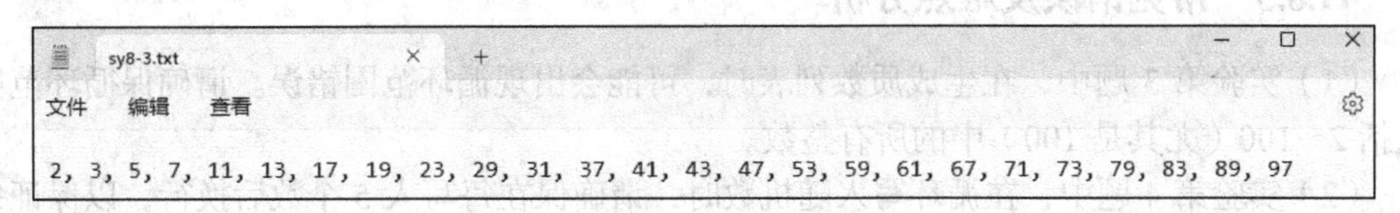

图 11-20 实验 3 中程序的运行结果

（4）设计程序，随机产生 20 个 0～100 中的数，将这 20 个数写入文本文件 sy8-4.csv 中，要求每行 5 个数。

程序的运行结果如图 11-21 所示。

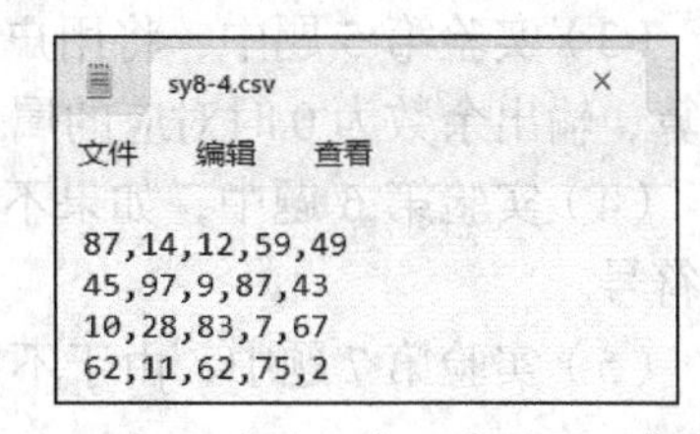

图 11-21 实验 4 中程序的运行结果

（5）文件 sy8-5.csv 中存储了 1996—2007 年的属相信息。设计程序，令用户输入年份，程序输出相应的属相。sy8-5.csv 中存储的数据为：

```
鼠,1996
牛,1997
虎,1998
兔,1999
龙,2000
蛇,2001
马,2002
羊,2003
猴,2004
鸡,2005
狗,2006
猪,2007
```

（6）在“歌唱祖国.txt”文件中存储了歌曲《歌唱祖国》的部分歌词：“五星红旗迎风飘扬，胜利歌声多么响亮。歌唱我们亲爱的祖国，从今走向繁荣富强。歌唱我们亲爱的祖国，从今走向繁荣富强。越过高山，越过平原，跨过奔腾的黄河长江。宽广美丽的土地，是我们亲爱的家乡。英雄的人民站起来了，我们团结友爱坚强如钢。五星红旗迎风飘扬，胜利歌声多么响亮。歌唱我们亲爱的祖国，从今走向繁荣富强。歌唱我们亲爱的祖国，从今走向繁荣富强。我们勤劳我们勇敢，独立自由是我们的理想。我们战胜了多少苦难，才得到今天的解放。我们爱和平，我们爱家乡，谁敢侵犯我们就叫他灭亡。五星红旗迎风飘扬，胜利歌声多么响亮，歌唱我们亲爱的祖国，从今走向繁荣富强。歌唱我们亲爱的祖国，从今走向繁荣富强。”。设计程序，读取文件内容，并使用 jieba 库进行中文分词，最后统计出现次数最多的 5 个词以及出现次数。

程序的运行结果参考如下：

```
[('我们', 15), ('亲爱', 7), ('歌唱', 6), ('祖国', 6), ('从今', 6)]
```

（7）设计程序，爬取百度百科关于 Python 的网页中的文本信息，并使用 jieba 库进行分词，输出出现次数最多的 5 个词或字符串，以及出现的次数。

程序的运行结果参考如下：

```
[('"', 13568), (' ', 8959), ('=', 5863), ('<', 4589), ('>', 4589)]
```

11.8.3 常见错误及难点分析

（1）实验第 3 题中，在生成质数列表时，可能会出现循环范围错误。请确保循环范围包括 2～100（尤其是 100）中的所有整数。

（2）实验第 4 题中，在循环写入随机数时，请确保在每写入 5 个数后换行，以保证每行只有 5 个数。

（3）实验第 5 题中，将用户输入的年份与 sy8-5.csv 中存储的年份相减再与 12 做取余运算，输出余数为 0 时对应的属相。

（4）实验第 6 题中，如果不对分词长度加以判断，将会把出现次数最高的词统计为标点符号。

（5）实验第 7 题中，由于不用考虑输出字符串类型，因此无须判断分词长度。

11.9 实验 9 数据分析与可视化

11.9.1 实验目的

（1）掌握 NumPy 库的基本操作。

（2）掌握 pandas 库的基本操作。

（3）掌握使用 Matplotlib 库绘制图形的方法。

11.9.2 实验内容

（1）设计程序，构建 ndarray 数组 array_a，令其初始值是[1,2,3,4,5]。将 array_a 的数值赋给 array_b，要求 array_b 的数值不应随 array_a 数值的改变而改变，反之亦然。令 array_a 点乘 5，array_b 点乘 10，输出 array_a 和 array_b 的最终数值。

（2）某科目 10 名同学的成绩如下所示，输出按该科目成绩逆序排序的信息。

```
张伟,82
王丽,93
李婷,75
刘洋,85
陈磊,90
杨帆,88
黄敏,92
赵峰,87
吴燕,91
```

（3）请根据图 11-22 创建 CSV 文件 stu.csv，编写程序，输出所有出现不及格科目的同学的信息；同时统计、输出每个班级的各科的平均成绩。

	A	B	C	D	E
1	姓名	班级	语文	数学	英语
2	李明阳	23-2	85	26	84
3	王思琪	23-1	90	86	82
4	张梦雨	23-3	44	66	70
5	刘洋	23-2	92	98	45
6	刘心怡	23-2	88	83	54
7	陈伟华	23-3	84	91	88
8	赵峰	23-1	59	54	68
9	赵晓波	23-3	89	94	87
10	吴燕	23-1	87	90	91

图 11-22 学生成绩

（4）设计程序，绘制函数 $f_1(x)=2x+1$ 和 $f_2(x)=x^2$，$x\in[-10,10]$的图形。其中 $f_1(x)$为蓝色实线，$f_2(x)$为红色虚线，两函数的线宽均为 2；在图例中，标注出两个函数。

程序的运行结果如图 11-23 所示。

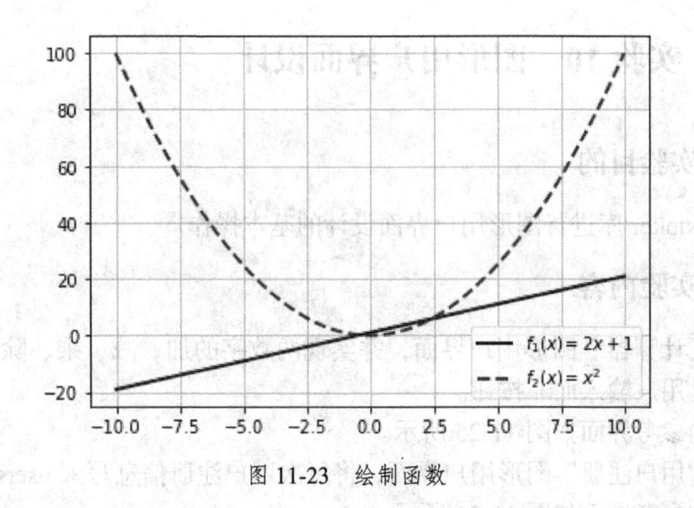

图 11-23　绘制函数

（5）设计程序，读取 stock_prices.csv 中的股票数据，并根据日期画出股票价格曲线。其中，图表标题为“股票价格趋势（2022 年 1 月—2023 年 1 月）”，横坐标名为“日期”，纵坐标名为“价格”，字号均为 16。

程序的运行结果如图 11-24 所示。

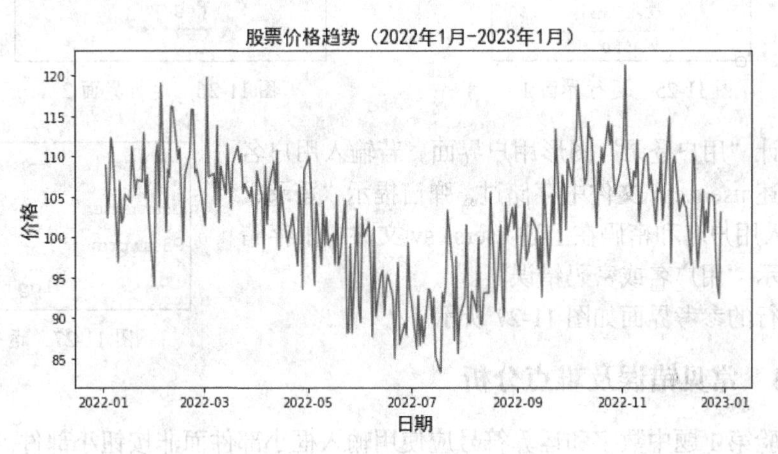

图 11-24　股票价格曲线

11.9.3　常见错误及难点分析

（1）实验第 1 题中，赋值应使用 copy()而不是直接使用等号，以保证 array_b 的数值不会随 array_a 数值的改变而改变。

（2）实验第 2 题中，逆序排序后的同学姓名应与其成绩对应排序。

（3）实验第 3 题中，基于 pandas 库，分别遍历各门科目的成绩，遍历结束后合并输出该科目不及格学生的姓名；然后根据班级名遍历，选择当前遍历班级所有同学的各科成绩，输出各科平均成绩。

（4）实验第 4 题中，图例中函数的标注需使用 LaTeX 语言格式。

（5）实验第 5 题中，需使用 pandas.to_datetime()函数将日期字符串转换为日期对象，使用 DataFrame 的 set_index()方法将日期列设置为索引。

11.10 实验 10 图形用户界面设计

11.10.1 实验目的

掌握使用 tkinker 库进行图形用户界面设计的基本操作。

11.10.2 实验内容

（1）设计“计算器”图形用户界面，并实现两数字的加、减、乘、除运算。其中数字和运算符号都是用户输入而非按钮。

程序运行的参考界面如图 11-25 所示。

（2）设计“用户注册”图形用户界面，将每次用户注册信息写入 users.csv 文件中。

程序运行的参考界面如图 11-26 所示。

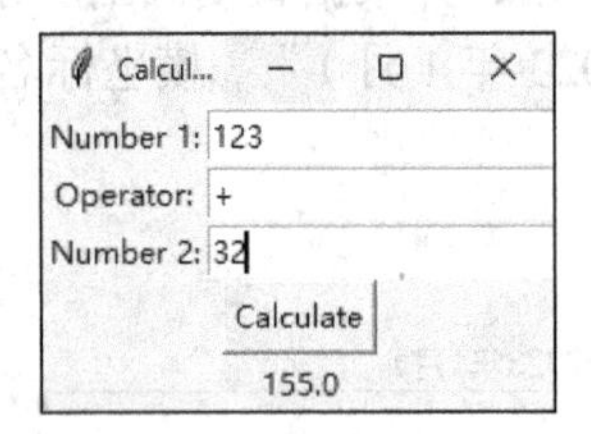

图 11-25 运行界面 1

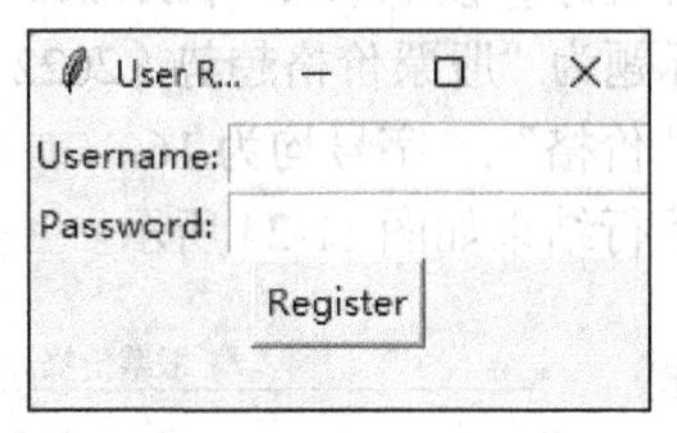

图 11-26 运行界面 2

（3）设计“用户登录”图形用户界面，若输入用户名和密码在上述 users.csv 文件中存储过，弹窗提示“登录成功”；若输入用户名和密码在上述 users.csv 文件中未存储过，弹窗提示“用户名或密码错误”。

程序运行的参考界面如图 11-27 所示。

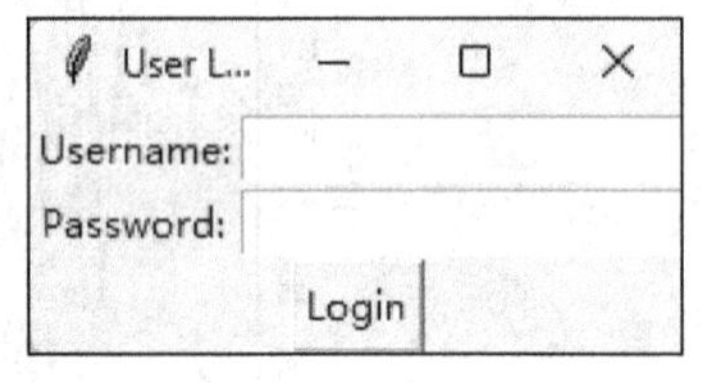

图 11-27 运行界面 3

11.10.3 常见错误及难点分析

（1）实验第 1 题中数字和运算符号应使用输入框小部件而非按钮小部件。

（2）实验第 2 题中，若代码中没有进行输入验证，即没有检查用户名和密码是否为空，可能会导致存入无效的用户名或密码。需在注册函数中添加输入验证的逻辑，确保用户名和密码不为空才进行注册操作；并且需考虑对用户名进行唯一性验证，避免重复注册相同的用户名。

（3）实验第 3 题中，弹窗提示在使用 messagebox.showinfo()和 messagebox.showerror()函数时，可能会出现参数传递错误或弹窗提示不正确的问题。请确保正确传递参数，并根据需要使用适当的弹窗提示函数。

序列类型通用函数

函数	功能	示例
eval(exp)	返回表达式的计算结果	>>> eval("3") 3

list(iter)	将可迭代对象 iter 转换成列表	>>> list('Hello')
		['H', 'e', 'l', 'l', 'o']
		>>> list((1, 2, 3))
		[1, 2, 3]

tuple(iter)	将可迭代对象 iter 转换成元组	>>>tuple("Hello") ('H', 'e', 'l', 'l', 'o') >>>tuple([1, 2, 3]) (1, 2, 3)

str(obj)	将对象 obj 转换成字符串	>>> str(123)
		'123'
		>>> str([1, 2, 3])
		'[1, 2, 3]'

len(sequence)	返回序列类型参数的元素个数，返回值为整数	>>> aStr = 'Hello,World!'
		>>> len(aStr)
		12

sorted(iter[,key[,reverse]])	返回可迭代对象 iter 排序后的列表，key 用来指定排序的规则，reverse 用来指定是顺序排列还是逆序排列	>>> nList = [3, 2, 5, 1]
		>>> m=sorted(nList)
		>>> m
		[1, 2, 3, 5]
		>>> nList
		[3, 2, 5, 1]
		>>> ch='hello'
		>>> sorted(ch)
		['e', 'h', 'l', 'l', 'o']

reversed(sequence)	返回序列 sequence 翻转后的迭代器	>>> nList = [3, 2, 5, 1]
		>>> reversed(nList)
		<list_reverseiterator object at 0x0000018024361B70>
		>>> list(reversed(nList))
		[1, 5, 2, 3]
		>>> nList
		[3, 2, 5, 1]
		>>>''.join(list(reversed('12345678')))
		'87654321'

sum(iter[,start])	将 iter 中的数值和 start 参数的值相加，返回值为浮点数	>>> sum([1, 2, 3.5])
		6.5
		>>> sum([1,2,3,4,5],100)
		115
		>>> sum(range(1,101))
		5050

续表

函数	功能	示例

max(iter,*[,key,default])或max(argl,arg2,* args[,key])	返回可迭代对象 iter 中的最大值，或者若干迭代对象中有最大值的那个迭代对象	>>> aList = ['Mon.', 'Tues.', 'Wed.', 'Thur.', 'Fri.', 'Sat.', 'Sun.']
		>>> max(aList)
		'Wed.'
		>>> max([1, 2.5, 3])
		3
		>>> max([2, 5, 3],[1, 2.5, 3])
		[2, 5, 3]

min(iter,*[,key,default])或min(argl,arg2,*args[,key])	返回可迭代对象 iter 中的最小值，或者若干迭代对象中有最小值的那个迭代对象	>>> aList = ['Mon.', 'Tues.', 'Wed.', 'Thur.', 'Fri.', 'Sat.', 'Sun.']
		>>> min(aList)
		'Fri.'
		>>> min([1, 2.5, 3])
		1
		>>> min([2, 5, 3],[1, 2.5, 3])
		[1, 2.5, 3]

enumerate(iter[,start])	返回一个 enumerate 对象迭代器，该迭代器的元素是由参数 iter 元素的索引和元素值组成的元组	>>> seasons = ['Spring', 'Summer', 'Fall', 'Winter']
		>>> list(enumerate(seasons))
		[(0, 'Spring'), (1, 'Summer'), (2, 'Fall'), (3, 'Winter')]
		>>> list(enumerate(seasons, start = 1))
		[(1, 'Spring'), (2, 'Summer'), (3, 'Fall'), (4, 'Winter')]

zip(iterl[,iter2[...]])	返回一个 zip 对象迭代器，该迭代器的第 *n* 个元素是由每个可迭代对象的第 *n* 个元素组成的元组	>>> list(zip('hello', 'world'))
		[('h', 'w'), ('e', 'o'), ('l', 'r'), ('l', 'l'), ('o', 'd')]
		>>> list(zip('cat','dog','pigOK'))
		[('c', 'd', 'p'), ('a', 'o', 'i'), ('t', 'g', 'g')]

附录B 字符串常用方法

方法	功能	示例

S.capitalize()	返回只有首字母为大写字母的字符串	>>> eStr = 'hello world!'
		>>> eStr.capitalize()
		'Hello world!'

S.center(width[,fillstr])	返回一个在长度 width 参数规定的宽度居中的字符串，左右用 fillstr 填充，默认为空格	>>> aStr = 'Python!'
		>>> aStr.center(11)
		' Python! '
		>>> aStr.center(11,'*')
		'**Python!**'

S.count(sub[,start[,end]])	返回子字符串 sub 在字符串中出现的次数，start 表示起始位置，end 表示结束位置	>>> bStr = 'No pain, No gain.'
		>>> bStr.count('No')
		2
		>>> bStr.count('No',2,11)
		1

S.endswith(suffix[,start[,end]])	判断字符串是否以 suffix 结尾，返回 True 或 False。start 表示起始位置，end 表示结束位置	>>> bStr = 'No pain, No gain.'
		>>> bStr.endswith('.')
		True
		>>> bStr.endswith('.',0,11)
		False

S.find(sub[,start[,end]])	返回在字符串 S[start:end]中子字符串 sub 出现的第 1 个位置，若没有找到，则返回−1	>>> bStr='No pain, No gain.'
		>>> bStr.find('No')
		0
		>>> bStr.find('no')
		−1
		>>> bStr.find('No', 3)
		9
		>>> bStr.find('No', 3, 11)
		9

S.index(sub[,start[,end]])	与 find()类似，返回子字符串 sub 出现的第 1 个位置，没有找到时会产生异常	>>> bStr='No pain, No gain.'
		>>> bStr.index('No')
		0
		>>> bStr.index('No', 1, 11)
		9

S.isalnum()	判断字符串是否全部由字母和数字组成。是，返回 True；否，则返回 False	>>>aStr = 'Python!'
		>>>aStr.isalnum()
		False
		>>> aStr = 'Python123'
		>>> aStr.isalnum()
		True

续表

方法	功能	示例

S.isalpha()	判断字符串是否全部由字母组成。是，返回 True；否，则返回 False	>>>aStr = 'Python!'
		>>>aStr. isalpha ()
		False
		>>> aStr = 'Python'
		>>> aStr. isalpha ()
		True

S.islower()	判断字符串中所有字符是否都是小写的。是，返回 True；否，则返回 False	>>> aStr = 'Python'
		>>> aStr. islower ()
		False
		>>> aStr = 'python'
		>>> aStr. islower ()
		True

S.isspace()	判断字符串是否全部由空格组成。是，返回 True；否，则返回 False	>>>aStr = 'Python!' >>>aStr.isspace() False >>>aStr = ' ' >>>aStr.isspace() True
S.istitle()	判断字符串中所有单词的首字母是否都是大写的。是，返回 True；否，则返回 False	>>>bStr = 'No pain, No gain.' >>>bStr.istitle() False >>>bStr = 'No Pain, No Gain.' >>>bStr.istitle() True

S.isupper()	判断字符串中所有字符是否都是大写的。是，返回 True；否，则返回 False	>>> aStr = 'Python'
		>>> aStr. isupper ()
		False
		>>> aStr = 'PYTHON'
		>>> aStr. isupper ()
		True

S.join(iter)	返回以字符串 S 为连接符，将 iter 中的元素以字符串形式连接起来	>>> ' love '.join(['I', 'Python!'])
		'I love Python!'
		>>> ' '.join(['Hello,', 'World'])
		'Hello, World'
		>>> '->'.join(('BA', 'The Boeing Company', '184.76'))
		'BA->The Boeing Company->184.76'

S.ljust(width, [,fillstr])	返回字符串，原字符串左对齐，用 fillstr 填充至长度 width，默认为空格	>>> cStr = 'Hope is a good thing.'
		>>> cStr.ljust(30,"*")
		'Hope is a good thing.*********'

S.lower()	将字符串中所有大写字母改成小写字母	>>> aStr = 'Python!'
		>>> aStr.lower()
		python!

S.lstrip([char])	去掉字符串中左边的空白字符（如空格、换行符等）或指定的字符	>>> aStr = '123Python123'
		>>> aStr. lstrip ('123')
		'Python123'

S.partition(str)	在字符串中找到 str 第一次出现的位置，返回一个 3 个元素的元组（str 左边的子字符串，str，str 右边的子字符串）	>>> cStr = 'Hope is a good thing.'
		>>> cStr.partition(" ")
		('Hope', ' ', 'is a good thing.')

续表

方法	功能	示例

S.replace(old,new[,count])	将字符串中的子字符串 old 替换成 new，如果指定 count，则替换次数不超过 count	>>> cStr = 'Hope is a good thing.'
		>>> cStr.replace("Hope", 'Love')
		'Love is a good thing.'
		>>> cStr = 'Hope is Hope'
		>>> cStr.replace("Hope", 'Love')
		'Love is Love.'

S.split([sep[,maxsplit]])	以 sep 为分隔符对字符串进行切片，将其分成若干元素，返回这些元素组成的列表。maxsplit 用于指定分隔次数，如果不给参数，默认值为-1，分隔所有元素	>>> '2021 3 29'.split()
		['2021', '3', '29']
		>>> dStr = 'I am a teacher'
		>>> dStr.split()
		['I', 'am', 'a', ' teacher ']
		>>> dStr.split(' ',2)
		['I', 'am', 'a teacher ']
		>>> '2021.3.29'.split('.')
		['2021', '3', '29']

S.splitlines(num)	按照字符串的行进行分隔，返回以行作为元素的列表	>>>'abc\n d\nef'.splitlines() ['abc', ' d', 'ef']

S.startswith(prefix[,start[,end]])	判断字符串是否以 prefix 作为开头。是，返回 True；否，则返回 False	>>> cStr = 'Hope is a good thing.'
		>>> cStr.startswith('Hope')
		True

S.strip([char])	同时去掉字符串头部和尾部指定的字符或者空白字符（如空格、换行符等）	>>> aStr = '123Py12thon'
		>>> aStr.strip('12')
		'3Py12thon'

S.swapcase()	将字符串中的大小写字母互换	>>> cStr = 'Hope is a good thing.'
		>>> cStr. swapcase ()
		'hOPE IS A GOOD THING.'

S.title()	返回一个将原字符串所有单词首字母都大写，其余字母都小写的字符串	>>> cStr = 'Hope is a good thing.'
		>>> cStr.title()
		'Hope Is A Good Thing.'

S.translate(table)	根据 table 翻译表对原字符串中的字符进行翻译，返回翻译后的字符串	>>>cStr = 'Hope is a good thing.' >>>table=str.maketrans('abcdefg','1234567') #制作翻译表 >>>cStr.translate(table) 'Hop5 is 1 7oo4 thin7.'

S.upper()	将字符串中所有小写字母转换成大写字母	>>> aStr = 'Python!'
		>>> aStr.upper()
		PYTHON!

S.zfill(width)	返回长度为 width 的字符串，原字符串右对齐，前面用“0”填充	>>>cStr = 'Hope is a good thing.' >>>cStr.zfill(30) '000000000Hope is a good thing.'

附录C 列表常用方法

方法	功能	示例

L.append(x)	将对象 x 作为一个整体添加到列表 L 末尾	>>>aList = [1, 2, 3]
		>>> aList.append(4)
		>>> aList
		[1, 2, 3, 4]
		>>> aList.append([5, 6])
		>>> aList
		[1, 2, 3, 4, [5, 6]]
		>>> aList.append('Python')
		>>> aList
		[1, 2, 3, 4, [5, 6], 'Python']

L.copy()	生成一个列表的（浅）复制	>>> a = [1, 2, [3, 4]]
		>>> b = a.copy()
		>>> b
		[1, 2, [3, 4]]
		>>> b[0], b[2][0] = 5, 5
		>>> b
		[5, 2, [5, 4]]
		>>> a
		[1, 2, [5, 4]]
		>>> b[2][0] is a[2][0]
		True
		>>> b[0] is a[0]
		False

L.count(x)	返回 x 在列表中出现的次数	>>> jScores = [9, 9, 8.5, 10, 7, 8, 8, 9, 8, 10]
		>>> jScores.count(9)
		3

L.clear()	删除列表中所有元素	>>> aList = [1, 2, 3]
		>>> aList.clear()
		>>> aList
		[]

L.extend(t)	将可迭代对象 t 的每个元素依次添加到列表尾部	>>> aList = [1, 2, 3]
		>>> aList.extend([4])
		>>> aList
		[1, 2, 3, 4]
		>>> aList.extend([5, 6])
		>>> aList
		[1, 2, 3, 4, 5, 6]
		>>> aList.extend('Python')
		>>> aList
		[1, 2, 3, 4, 5, 6, 'P', 'y', 't', 'h', 'o', 'n']

续表

方法	功能	示例

L.index(x[,i[,j]])	返回对象 x 在列表中的索引值，索引值范围为[i,j)	>>> bList = ['a','b','c','d','e','c']
		>>> bList.index('c')
		2
		>>> bList.index('c',3,6)
		5

L.insert(i,x)	在列表中索引值为 i 的位置前插入对象 x	>>> bList = ['a','b','c','d','e','c']
		>>> bList.insert(1,'g')
		>>> bList
		['a', 'g', 'b', 'c', 'd', 'e', 'c']

L.pop(i)	删除索引值为 i 的列表对象，i 为默认值时表示删除最后一个对象	>>> scores = [7, 8, 8, 8, 8.5, 9, 9, 9, 10, 10]
		>>> scores.pop()
		10
		>>> scores
		[7, 8, 8, 8, 8.5, 9, 9, 9, 10]
		>>> scores.pop(4)
		8.5
		>>> scores
		[7, 8, 8, 8, 9, 9, 9, 10]

L.remove(x)	删除第一个找到的对象 x	>>> jScores = [7, 8, 8, 8, 9, 9, 9, 10]
		>>> jScores.remove(9)
		>>> jScores
		[7, 8, 8, 8, 9, 9, 10]

L.reverse()	翻转列表	>>> week = ['Mon.', 'Tues.', 'Wed.', 'Thur.', 'Fri.', 'Sat.', 'Sun.']
		>>> week.reverse()
		>>> week
		['Sun.', 'Sat.', 'Fri.', 'Thur.', 'Wed.', 'Tues.', 'Mon.']

L.sort(key=None,reverse=False)	将列表排序，key 用来指定排序的规则，reverse 用来指定是顺序排列还是逆序排列，默认顺序排列	>>> scorelist = [9, 9, 8.5, 10, 7, 8, 8, 9, 8, 10]
		>>> scorelist .sort()
		>>> scorelist
		[7, 8, 8, 8, 8.5, 9, 9, 9, 10, 10]
		>>> numList = [3, 11, 5, 8, 16, 1]
		>>> numList.sort(reverse = True)
		>>> numList
		[16, 11, 8, 5, 3, 1]
		>>> fruitList = ['apple', 'banana', 'pear', 'lemon', 'avocado']
		>>> fruitList.sort(key = len)
		>>> fruitList
		['pear', 'apple', 'lemon', 'banana', 'avocado']
		>>> fruitList.sort(key = len, reverse = True)
		>>> fruitList
		['avocado', 'banana', 'apple', 'lemon', 'pear']

附录D 字典常用方法

方法	功能	示例

D.keys()	返回字典 D 的键构成的列表	>>> aInfo = {'Ma': 3000, 'Li': 4500}
		>>> aInfo.keys()
		dict_keys(['Ma', 'Li'])

D.values()	返回字典 D 的值构成的列表	>>> aInfo = {'Ma': 3000, 'Li': 4500}
		>>> aInfo.values()
		dict_values([3000, 4500])

D.items()	返回字典 D 的键值对（元组）构成的列表	>>> aInfo = {'Ma': 3000, 'Li': 4500}
		>>> aInfo.items()
		dict_items([('Ma', 3000), ('Li', 4500)])

D.get(key,default=None)	返回键 key 对应的值，如果该键不存在，则返回 default 参数的值	>>> aInfo = {'Ma': 3000, 'Li': 4500}
		>>> print(aInfo.get('Li'))
		4500
		>>> print(aInfo.get('Qi'))
		None

D.copy()	返回 D 的副本	>>> aInfo = {'Ma': 3000, 'Li': 4500}
		>>> b = aInfo.copy()
		>>> b
		{'Ma': 3000, 'Li': 4500}
		>>> b is aInfo
		False

D.pop(key[,default])	返回键 key 对应的值，并将该键值对在字典中删除	>>> aInfo = {'Ma': 3000, 'Li': 4500}
		>>> b = aInfo.pop('Li')
		>>> b
		4500
		>>> aInfo
		{'Ma': 3000}

D.clear()	删除字典 D 中的所有元素，D 成为空字典	>>> aInfo = {'Mayue': 3000, 'Lilin': 4500}
		>>> aInfo.clear()
		>>> aInfo
		{}

D.update(dict1)	将 dict1 中的键值对添加到 D 中，如果键已经存在，则更新键对应的值	>>> aInfo={}
		>>> bInfo = {'Mayue': 3000, 'Lilin': 4500}
		>>> aInfo.update(bInfo)
		>>> aInfo
		{'Mayue': 3000, 'Lilin': 4500}
		>>> cInfo = {'Mayue': 4000, 'Wanqi':6000, 'Lilin': 9999}
		>>> aInfo.update(cInfo)
		>>> aInfo
		{'Mayue': 4000, 'Lilin': 9999, 'Wanqi': 6000}

D.setdefault(key,default=None)	如果键 key 在字典 D 中，则与字典的 get()方法一样返回键 key 对应的值；如果键 key 不在字典 D 中，则将 key 的值设置为 default 参数的值，如果没有 default 参数，则设置为 None，将新的键值对加入字典 D 中	>>> aInfo = {'Ma': 3000, 'Li': 4500}
		>>> aInfo.setdefault('Li', None)
		4500
		>>> aInfo.setdefault('Qi', 8000)
		8000
		>>> aInfo
		{'Li': 4500, 'Ma': 3000, 'Qi': 8000}

附录 E

集合常用函数或方法

集合的函数或方法	功能	示例

len()	返回集合的元素个数	>>> aSet=set('sunrise')
		>>> aSet
		{'s', 'n', 'e', 'i', 'u', 'r'}
		>>> len(aSet)
		6

s.add(obj)	将对象 obj 添加到集合 s 中	>>> aSet=set('sunrise')
		>>> aSet.add('!')
		>>> aSet
		{'s', 'n', 'e', 'i', 'u', 'r', '!'}

s.copy()	返回集合 s 的副本	

s.discard(obj)	从 s 中删除对象 obj，如果不存在，则不进行任何操作	>>> aSet=set('sunrise')
		>>> aSet.discard('a')
		>>> aSet
		{'s', 'n', 'e', 'i', 'u', 'r'}

s.remove(obj)	从 s 中删除对象 obj，如果 obj 不属于 s，则产生 KeyError 异常	>>> aSet=set('sunrise!')
		>>> aSet.remove('!')
		>>> aSet
		{'s', 'n', 'e', 'i', 'u', 'r'}

s.pop()	从 s 中删除任意一个成员，并返回这个成员	>>> aSet=set('sunrise')
		>>> aSet.pop()
		'u'
		>>> aSet
		{'s', 'n', 'r', 'i', 'e'}

s.clear()	将 s 中的成员清空	>>> aSet=set('sunrise')
		>>> aSet.clear()
		>>> aSet
		set()

s.update(t)	用集合 t 更新集合 s，使 s 包含 s 和 t 并集的成员	>>> aSet=set('sunrise')
		>>> aSet.update('ok')
		>>> aSet
		{'k', 'u', 'n', 'e', 'r', 'i', 's', 'o'}

参考文献

[1] 小甲鱼．零基础入门学习 Python[M]．北京：清华大学出版社，2016.
[2] 龚沛曾，杨志强．Python 程序设计及应用[M]．北京：高等教育出版社，2021.
[3] 刘卫国．Python 语言程序设计[M]．北京：电子工业出版社，2016.
[4] 陈波，刘慧君．Python 编程基础及应用[M]．北京：高等教育出版社，2021.
[5] 张艳．新编 Visual Basic 程序设计教程[M]．2 版．北京：清华大学出版社，2014.
[6] 张艳，姜薇．大学计算机基础[M]．3 版．北京：清华大学出版社，2016.
[7] 孙晋非．Python 语言程序设计[M]．北京：清华大学出版社，2021.
[8] 梁勇．Python 语言程序设计[M]．北京：机械工业出版社，2016.
[9] 姚普选．Python 程序设计方法[M]．北京：电子工业出版社，2020.
[10] 黑马程序员．Python 程序设计现代方法[M]．北京：人民邮电出版社，2020.
[11] 张清云．Python 数据结构学习笔记[M]．北京：中国铁道出版社，2021.
[12] 张莉．Python 程序设计实验指导[M]．2 版．北京：高等教育出版社，2022.
[13] 张莉．Python 程序设计教程[M]．北京：高等教育出版社，2018.
[14] 明日科技．Python 项目开发案例集锦[M]．北京：吉林大学出版社，2019.
[15] 嵩天，礼欣，黄天羽．Python 语言程序设计基础[M]．2 版．北京：高等教育出版社，2017.
[16] 洪锦魁．Python 王者归来[M]．北京：清华大学出版社，2019.